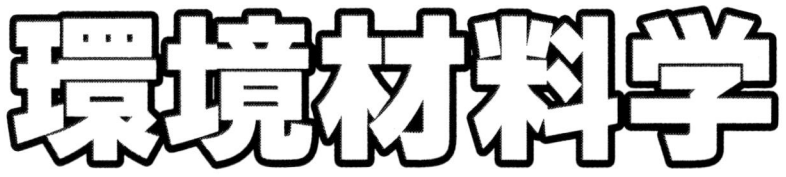

環境材料学
― 地球環境保全に関わる腐食・防食工学 ―

長野 博夫・山下 正人・内田 仁 著

共立出版

まえがき

　地球環境問題が21世紀の最重要課題である．この観点から，産学官において ISO 14001（環境マネジメントシステム）を構築して，地球環境の保全に向けてたゆまぬ努力が求められている．人間の活動，サービス，製品と環境のインターフェースにおいて，地球資源の枯渇化，大気，水，土壌の汚染防止，環境教育などは重要な事柄である．1997年の地球温暖化防止京都会議で採択された京都議定書では，先進国等に対し，温室効果ガスを1990年比で，2008年〜2012年に一定数値（日本6％，米7％，EU8％）を削減することを義務づけている．

　地球は水の惑星と呼ばれるように，水および酸素の存在により生命を育み，農工業生産などに代表される人類の活動が支えられている．一方，現代の工業社会では金属材料を中心としたさまざまな機能をもつ工業材料が不可欠である．しかしながら，限りあるエネルギーを費やして生産された鉄鋼材料をはじめとする工業材料の多くは，水と酸素の存在する地球環境中では本来不安定であり，酸化されることにより腐食し，その有益な機能を失うばかりでなく，劣化による損傷や破壊が生じ災害や事故を招くこともある．また，腐食により材料の寿命が短縮されると，材料生産に費やされたエネルギーの損失につながり，ひいては地球環境保全に悪影響を与える．

　本書では，金属材料の腐食・防食の基礎と応用の技術をわかりやすく解説することを通じて，広くプラント，機器，構造物の長寿命化に資することを目的とする．著者らが各種工業分野で使用される耐食材料の開発に直接関わりをもち得たことから，本書で述べられている腐食現象の基礎的理解と実用面におけるその対策は，現在の社会において各方面で役立っているものであるといえよう．エネルギー消費および金属資源枯渇化の抑制，あるいは地球環境保全に貢献するために，理工系学生，大学および研究所の研究者，企業の技術者に勉強の糧として本書を提供したい．

まえがき

　本書を執筆するに当たり，多くの著書や論文を参考にさせていただき，多くの方々に資料提供をいただいた．参考にさせていただいた文献の著者ならびに資料提供者に感謝の意を表します．

　最後に，本書の企画段階から発刊に至るまでの長い期間お世話いただいた共立出版(株)の瀬水勝良氏に厚くお礼申し上げます．

2004年4月

著者一同

目　　次

第1章　環境材料学とは

1.1　地球環境問題 …………………………………………………………………… 1
1.2　環境材料学の役割 ……………………………………………………………… 3
1.3　エコビジネス …………………………………………………………………… 5
1.4　環境マネジメントシステム …………………………………………………… 6

第2章　腐食の形態

2.1　金属の腐食 ……………………………………………………………………… 7
2.2　各種腐食の形態 ………………………………………………………………… 9
　　2.2.1　全面腐食 ………………………………………………………………… 9
　　2.2.2　孔　食 …………………………………………………………………… 12
　　2.2.3　すき間腐食 ……………………………………………………………… 13
　　2.2.4　粒界腐食 ………………………………………………………………… 14
　　2.2.5　応力腐食割れ …………………………………………………………… 15
　　2.2.6　電位差腐食 ……………………………………………………………… 17
　　2.2.7　エロージョン・コロージョン ………………………………………… 17
　　2.2.8　酸　化 …………………………………………………………………… 19

第3章　金属溶解反応の電気化学

3.1　標準電極電位 …………………………………………………………………… 23
3.2　参照電極 ………………………………………………………………………… 26
　　3.2.1　標準水素電極（SHE） ………………………………………………… 26
　　3.2.2　汎用型参照電極 ………………………………………………………… 27
3.3　電位-pH図 ……………………………………………………………………… 29
3.4　腐食電位（自然電位）と分極曲線 …………………………………………… 29

第4章　耐食材料

4.1　炭素鋼・合金鋼 ………………………………………………………………… 35
4.2　ステンレス鋼 …………………………………………………………………… 41
4.3　アルミニウムおよびその合金 ………………………………………………… 46

4.4 銅およびその合金 …………………………………………………… 48
4.5 ニッケルおよびその合金 …………………………………………… 50
4.6 チタンおよびその合金 ……………………………………………… 54
4.7 ジルコニウムおよびその合金 ……………………………………… 55
4.8 マグネシウムおよびその合金 ……………………………………… 57

第5章 大気腐食とミニマムメンテナンスの耐候性鋼

5.1 大気腐食 ……………………………………………………………… 61
5.2 ミニマムメンテナンスの耐鋼性鋼 ………………………………… 63
5.3 耐候性鋼の保護性さび層 …………………………………………… 64
  5.3.1 保護性さび層の構造 ………………………………………… 64
  5.3.2 保護性さび層の形成を阻害する因子 ……………………… 68
5.4 耐候性鋼構造物の設計・適用上の注意点 ………………………… 71
5.5 鋼材の耐候性評価法 ………………………………………………… 73
  5.5.1 耐候性評価試験 ……………………………………………… 73
  5.5.2 さび層の保護性評価 ………………………………………… 74
5.6 高機能な新耐候性鋼の開発状況 …………………………………… 78
5.7 耐候性鋼の表面処理 ………………………………………………… 81

第6章 鋼の海水腐食と耐海水性二相ステンレス鋼

6.1 金属の耐海水性 ……………………………………………………… 87
6.2 二相ステンレス鋼 …………………………………………………… 89
6.3 耐海水性評価法 ……………………………………………………… 90
6.4 耐海水性二相ステンレス鋼の開発 ………………………………… 96
6.5 耐海水性ステンレス鋼の用途 ……………………………………… 99

第7章 環境脆化と応力腐食割れ対策

7.1 環境脆化 ……………………………………………………………… 103
7.2 応力腐食割れ現象 …………………………………………………… 103
  7.2.1 特徴と割れ機構 ……………………………………………… 103
  7.2.2 試験法 ………………………………………………………… 109
7.3 各種実用材の応力腐食割れ ………………………………………… 111
  7.3.1 ステンレス鋼 ………………………………………………… 111
  7.3.2 炭素鋼および低合金鋼 ……………………………………… 116

	7.3.3	銅およびアルミニウム合金 ································· *118*
	7.3.4	チタンおよびジルコニウム合金 ····························· *119*
7.4	鉄鋼材料の水素脆化 ·· *120*
7.5	防止対策 ·· *123*

第8章 疲労と腐食疲労の対策

8.1	疲労とは ·· *129*
8.2	腐食環境の影響と腐食疲労 ······································ *134*
	8.2.1 疲労に及ぼす腐食環境の影響 ························· *134*
	8.2.2 腐食疲労の発生と進展 ······································ *137*
	8.2.3 腐食疲労とその特徴 ·· *139*
8.3	腐食疲労の対策 ·· *139*
	8.3.1 表面処理 ·· *140*
	8.3.2 表面加工 ·· *141*
	8.3.3 インヒビター ·· *141*
	8.3.4 電気防食 ·· *142*
	8.3.5 材料組織の改善 ·· *142*

第9章 鉄筋コンクリートの腐食とその対策

9.1	鉄筋コンクリート ·· *145*
9.2	鉄筋の腐食機構 ·· *147*
	9.2.1 中性化による腐食 ·· *148*
	9.2.2 塩化物イオンによる腐食 ·································· *149*
	9.2.3 アルカリ骨材反応 ·· *152*
9.3	鉄筋の腐食対策 ·· *152*
	9.3.1 コンクリートの組成 ·· *153*
	9.3.2 かぶり厚とコンクリートの塗装 ······················ *154*
	9.3.3 樹脂塗装鉄筋 ·· *156*
	9.3.4 ステンレス鉄筋 ·· *158*
	9.3.5 電気防食 ·· *160*
	9.3.6 ひび割れ対策 ·· *160*

第10章 金属材料の土壌腐食とその対策

10.1	土壌腐食の分類 ·· *163*
	10.1.1 局部電池腐食 ·· *164*
	10.1.2 微生物腐食 ·· *164*

viii　　　　　　　　　　　　　目　次

　　　　10.1.3　マクロセル腐食 ……………………………………………………… *164*
　　　　10.1.4　電　食 …………………………………………………………………… *165*
10.2　腐食速度の支配因子 …………………………………………………………… *166*
10.3　腐食診断方法 …………………………………………………………………… *168*
10.4　防食法 …………………………………………………………………………… *171*

第 11 章　高温酸化・高温腐食とその対策

11.1　高温腐食 ………………………………………………………………………… *173*
11.2　高温酸化の基礎 ………………………………………………………………… *175*
　　　　11.2.1　高温酸化の熱力学 …………………………………………………… *176*
　　　　11.2.2　酸化スケールの成長 ………………………………………………… *178*
11.3　耐熱鋼材の高温酸化 …………………………………………………………… *180*
11.4　高温実用材の溶融塩腐食 ……………………………………………………… *184*
　　　　11.4.1　バナジウム侵食 ……………………………………………………… *184*
　　　　11.4.2　硫酸塩腐食 …………………………………………………………… *186*
11.5　高温硫化・浸炭・窒化・ハロゲン化 ………………………………………… *187*
11.6　ごみ焼却炉の高温ガス腐食 …………………………………………………… *190*
　　　　11.6.1　ごみ焼却炉の構造 …………………………………………………… *190*
　　　　11.6.2　ごみ焼却伝熱管の腐食機構 ………………………………………… *191*
　　　　11.6.3　防止対策 ……………………………………………………………… *195*

第 12 章　高温高圧環境における腐食とその対策

12.1　ボイラ環境 ……………………………………………………………………… *199*
　　　　12.1.1　ボイラ水 ……………………………………………………………… *199*
　　　　12.1.2　ボイラ水壁管の腐食 ………………………………………………… *201*
12.2　原子力環境 ……………………………………………………………………… *206*
　　　　12.2.1　BWR 環境下の腐食 ………………………………………………… *206*
　　　　12.2.2　PWR 環境下の腐食 ………………………………………………… *211*
12.3　超臨界環境 ……………………………………………………………………… *217*
　　　　12.3.1　超臨界水の性質 ……………………………………………………… *217*
　　　　12.3.2　超臨界水の腐食性 …………………………………………………… *219*

第 13 章　現場で役立つ腐食診断技術

13.1　腐食量の測定 …………………………………………………………………… *225*
　　　　13.1.1　重量減少の測定 ……………………………………………………… *225*

13.1.2　板厚減少量の測定 ………………………………………………… *226*
13.2　電位測定 ……………………………………………………………………… *227*
13.3　交流インピーダンス法 ……………………………………………………… *229*
13.4　超音波探傷法 ………………………………………………………………… *230*
13.5　磁粉探傷法 …………………………………………………………………… *231*
13.6　浸透探傷法 …………………………………………………………………… *231*
13.7　X線透過法 …………………………………………………………………… *232*

　　索　引 ………………………………………………………………………… *233*

1 環境材料学とは

　20世紀になってからの人口および工業の急速な発達は，莫大な資源の消費と地球環境の悪化をもたらしつつある．地球温暖化，オゾン層破壊，酸性雨，熱帯雨林の減少，砂漠化の進行など一国の問題に留まらず，グローバルな問題として各国が協力して対処しなければならない問題である．この問題解決にしくじれば，地球環境に関して子孫に大きな負荷を残すことになる．
　環境と材料の関わりを扱う環境材料学，すなわち，金属，セラミックス，ポリマーなどの環境劣化挙動を勉強することは，今注目を浴びているエコビジネスを考える上にきわめて重要である．

1.1　地球環境問題

　図1.1[1]にエネルギー消費量の歴史的推移を示す．20世紀になってからエネルギー消費は急激に上昇している．人口の増加，工業の急速な発展，人間の社会活動の活発化と関係が深い．表1.1[2]に各種エネルギーによる発電コストを比較する．化石燃料を用いる火力および原子力発電が安価で，安定しているのに対して，グリーンエネルギーによる発電である太陽光および風力発電コストはまだまだきわめて高価である．したがって，現時点では，化石燃料を使っての発電は主流であるが，その使用をできるだけ抑えることによって地球環境の悪化を防ぐことが肝要である．

　図1.2は地球規模での各種環境問題の相互関係を示す．先進国の高度な経済活動による化石燃料の多量の消費，有害物質の排出，発展途上国の人口の急増，経済水準の上昇などがオゾン層の破壊，地球温暖化 (global warming)，酸性雨 (acid rain) および海洋汚染，土壌汚染などの地球環境の悪化をもたらしている．

第1章　環境材料学とは

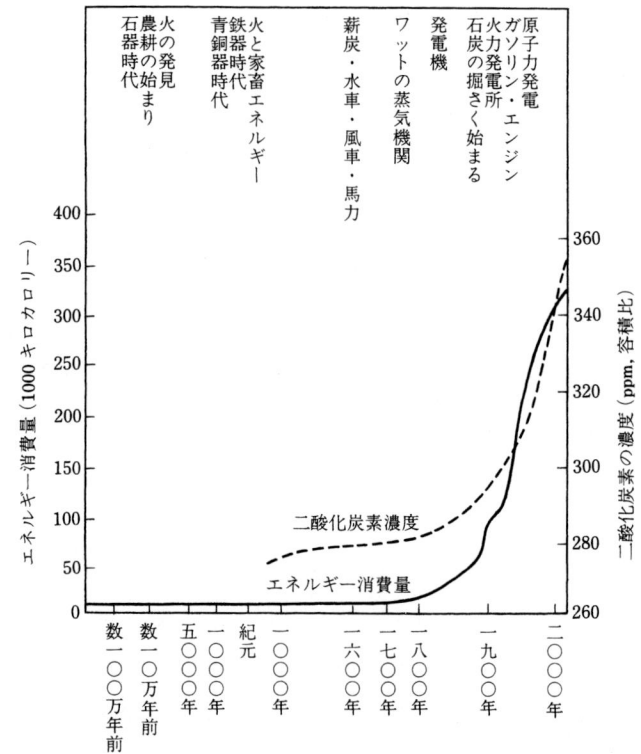

図 1.1　エネルギー消費量の歴史的推移[1]

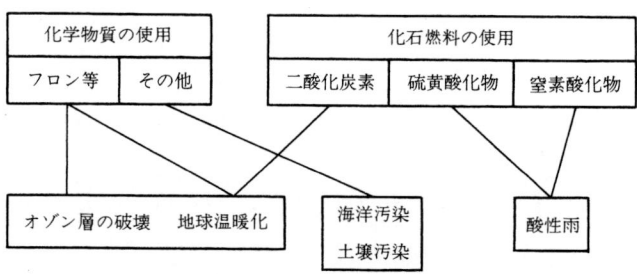

図 1.2　地球規模での各種環境問題の相互関係

表 1.1　各種のエネルギーによる発電コスト[2]

太陽光	風力	水力	石油火力	LNG 火力	石炭火力	原子力
100〜200	40〜60	13	11	10	10	9

単位：円/kWh

1.2　環境材料学の役割

　環境と材料の関わりを取り扱う環境材料学は，金属，セラミックス，高分子などにおいて新材料を研究開発する一方，従来材料の環境劣化を研究する学際的および実際的な学問である．腐食防食工学（corrosion and protection engineering）はプラントや金属構造物の腐食事例の原因究明と対策の確立，安全性および寿命の延長に関わってきた．環境材料学は，地球の環境保全の命題のもとに，腐食防食工学を駆使して，製品の設計，製作，製品の利用，サービスを行うことに貢献するものである．

　図1.3はプラントの腐食損傷をもたらす3要素，すなわち，材料，環境，プラント構造の相関を示す．金属材料の化学成分，顕微鏡組織からその材料の一般的な耐環境性は予測できる．しかし，プラントの構造因子がからんできて，すき間，ホットスポット，流速変化部等が存在すると，材料の腐食に影響する環境要因が複雑となり，腐食の予測および対策の確立は非常に難しい．しかし，これを可能にすることにより地球環境の保全に貢献できる．

　腐食現象としては，さびの生成，微量金属イオンの溶出，表面荒れ，肉厚減少，割れ，孔あきなどがあげられる．また，生ずる範囲によって，全面腐食

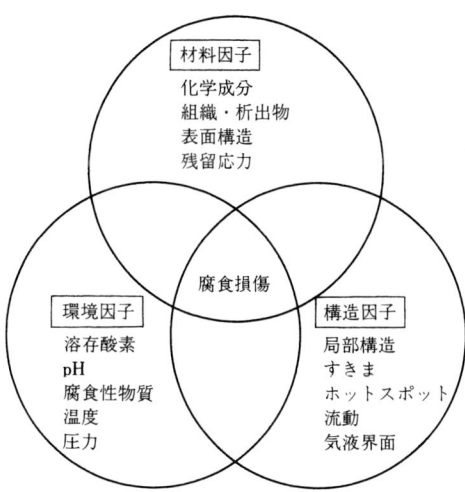

図1.3　プラントの腐食損傷をもたらす3要素

表1.2 日本の腐食コストの1997/1975の比較[3]

	1975	1997	比率（＝1997/1975）
Uhlig方式腐食コスト（億円）	25509.3	39376.9	1.54
%GNP（名目）	1.72	0.77	
%GNP（実質）	1.09	0.79	
GNP（名目） （10億円）＊	148170	514343	3.47
GNP（実質1990暦年価格） （10億円）＊	234203	498435	2.13

＊経済要覧, p.4, 経済企画庁調査局編, 1999

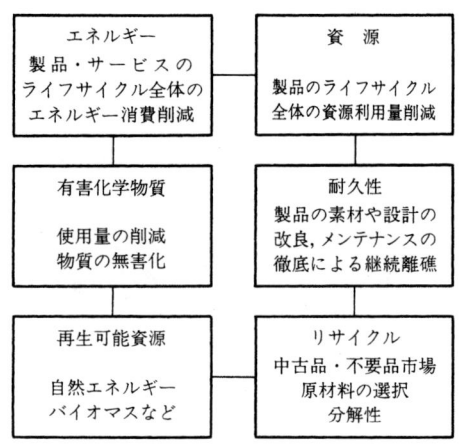

図1.4 環境設計のキーワード

(general corrosion) と局部腐食 (localized corrosion) に分類される．わが国における機器，構造物，プラント，交通システムなどの腐食対策費は表1.2[3]に示すように1997年時点で約4兆円，GNPに対して0.79となる．

図1.4に環境設計のキーワードを示す．新製品の設計，製作に関するキーワードである．

a) ライフサイクル（life cycle）全体の資源利用量の削減
b) ライフサイクル全体のエネルギー消費量の削減
c) 製品の耐久性の向上

d) リサイクル (recycle)

などは環境材料学として取り扱う課題である．

1.3 エコビジネス

表1.3にエコビジネス（環境関連産業，ecological business）マップを示す．材料供給，機器・プラントの設計・製作，現地施工およびメンテナンスなどのサービス提供において環境材料学との関連が深い．

表1.3 エコビジネスマップ

	資材供給	最終消費財供給	機器・プラント供給	現地竣工
大気環境の保全	・断熱材 ・太陽電池 ・燃料電池触媒 ・排ガス処理触媒	・低公害車 ・省エネ型家電製品	・分析装置 ・大気汚染防止装置 ・水質汚濁防止装置 ・中間処理プラント ・溶融装置 ・太陽光発電システム ・風力発電装置 ・RDF 製造/利用設備 ・プラスチック油化設備 ・生ごみ堆肥化装置 ・雨水利用装置	・断熱施工 ・地域冷暖房工事 ・省エネ住宅建設 ・新エネルギープラント建設 ・大気汚染防止プラント建設 ・水処理プラント建設 ・廃棄物処理プラント建設 ・最終処分場建設 ・上下水道管渠建設 ・雨水浸透，貯留工事
水環境の保全	・環境対応型建材，塗料，接着材 ・防音材，防振材 ・水処理薬品			
土壌環境・地盤環境の保全	・分析用薬品 ・活性炭 ・プラスチック再生油 ・PETボトル再生繊維	・再生品利用製品（再生紙など） ・詰替型商品		
廃棄物・リサイクル対策				
化学物質の環境リスク対策				
自然と人間との共生				・都市緑化 ・工場緑化 ・ビオトープ整備
景観保全				
国際的取組の推進	・耐塩性の高い植物（砂漠緑化）			
資源消費	・間伐材利用製品 ・リサイクル資源（鉄スクラップなど）	・非木材紙		

1.4　環境マネジメントシステム

　地球規模の環境保全として，COP 3 で採択された「京都議定書」，ISO 14000 の環境マネジメントシステムの発効などがある．わが国における対処として，エネルギー集約度の低減，製品の耐久性の向上，リサイクルの追求，有害物質の排出の削減，物質集約度の低減を目指している．環境マネジメントシステムの果たす役割も大きく，図 1.5 は環境管理システムのサイクルを示す．環境方針の決定に従い，PDCA のサイクルで回り，連続的に環境負荷を低減するように企業がその生産活動，製品製造，サービスの改良に努力を続ける．このシステムに環境材料学が貢献できる項目として
　a）環境側面の決定と環境影響ミニマム化
　b）緊急事態の準備と対応
　c）監視と測定
　d）不適合ならびに是正および予防措置
が考えられる．

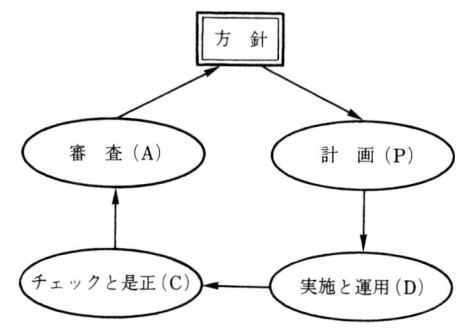

図 1.5　環境管理システム

［参考文献］
1) 日興リサーチセンター編：環境ビジネス最前線，工業調査会，1995
2) 関根泰次：地球環境科学，朝倉書店，1995
3) 腐食防食協会編：わが国における腐食コスト，2000

2 腐食の形態

　腐食とは，金属がその環境において化学反応により損傷される現象であり，すべての金属は特定の環境に対して耐食的である一方，他の多くの環境においては腐食に対して敏感である．このために金属の腐食損傷は，種々の環境の中で，様々な原因により，種々の形態で起こるので非常に複雑である．ここでは，代表的な腐食に着目して腐食の形態や機構について説明する．また，腐食現象の基礎的な理解を助ける電気化学の基本については，本書の随所に出てくる材料開発の実例を通して学んでいただきたい．

2.1　金属の腐食

　金属の腐食は，金属と環境とのせめぎ合いの結果である．長期間使用されても，材料の耐環境性が環境強度よりも強ければ，図2.1に示すように材料は腐食することなく，使用できる．環境材料学では，金属と環境相互の熱力学平衡論，反応速度論より金属の耐食性（corrosion resistance）を評価することに主眼を置く．この結果に基づき，期待寿命（life expectancy）をもったプラント，機器，構造物の設計を行う．しかし，何百年あるいは何千年の期待寿命

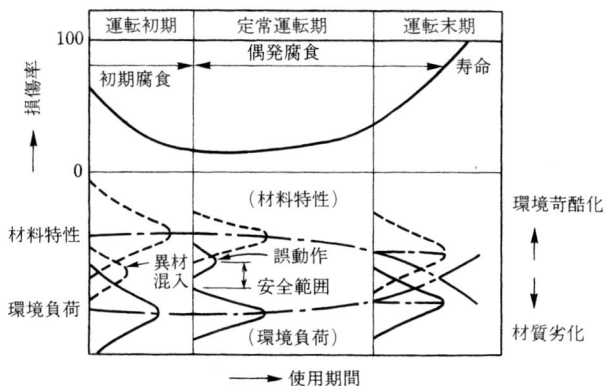

図2.1　腐食損傷面から見た材料と環境の関わり

が必要なプラントの設計を考える場合，実験室的な腐食速度のデータだけからでは不十分である．その場合は，金属文化財（metal cultural assets）における金属の腐食後の残存状態を調査することにより，数百年から数千年に及ぶ材料の腐食を図2.2のナチュラルアナログ（natural analogue）により推定できる．

金属の腐食は，腐食環境により分類すると水溶液による湿食（wet corrosion）と高温ガスによる乾食（dry corrosion）に大別される．また，腐食現象からは8つの腐食形態に分類され，形態別には全面腐食と局部腐食に分かれる．

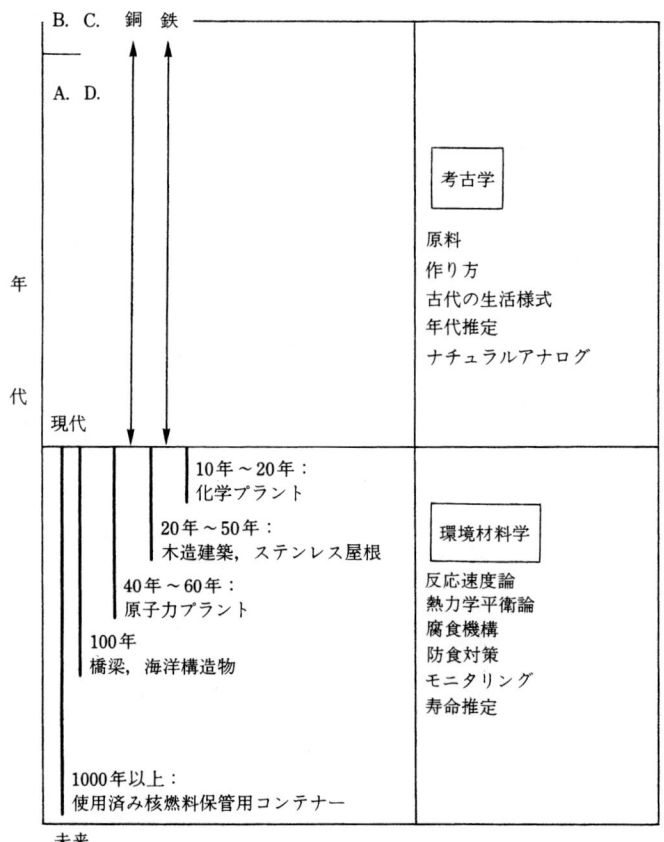

図2.2　金属考古学と環境材料学の接点

2.2　各種腐食の形態

2.2.1　全面腐食

鉄を水溶液に浸して暫くすると，ほぼ全面がさびで被われる．さらに，長時間浸漬続けると，鉄の地の侵食がはっきりする．このように，金属表面の全面が腐食される現象を全面腐食と呼ぶ．腐食のプロセスは，鉄表面に局部電池（local cell）が形成されて進む．局部電池において，電位が相対的に低く鉄が溶解する場所がアノード（anode），電位が相対的に高く，水素イオンあるいは酸素ガスが還元される場所がカソード（cathode）である．図2.3に見られるように，表面のいたる箇所にカソードおよびアノードが形成される．図中，相対的に電位の高いカソードを＋，相対的に電位の低いアノードを－として表示する．

全面腐食の代表例である鉄の酸，中性およびアルカリ溶液中の腐食反応式を示す．

酸性溶液中の腐食反応：

a）アノード反応：$Fe = Fe^{2+} + 2\,e^-$　　　　　　　　　　　(2.1)
b）カソード反応：$2\,H^+ + 2\,e^- = H_2$　　　　　　　　　　(2.2)
c）総括反応：$Fe + 2\,H^+ = Fe^{2+} + H_2$　　　　　　　　　(2.3)

中性およびアルカリ溶液中の腐食反応：

d）アノード反応：$Fe = Fe^{2+} + 2\,e^-$　　　　　　　　　　　(2.4)
e）カソード反応：$2\,H_2O + O_2 + 4\,e^- = 4\,OH^-$　　　　(2.5)
f）総括反応：$2\,Fe + 2\,H_2O + O_2 = 2\,Fe^{2+} + 4\,OH^-$　(2.6)

腐食しつつある鉄においてはアノードが溶け，カソードは溶けないが，アノードとカソードの場所は刻々と入れ替わるので，結果として，全面がほぼ均一

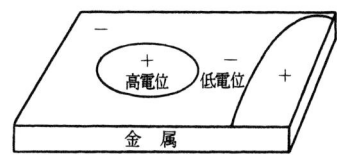

図2.3　腐食の局部電池におけるアノードおよびカソードの分布

に腐食される．

　全面腐食速度は，腐食度（corrosion rate，単位面積，単位時間当たりの平均腐食減量）および侵食度（penetration rate，単位時間当たりの平均侵食深さ）で表示される．また，これらは電流密度にも換算できる．

$$腐食度 = \frac{\Delta W}{S \Delta t} = \frac{M}{n} \cdot \frac{\Delta i}{F} \tag{2.7}$$

$$侵食度 = \frac{\Delta L}{\Delta t} = \frac{M}{\rho n} \cdot \frac{\Delta i}{F} \tag{2.8}$$

ただし，ΔW：試験前後の重量減少，ΔL：試験前後の肉厚減少，ρ：密度，M：金属の原子量，n：n価のイオン，Δi：電流密度，F：ファラデー定数，96,493クーロン/g-eq，S：面積，Δt：腐食期間である．

　鉄あるいは鋼の侵食度が0.1 mm/y（1年間に0.1 mmの侵食度）以下の侵食度であれば，鉄あるいは鋼は耐食的と考えられる．0.1 mm/yの侵食度は，鉄および鋼の場合は，ほぼ0.1 g/m²hの腐食度あるいは0.01 mA/cm²の電流密度に相当する．鉄あるいは鋼の各種単位による腐食度の換算，侵食度の換算を表2.1[2]および2.2[2]に示す．また，鉄以外の他の金属の腐食度および侵食度の表示を，それらの原子量，原子価，比重を考慮した上で表2.3[2]に示す．

表2.1　腐食度の換算[2]

	mg・dm^{-2}・day^{-1}*	g・m^{-2}・h^{-1}
1 mg・dm^{-2}・day^{-1}	1	4.17×10^{-3}
1 g・m^{-2}・h^{-1}	2.40×10^{2}	1
Fe 10 μA/cm²	25.0	0.104

＊mddと略記

表2.2　侵食度の換算[2]

	mm/y	mil・y^{-1}*	m/s
1 mm/y	1	3.94×10	3.17×10^{-11}
1 mpy*	2.54×10^{-2}	1	8.05×10^{-13}
1 m/s	3.15×10^{10}	1.24×10^{12}	1
Fe 10 μA/cm²	0.116	4.57	3.68×10^{-12}

＊mpyと略記
　1 mil = 10^{-3} inch（= 25.4 μm）

2.2 各種腐食の形態

表 2.3 腐食度・侵食度の算出式中係数の金属間比較[2]

	原子量 M	密度 ρ(g/cm³)	関与電子数 n	腐食度 M/n		侵食度 $M/\rho n$	
Fe	55.85	7.86	2	27.93	1	3.55	1
Cu	63.54	8.92	2	31.77	1.137	3.56	1.003
Zn	65.38	7.13	2	32.69	1.170	4.58	1.290
Al	26.98	2.70	3	8.99	0.322	3.33	0.938
Ti	47.90	4.54	3	15.97	0.572	3.52	0.992
Pb	207.19	11.34	2	103.60	3.709	9.13	2.57
Ni	58.71	8.8	2	29.36	1.051	3.34	0.941
Cr	52.00	6.93	3	17.33	0.621	2.50	0.704
74 Fe-18 Cr-8 Ni (304 ステンレス鋼)		8.03	2.20	25.24	0.904	3.14	0.885

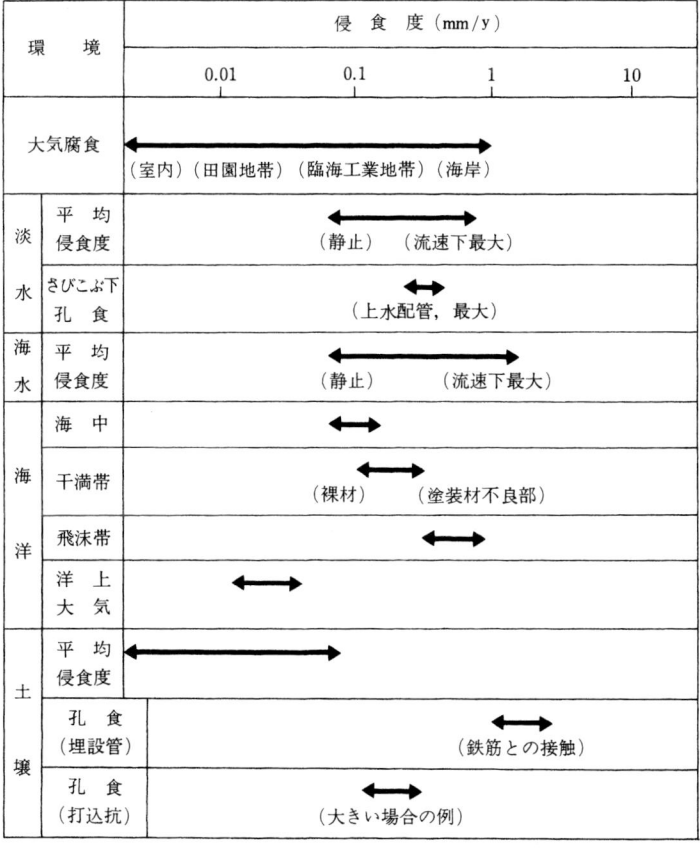

図 2.4 自然環境における鋼材の侵食度の概要

鉄を標準の1とし，その掛けるべき数値を示す．図2.4は鋼の全面腐食の例として，自然界の環境中の侵食度の典型例を示す．

2.2.2 孔　　食

金属表面に腐食によって穴が生じる現象を孔食（pitting）と呼ぶ．孔食の結果生ずる食孔の形態を図2.5[3)]に示す．入口がオープンのものは，一般的に鋼によく見られる（同図(a)）．一方，ステンレス鋼，アルミニウムなどに見られる食孔は入口が針の先のように小さく，内部に入るに従って食孔が広がっている（同図(b)）．

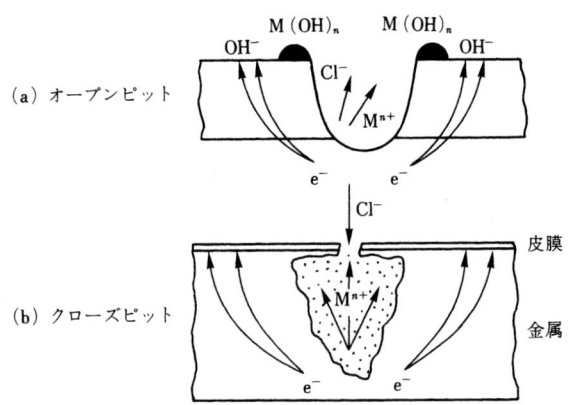

図2.5　ピットの模型[3)]．(a) オープンピット，(b) クローズピット

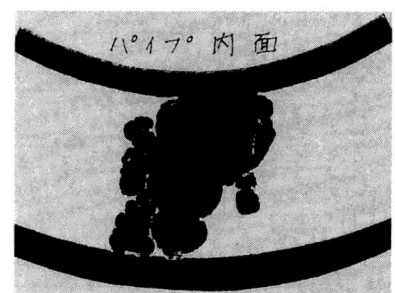

(a) 漏洩部の外観：○で囲んだところが貫通した．(1/4倍)　　(b) 貫通孔を生じた断面の拡大写真．(5倍)

図2.6　SUS 316 L 海水熱交換器における孔食[4)]

2.2 各種腐食の形態

ステンレス鋼やアルミニウムにおいて，ハロゲンイオン（F^-，Cl^-，Br^-，I^-）や SCN^- などが含まれる中性溶液およびアルカリ性溶液，あるいは Cl^-，Fe^{3+}，Cu^{2+} などの酸化性イオンを含む酸性溶液中で使用されるとき，表面の不働態皮膜が破壊されて食孔状の局部的な腐食を生ずることがしばしばある．孔食の実例を図2.6[4]に示す．

2.2.3 すき間腐食

図2.7[5]のすき間腐食（crevice corrosion）は，具体的な箇所としてガスケット，パッキングの当たり面，ボルト・ナットの締め付け部，金属の摺り合わせ部やスケール，ゴミなどの各種デポジットの付着部の下で起こる．同図(a)に見られるすき間腐食は銅などに起こる．銅の金属表面から銅イオンが溶出して，すき間内に Cu^{2+} イオンが濃縮する結果，Cu^{2+} イオンのイオン濃淡電池（ion concentration cell）がすき間の内側と外側の間に形成される．そのために，すき間の直近部の外側にすき間腐食が発生する．

一方，同図(b)に示されるすき間腐食は，ステンレス鋼，アルミニウムなどに一般的に起こり，特殊なケースとしてチタンにも生ずる．これらの金属表面上に通気差電池あるいは酸素濃淡電池（oxygen concentration cell）が形成され，すき間の内側が酸素濃度が低く，外側では酸素濃度が高い．すき間内で

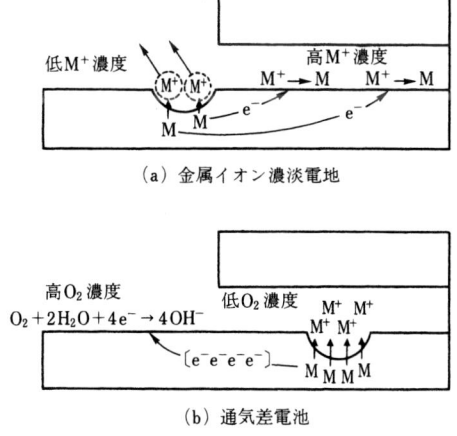

(a) 金属イオン濃淡電池

(b) 通気差電池

図2.7 すき間腐食の機構[5]

 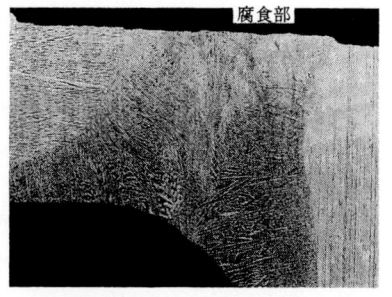

(a) 腐食部の外観写真　　　(b) 腐食部の断面，金属組織写真．(25倍)

図2.8　SUS 316 L 配管フランジ部における塩化物によるすき間腐食[4]

は，低い酸素濃度，Cl⁻ イオンの濃縮，pH の低下などにより，ステンレス鋼，アルミニウム，チタンなどを腐食から守っている不働態皮膜（passive film）が破壊される．

すき間腐食は腐食原因からの分類である．ゴミや小さな物体の下で生じたすき間腐食は，形態的に食孔となるので，孔食と分類される場合もある．図 2.8[4] にすき間腐食の実例を示す．

2.2.4　粒界腐食

粒界には図 2.9[6] に示すように特殊元素の偏析，化合物の析出が起こりやすいために，粒内とは違った化学組成の領域が生じ，粒界が選択的に腐食されやすい．この現象を粒界腐食（intergranular corrosion）と呼ぶ．最も一般的な粒界腐食は，同図(b)の場合に見られる．オーステナイト系ステンレス鋼が 700～900℃ の間に加熱されたり，溶接された熱影響部において，粒界にクロム炭化物（$Cr_{23}C_6$ や Cr_7C_6 など）が析出すると，その近傍にクロム欠乏層が生ずる．この現象を鋭敏化（sensitization）という．鋭敏化の結果，腐食環境において，粒界近傍が選択腐食を呈する．同図(c)の場合は，クロム炭化物は析出するけれども，炭化物は非連続的であるので，粒界が脱落することはない．同図(a)の場合は，析出物はないけれども，粒界に P や S が偏析すると，粒界が選択腐食を呈する場合がある．同図(a)の粒界腐食の例を図 2.10 に示す．

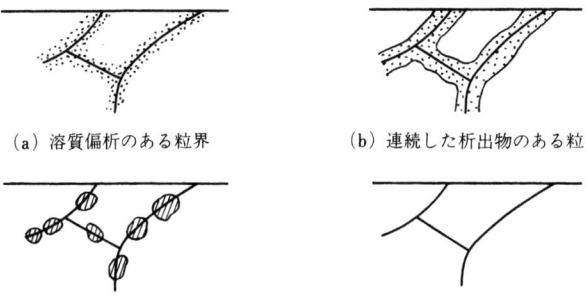

(a) 溶質偏析のある粒界　　　(b) 連続した析出物のある粒界

(c) 析出物が不連続にある粒界　(d) きれいな粒界

図 2.9　粒界近傍の顕微鏡組織と組成変化のモデル[6]

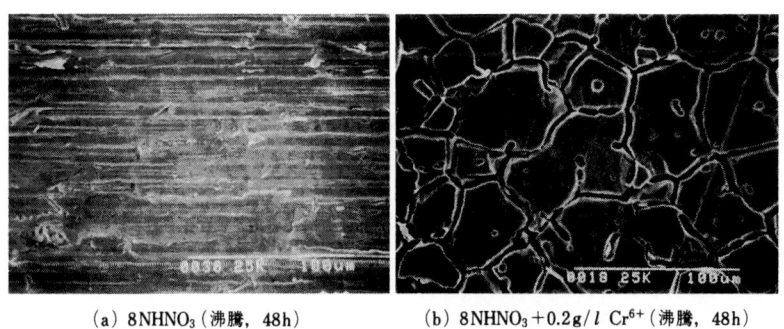

(a) 8NHNO₃（沸騰，48h）　　(b) 8NHNO₃+0.2g/l Cr⁶⁺（沸騰，48h）

図 2.10　Low C-25 Cr-20 Ni-Nb 鋼の腐食試験後の表面状況（SEM）

2.2.5　応力腐食割れ

金属材料，たとえば，ステンレス鋼に作用応力あるいは残留応力が限界値以上負荷されるとき，腐食性環境において，応力とは直角方向に割れが発生・進展する現象を応力腐食割れ（stress corrosion cracking, SCC）という．その模式図を図2.11に示す．割れには粒内応力腐食割れ（transgranular stress corrosion cracking, TGSCC）と粒界応力腐食割れ（intergranular stress corrosion cracking, IGSCC）とがある．割れの引き金は，粒内での孔食および粒界での粒界腐食が関与する．さらに，水素吸収に起因する割れは，水素脆化（hydrogen embrittlement）と呼ばれるが，これも応力腐食割れの範疇に入る．SCCは，割れ部を光学顕微鏡で観察したり，破面を走査電子顕微鏡で

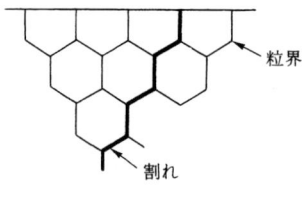
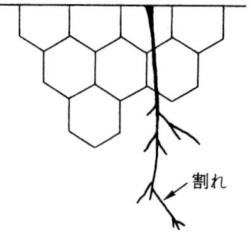

(a) 粒界応力腐食割れ（IGSCC）　　　(b) 粒内応力腐食割れ（TGSCC）

図 2.11　応力腐食割れの形態

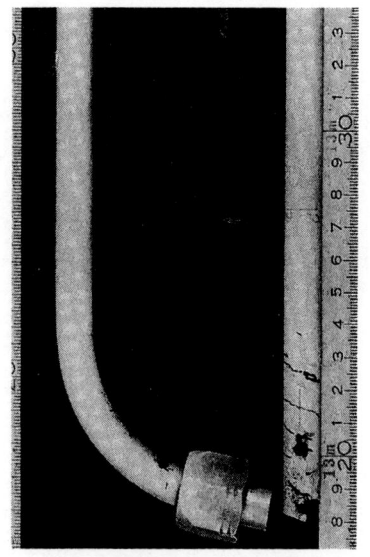
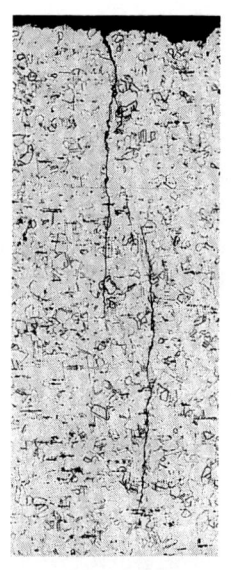

(a) 染色探傷試験後の外観状況　　(b) 断面の光学顕微鏡組織
　　　　　　　　　　　　　　　　　（粒内型応力腐食割れ）

図 2.12　SUS 304 ステンレス鋼配管の保温断熱材による TGSCC

観察することにより，IGSCC，TGSCC あるいは水素脆化を同定できる．図 2.12 および図 2.13 に TGSCC と IGSCC の実例を示す．

2.2 各種腐食の形態

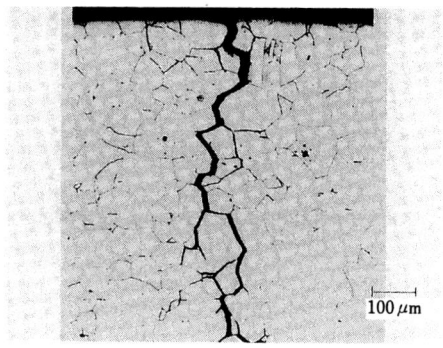

図 2.13 鋭敏化処理した SUS 304 ステンレス鋼の U ベンド試験片の高温高圧水中での IGSCC

2.2.6 電位差腐食

表 2.4 の電気化学系列において，貴な電位の金属と卑な電位の金属が接触すると腐食環境中において，卑な金属は単独で存在する場合よりも腐食速度が増加する．この腐食速度の増加分は電位差腐食（異種金属接触腐食あるいはガルバニック腐食，galvanic corrosion）による．卑な電位の金属は，接触したガルバニックカップルにおいてアノードとなり，金属の溶出が加速され，貴な電位の金属はカソードとなり，腐食は抑制される．電位差腐食は，卑な電位の金属の面積が貴な電位の金属より小さく，また，腐食環境が厳しいほど大きくなる．

ステンレス鋼とアルミニウムが接触すると，アルミニウムがアノードとなり，ガルバニック腐食を受ける．また，鉄と亜鉛を接触すると，鉄はカソードとなり，腐食は抑制される．すなわち，亜鉛が犠牲陽極となり，鉄を防食する．

2.2.7 エロージョン・コロージョン

配管の流速を増すと，溶液と接する金属表面の拡散境膜が薄くなり，沖合から金属表面への酸素の輸送量が増大する．その結果，配管の腐食は増大する．さらに流速が高くなると，金属表面の拡散境膜は消失して，乱流のみに被われる．高流速により金属表面の酸化皮膜が乱流の機械的作用で破壊し，腐食が著

表 2.4 金属および合金のガルバニック系列

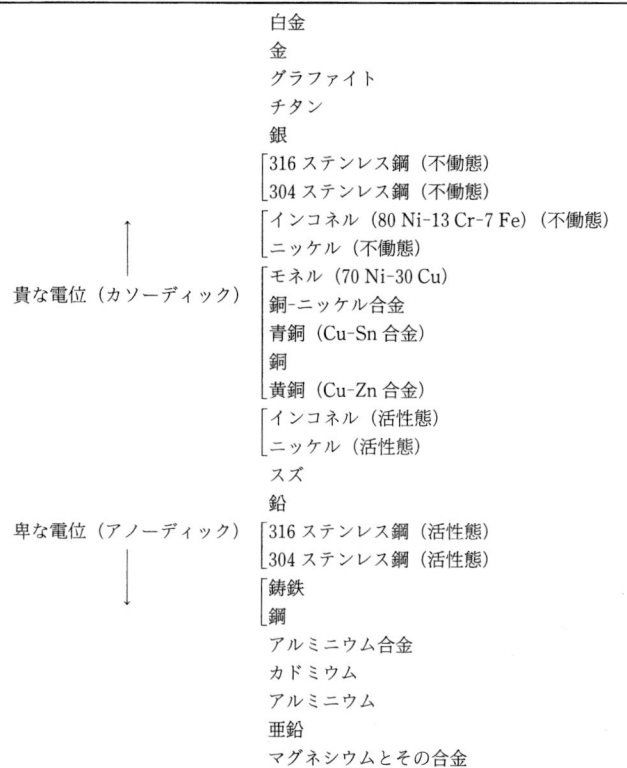

```
                        白金
                        金
                        グラファイト
                        チタン
                        銀
                       ┌316 ステンレス鋼（不働態）
                       └304 ステンレス鋼（不働態）
              ↑        ┌インコネル（80 Ni-13 Cr-7 Fe）（不働態）
                       └ニッケル（不働態）
                       ┌モネル（70 Ni-30 Cu）
  貴な電位（カソーディック）│銅-ニッケル合金
                       │青銅（Cu-Sn 合金）
                       │銅
                       └黄銅（Cu-Zn 合金）
                       ┌インコネル（活性態）
                       └ニッケル（活性態）
                        スズ
                        鉛
  卑な電位（アノーディック）┌316 ステンレス鋼（活性態）
                       └304 ステンレス鋼（活性態）
              ↓        ┌鋳鉄
                       └鋼
                        アルミニウム合金
                        カドミウム
                        アルミニウム
                        亜鉛
                        マグネシウムとその合金
```

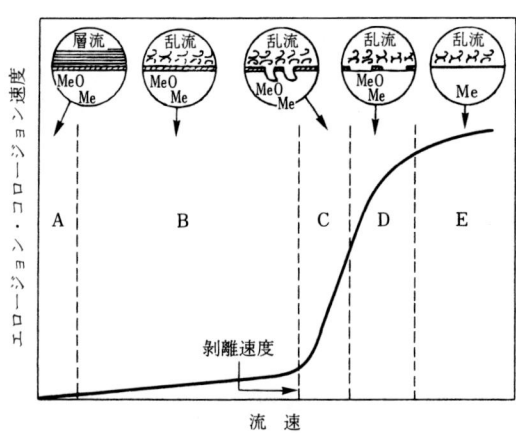

図 2.14　流速とエロージョン・コロージョンとの関係[7]

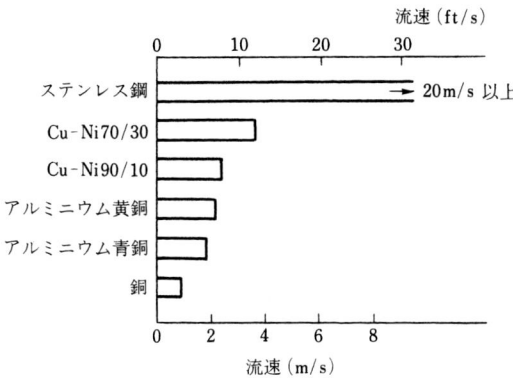

図2.15 各種金属材料のエロージョン・コロージョンの生ずる流速[8]

しく増大する．この現象はエロージョン・コロージョン (errosion corrosion)，インピンジメント・アタック (impingement attack) あるいはキャビテーション・エロージョン (cavitation errosion) などと呼ばれる．図2.14[7]に流速とエロージョン・コロージョンとの関係を示す．水溶液中で自然に生成した酸化物皮膜が破壊し始める流速において，エロージョン・コロージョンが顕在化する．図2.15[8]に各種合金のエロージョン・コロージョンに対する限界流速を示す．銅，黄銅の限界流速は低く，2 m/s 前後である．一方，ステンレス鋼は 20 m/s 以上と高い．

2.2.8 酸 化

酸化 (oxidation) は金属が酸素と結合して，酸化物を生成する現象である．今まで述べてきた2.2.1から2.2.7項の腐食現象は水溶液中での反応であるので，湿食と分類されるが，酸化は乾食と分類される．酸化も湿食同様，電気化学的プロセスで進行する．たとえば，原子価2価の金属の酸化は下記の機構に従う．

$$M + 1/2\,O_2 \rightarrow MO \tag{2.9}$$

式 (2.9) の反応はアノード反応（酸化）とカソード反応（還元）の素反応に分解される．

$$M \rightarrow M^{2+} + 2\,e^- \tag{2.10}$$

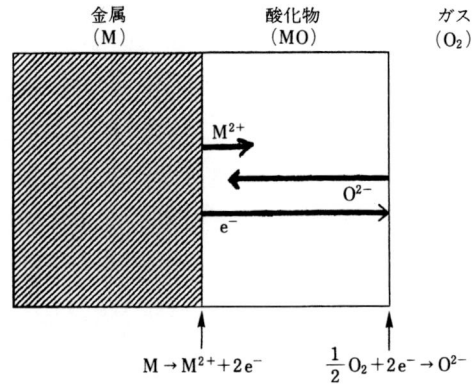

図2.16 金属表面における酸化の電気化学プロセス

表2.5 大気中の酸化限界温度*

鋼	主成分	限界温度（℃）
炭素鋼（SS 41）	Fe-0.1% C	450
STBA 25	5 Cr-0.5 Mo	600
T 7	7 Cr-0.3 Mo	650
STBA 26	9 Cr-1 Mo	670
SUS 410	12 Cr	750
SUS 430	17 Cr	850
SUS 442	21 Cr	950
SUS 446	27 Cr	1050
SUS 304, 321, 347	18 Cr-8 Ni 系	900
SUS 309	24 Cr-12 Ni	1100
SUS 310	25 Cr-20 Ni	1150
SUS 316	18 Cr-12 Ni-2 Mo	900
ハステロイ X	Ni 基合金	1200
純 Ni	—	780
純 Cu	—	450
黄銅	70 Cu-30 Zn	700
ハステロイ C	Ni 基合金	1150

＊酸化減肉が約 0.1 mm/年に相当する酸化温度

$$1/2\,O_2 + 2\,e^- \rightarrow O^{2-} \tag{2.11}$$

図 2.16 は，酸化スケール中のイオンおよび電子の移動を示す．表 2.5 に各種合金の大気中の酸化限界温度を示す．酸化限界温度とは，これらの合金が使用可能な最高温度を意味する．

[**参考文献**]

1) H.H. Uhlig and R.W. Revie：Corrosion and Corrosion Control, John Wiley & Sons, 1985
2) 腐食防食協会編：金属の腐食・防食 Q&A，丸善，1988
3) E.P. Robinson：Corro. Technol., p.201, 1960
4) ニューマテリアルセンター：損傷事例で学ぶ腐食・防食，1990
5) W.D. France Jr.：Localized Corrosion—Cause of Metal Failure, ASTM STP. 516, p.164, 1972
6) K.T. Aust et al.：Trans. ASM, **595**, 44, 1966
7) B.C. Syrett：Corrosion, **32**, 42, 1976
8) A. Eden：Anti-Corrosion, **26**, 11-7, 1976

3 金属溶解反応の電気化学

腐食は金属表面に局部電池が生成して進むことから，電気化学的に理解するのが望ましい．しかし，現実には，熱力学から計算される標準電極電位の概念や参照電極を用いて測定される電位の意味をわかりやすく説明した書物は残念ながら見当たらない．電気化学の参考書のおのおのが学術用語の定義や符号がまちまちで，何回読んでもわからないのが現状である．ここでは，単純な説明を行い，電位の概念を理解した上で，腐食を電気化学的にわかりやすく説明することに努める．

3.1　標準電極電位

腐食はアノード（酸化反応により金属が溶解する電極）とカソード（還元反応が起こる電極）から成り立つので，それらの標準電極電位（standard electrode potential，平衡電極電位，平衡単極電位とも呼ばれる）の概念や値を知ることが必要である．

金属 M が溶液中において，その溶出イオンの M^{n+} イオンと平衡状態にあると仮定する．電気化学的に平衡状態にあるとは，金属 M と M^{n+} イオンの電気化学自由エネルギー $\hat{\mu}_M$，$\hat{\mu}_{M^{n+}}$（電気化学ポテンシャルとも呼ぶ）が同一であることを意味する（図 3.1）．ΔG^* は電気化学活性化エネルギーである．

$$\hat{\mu}_M = \mu°_M + nFE°_M \tag{3.1}$$

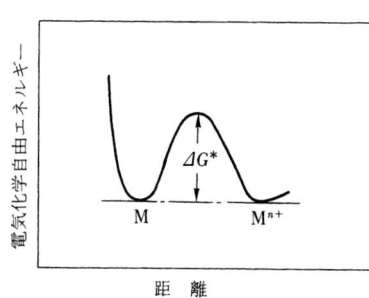

図 3.1　平衡状態の金属溶液界面における電気化学自由エネルギーの変化

$$\widehat{\mu}^\circ_{M^{n+}} = \mu^\circ_{M^{n+}} + nFE^\circ_{M^{n+}} \tag{3.2}$$

平衡状態では

$$\widehat{\mu}^\circ_M = \widehat{\mu}^\circ_{M^{n+}} \tag{3.3}$$

$$E^\circ_{M/M^{n+}} = E^\circ_M - E^\circ_{M^{n+}} = \frac{\mu^\circ_{M^{n+}} - \mu^\circ_M}{nF}$$

$$= \frac{\Delta G^\circ}{nF} \tag{3.4}$$

ただし, $\widehat{\mu}^\circ_M$:金属 M の標準電気化学自由エネルギー (standard electrochemical energy, J/mol)(標準状態における金属 M の電気化学自由エネルギー), $\widehat{\mu}^\circ_{M^{n+}}$: M^{n+} イオンの標準電気化学自由エネルギー (J/mol), μ°_M:金属 M の標準ギブス自由エネルギー (standard Gibbs free energy, J/mol), $\mu^\circ_{M^{n+}}$: M^{n+} イオンの標準ギブス自由エネルギー (J/mol), n:原子価, F:ファラデー定数 (96,500 C/グラム当量, 96,500 J/V-グラム当量あるいは 23,060 cal/V-グラム当量), E°_M:金属中の電子の電位 (V), $E^\circ_{M^{n+}}$: M^{n+} イオンの電位 (V), $E^\circ_{M/M^{n+}}$:金属 M の標準電極電位 (V), ΔG°:標準ギブス自由エネルギー変化 (J/mol) である. なお, ギブス自由エネルギーは, 別名, 化学エネルギーあるいは化学ポテンシャルとも呼ばれる.

表 3.1 に金属の標準電極電位を示す. 標準電極電位の低い金属ほど, イオン化傾向が高い.

ところで, 式 (3.6) で示される $E^\circ_{H_2/H^+}$ は, 熱力学から計算される場合でも, 電位の実測用に使われる標準水素電極（後述）においても, 任意の温度で零と約束する.

$$H_2 = 2H^+ + 2e^- \tag{3.5}$$

$$E^\circ_{H_2/H^+} = \Delta G^\circ/nF$$
$$= (2\mu^\circ_{H^+} - \mu^\circ_{H_2})/2 \times 96500 = 0 \tag{3.6}$$

熱力学の定義により 25℃ の H_2 に対して $\mu^\circ_{H_2} = 0$, また H^+ イオンの活量が 1 (pH = 0), 水素圧力が 1 気圧に保たれていて, 任意の温度で式 (3.6) が零になるためには

$$\mu^\circ_{H^+} = 0 \tag{3.7}$$

と約束する. pH ≠ 0 の場合は, $E^\circ_{H_2/H^+}$ は零とならず, 具体的にネルンスト

3.1 標準電極電位

表 3.1 金属の標準電極電位 (25°C)

	反 応	V (vs. SHE)
1	$Li = Li^+ + e^-$	-3.045
2	$Na = Na^+ + e^-$	-2.714
3	$Al = Al^{3+} + 3\,e^-$	-1.66
4	$Mn = Mn^{2+} + 2\,e^-$	-1.18
5*	$\frac{1}{2}H_2 + OH^- = H_2O + e^-$	-0.828
6	$Zn = Zn^{2+} + 2\,e^-$	-0.763
7	$Cr = Cr^{3+} + 3\,e^-$	-0.74
8	$Cr = Cr^{2+} + 2\,e^-$	-0.91
9	$Fe = Fe^{2+} + 2\,e^-$	-0.440
10	$Cr^{2} = Cr^{3+} + e^-$	-0.41
11	$H_2 = 2\,H^+ + 2\,e^-$	0
12	$2\,Hg + 2\,Cl^- = Hg_2Cl_2 + 2\,e^-$	0.2676
13	$Fe(CN)_6^{4-} = Fe(CN)_6^{3-} + e^-$	0.36
14	$2\,Hg = Hg_2^{2+} + 2\,e^-$	0.789
15	$Ag = Ag^+ + e^-$	0.7991
16	$Hg_2^{2+} = 2\,Hg^{2+} + 2\,e^-$	0.920
17	$2\,Br^- = Br_2(l) + 2\,e^-$	1.0652
18	$Ag^+ = Ag^{2+} + e^-$	1.98
19	$2\,F^- = F_2(g) + 2\,e^-$	2.87

＊ pH 14 における水素電極の電位

(Nernst) の式を使って計算できる．

一般に還元体 X, Y, …, 酸化体 P, Q, … が平衡にあるとき

$$x\mathrm{X} + y\mathrm{Y} + \cdots = p\mathrm{P} + q\mathrm{Q} + \cdots + n\mathrm{e}^- \tag{3.8}$$

還元体から酸化体に変化したときの標準ギブス自由エネルギー変化は

$$\Sigma G_O^\circ(= p\mu_P^\circ + q\mu_Q^\circ + \cdots) - \Sigma G_R^\circ(= x\mu_X^\circ + y\mu_Y^\circ + \cdots) = \Delta G^\circ \tag{3.9}$$

$$\Delta G = \Sigma G_O - \Sigma G_R = \Delta G^\circ + RT \ln a_P^p \cdot a_Q^q \cdots / a_X^x \cdot a_Y^y \cdots \tag{3.10}$$

$$E = \Delta G / nF$$
$$= E^\circ + RT/nF \times \ln a_P^p \cdot a_Q^q \cdots / a_X^x \cdot a_Y^y \tag{3.11}$$

となり，式 (3.11) がネルンストの詳細な式である．ただし，a_P, a_Q, a_X, a_Y はそれぞれ酸化体，還元体の活量（濃度）である．ネルンストの式は

$$\mathrm{R} = \mathrm{O} + n\mathrm{e}^- \tag{3.12}$$

に対しては

$$E = E^\circ + RT/nF \times \ln a_O / a_R \tag{3.13}$$

$E^\circ_{H_2/H^+} = 0$ であるが，pH が零以外の場合は，ネルンストの式により

$$E_{H_2/H^+} = E°_{H_2/H^+} + RT/nF \times \ln a_{H^+}^2/p_{H_2} = 0 + 0.059/2 \times \log a_{H^+}^2/p_{H_2}$$
$$= -0.059 \,\mathrm{pH} \quad (p_{H_2} = 1) \tag{3.14}$$

ただし，R は気体定数（8.31 J/mol-K），$a_{H^+} \simeq [H^+]$ で $[H^+]$ は重量モル濃度で表す水素イオン濃度である．

$$E_{H_2/H^+} (\mathrm{pH} = 7) = 0 - 7 \times 0.059 = -0.41 \,\mathrm{V} \tag{3.15}$$
$$E_{H_2/H^+} (\mathrm{pH} = 14) = 0 - 14 \times 0.059 = -0.83 \,\mathrm{V} \tag{3.16}$$

式（3.5）で書かれる電気化学反応式は，下記の式（3.17）で書かれても電位は同じである．

$$H_2 + 2\,OH^- = 2\,H_2O + 2\,e^- \tag{3.17}$$

酸素電極 E_{H_2O/O_2} については

$$2\,H_2O = O_2 + 4\,H^+ + 4\,e^- \tag{3.18}$$
$$E_{H_2O/O_2} = E°_{H_2O/O_2} - 0.059/4 \times \log a_{H^+}^4 \, p_{O_2}$$
$$= 1.228 - 0.059\,\mathrm{pH} + 0.0148 \log p_{O_2}$$
$$= 1.228 - 0.059\,\mathrm{pH} \quad (p_{O_2} = 1) \tag{3.19}$$

酸素電極の反応式は，式（3.18）の他に

$$4\,OH^- = 2\,H_2O + O_2 + 4\,e^- \tag{3.20}$$

とも表せるが，電位の値は同じく式（3.19）で与えられる．

3.2　参照電極

3.2.1　標準水素電極（SHE）

金属の電極電位 $E_{M/M^{n+}}$ は，熱力学的な計算以外に参照電極（あるいは比較電極，reference electrode）で実測もできる．水素電極基準で測定する場合は

$$E_{M/M^{n+}}(\mathrm{SHE}) = E_{M/M^{n+}} - E°_{H_2/H^+} \tag{3.21}$$

となる．図3.2で示される標準水素電極（standard hydrogen electrode）は，H^+ イオンの濃度が 1 M（1 mol/l）の HCl の溶液に H_2 ガスが1気圧で吹き込まれているときの Pt 黒の電位である．Pt 黒$_{H_2/H^+}$ の電極は，$E°_{H_2/H^+}$ と表されて，任意の温度で零と約束する．

標準水素電極は常に1気圧の水素ガスを流しながら使用しなければならないので，扱いが容易とはいえない．標準水素電極との電位差が明確な汎用型参照電極を使用するのが一般的である．

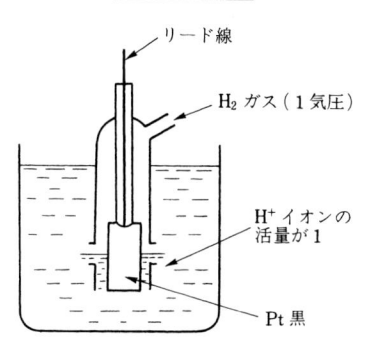

図3.2 標準水素電極

3.2.2 汎用型参照電極

金属電極 $E_{M/S}$ および参照電極 $E_{R/S}$ は

$$E_{M/S}:金属の内部電位-溶液の内部電位 \quad (3.22)$$
$$E_{R/S}:参照電極の内部電位-溶液の内部電位 \quad (3.23)$$

を意味する．

参照電極を基準とした金属電極の電位を $E_{M(R)}$ で表すと

$$E_{M(R)} = E_{M/S} - E_{R/S} = E_{M/S}(\text{SHE}) - E_{R/S}(\text{SHE}) \quad (3.24)$$
$$E_{M/S}(\text{SHE}) = E_{M(R)} + E_{R/S}(\text{SHE}) \quad (3.25)$$

となり，式（3.25）が，特定の参照電極で測定した金属の電位を，標準水素電極基準に換算するときの式である．

1) 甘汞電極（Hg/Hg_2Cl_2, KCl）

電極の電気化学反応：

$$2\,Hg + 2\,Cl^- = Hg_2Cl_2 + 2\,e^- \quad (3.26)$$

25℃のときの甘汞電極の SHE に対する電位差は，KCl が 0.1 M のときは $E_{(Hg/Hg_2Cl_2, 0.1M\ KCl)} = 0.3337\,\text{V}(\text{SHE})$，1 M のときは $E_{(Hg/Hg_2Cl_2, 1M\ KCl)} = 0.2801\,\text{V}(\text{SHE})$ となり，この電極を NCE（normal calomel electrode）とも呼ぶ．飽和 KCl を用いた場合 $E_{(Hg/Hg_2Cl_2, 飽和KCl)} = 0.2412\,\text{V}(\text{SHE})$ となり，この電極を飽和甘汞電極（saturated calomel electrode, SCE）と呼ぶ．

2) 銀-塩化銀電極（Ag/AgCl, KCl）

電極の電気化学反応：

図 3.3　カロメル電極

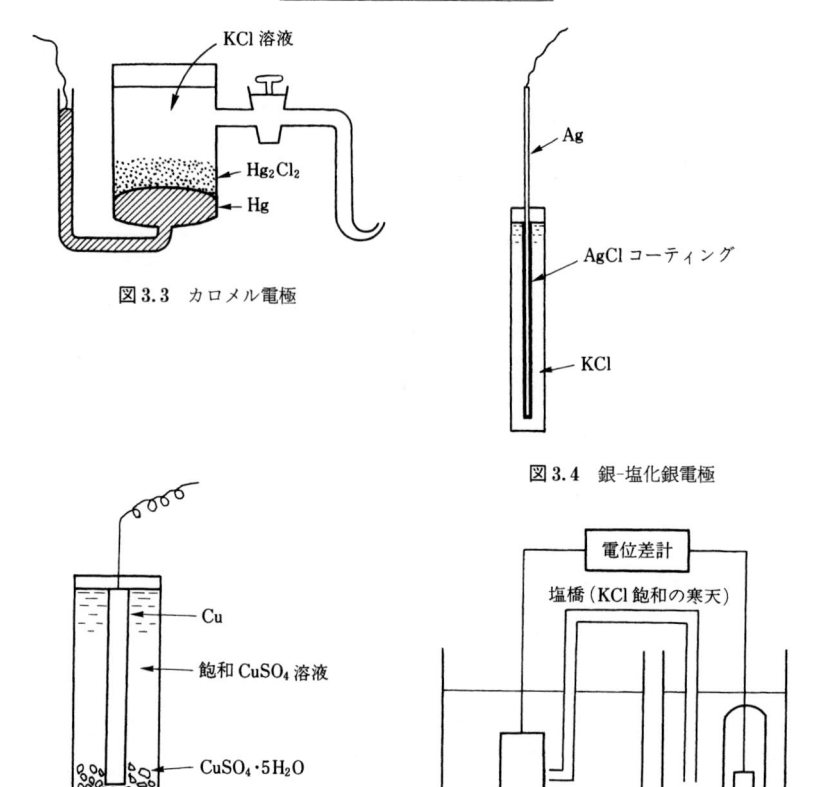

図 3.4　銀-塩化銀電極

図 3.5　銅-飽和硫酸銅電極

図 3.6　電極電位の測定法

$$\text{Ag} + \text{Cl}^- = \text{AgCl} + e^- \tag{3.27}$$

25°CのときのSHEに対する電位差は，$E_{(\text{Ag/AgCl, 1MKCl})} = 0.222$ V(SHE)，$E_{(\text{Ag/AgCl, 飽和KCl})} = 0.199$ V(SHE) となる．

3）　銅-硫酸銅電極（Cu/CuSO$_4$）

電極の電気化学反応：

$$\text{Cu} = \text{Cu}^{2+} + 2\,e^- \tag{3.28}$$

25°CのときのSHEに対する電位差は，$E_{(\text{Cu/1M CuSO}_4)} = 0.337$ V(SHE)，$E_{(\text{Cu/飽和 CuSO}_4)} = 0.316$ V(SHE) となる．

図3.3，図3.4，図3.5にそれぞれ甘汞電極，銀-塩化銀電極，銅-硫酸銅電極の構造を示す．参照電極を用いて金属の電位を測定する場合，試料と参照電極の間に，通常は塩橋を用いた回路を設定する（図3.6）．

3.3　電位-pH図

ネルンストの式を用いて，電位-pH図あるいはプールベ図（Pourbaix diagram）を作ることができる．例として，鉄の電位-pH線図を図3.7[1)]に示す．同中の(a)はH_2/H^+の平衡電位-pH関係，(b)はH_2O/O_2の平衡電位-pHの関係を示す直線である．(a)の上，(b)の下の領域でH_2Oが安定である．図中の0，-2，-4，-6とあるのは，イオンの濃度をM（重量モル濃度：mol/kgH_2O）で表示するものである．たとえば，FeとFe^{2+}イオンの境界の-4は，Fe^{2+}イオン濃度が10^{-4}Mで，Fe^{2+}イオンが10^{-4}mol/kgH_2O，あるいは55×10^{-4}g/kgH_2O，すなわち5.5 ppmの線である．Fe^{2+}，Fe^{3+}，$HFeO^{2-}$で示す領域はそれらのイオンが安定であり，すなわち鉄が腐食することを意味する．

鉄を例にとると，鉄の電位を参照電極で実測したり，あるいは，ネルンストの式で計算することにより，鉄の電位-pH図の中での存在状態を推定することができる．電位-pH図で，Feで表示される領域では金属Feが安定なので，水に浸漬しても鉄はまったく腐食しない．すなわち，Feの腐食不感領域である．また，Fe_3O_4，Fe_2O_3の領域では，これらの酸化物が安定であることを示し，それらの酸化物が表面を覆うことにより腐食が非常に抑制されることが期待できる．

3.4　腐食電位（自然電位）と分極曲線

参照電極を基準にして，図3.8のように金属試料の電位を変化させることができる．また，図3.9の装置を使って分極曲線（polarization curve）を測定できる．

図3.10に亜鉛の酸中における亜鉛の溶出するアノード分極曲線と水素イオンが還元されるカソード分極曲線を示す．図中の$i_{corr.}$が腐食電流密度で，腐食速度を表す．

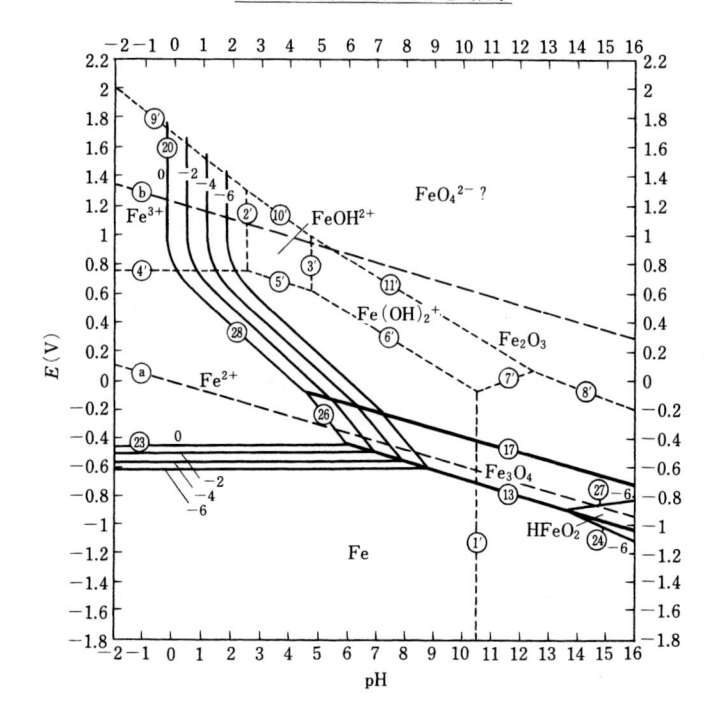

ⓐ $H_2 = 2H^+ + 2e^-$
　$E = -0.0591 \mathrm{pH}$
ⓑ $2H_2O = O_2 + 4H^+ + 4e^-$
　$E = 1.228 - 0.0591 \mathrm{pH}$
④ $Fe^{2+} = Fe^{3+} + e^-$
　$E = 0.771 +$
　$0.0591 \log [Fe^{3+}]/[Fe^{2+}]$
⑬ $3Fe + 4H_2O = Fe_3O_4 + 8H^+ + 8e^-$
　$E = -0.085 - 0.0591 \mathrm{pH}$
⑰ $2Fe_3O_4 + H_2O = 3Fe_2O_3 + 2H^+ + e^-$
　$E = 0.0221 - 0.0591 \mathrm{pH}$
⑳ $2Fe^{3+} + 3H_2O = Fe_2O_3 + 6H^+$
　$\log [Fe^{3+}] = -0.72 - 3\mathrm{pH}$
㉓ $Fe = Fe^{2+} + 2e^-$
　$E = -0.440 + 0.02951 \log [Fe^{2+}]$
㉔ $Fe + 2H_2O = HFeO_2^- + 3H^+ + 2e^-$
　$E = 0.493 - 0.0886 \mathrm{pH}$
　$+ 0.0295 \log [HFeO_2^-]$
㉖ $3Fe^{2+} + 4H_2O = Fe_3O_4 + 8H^+ + 2e^-$
　$E = 0.986 - 0.2364 \mathrm{pH}$
　$- 0.0886 \log [Fe^{2+}]$
㉗ $3HFeO_2^- + H^+ = Fe_3O_4 + 2H_2O + 2e^-$
　$E = -1.819 + 0.0295 \mathrm{pH}$
　$- 0.0886 \log [HFeO_2^-]$
㉘ $2Fe^{2+} + 3H_2O = Fe_2O_3 + 6H^+ + 2e^-$
　$E = 0.728 - 0.1773 \mathrm{pH}$
　$- 0.0591 \log [Fe^{2+}]$

図3.7　鉄の電位-pH 図[1]

$$i_a = -i_c = i_\mathrm{corr.} \qquad (3.29)$$

になる電位が腐食電位 $E_\mathrm{corr.}$ (V, corrosion potential) である．ただし，i_a：アノード電流密度（A/cm²，$i_a \geqq 0$），i_c：カソード電流密度（A/cm²，$i_c \leqq$

3.4 腐食電位（自然電位）と分極曲線

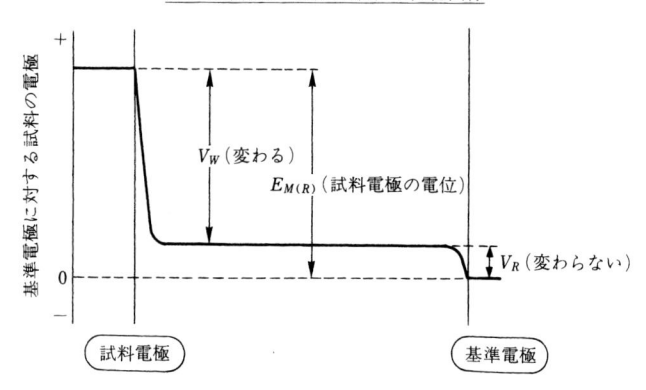

図 3.8 試料電極と基準電極

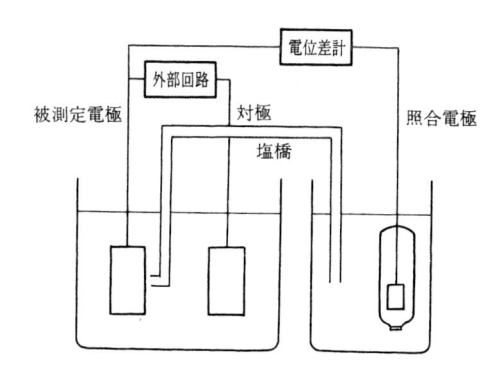

図 3.9 分極測定装置の模式図

0)，$i_{corr.}$：腐食電流密度（A/cm^2）である．ステンレス鋼などのように水あるいは海水中で不働態下にあるときは，腐食電位よりはむしろ E_{sp}（自然電位：spontaneous potential）という言葉が使用される．

アノード電流密度は

$$Zn \rightarrow Zn^{2+} + 2\,e^- \tag{3.30}$$

の反応の速度であり，カソード電流密度は

$$2\,H^+ + 2\,e^- \rightarrow H_2 \tag{3.31}$$

の反応速度である．図中では，$E_{corr.}$ と $i_{corr.}$ を図示するために，アノード電流とカソード電流を同一象限に目盛っている．実線の分極曲線は内部分極曲線で，実際には測定できない．実測できるのは破線の曲線である．なお，

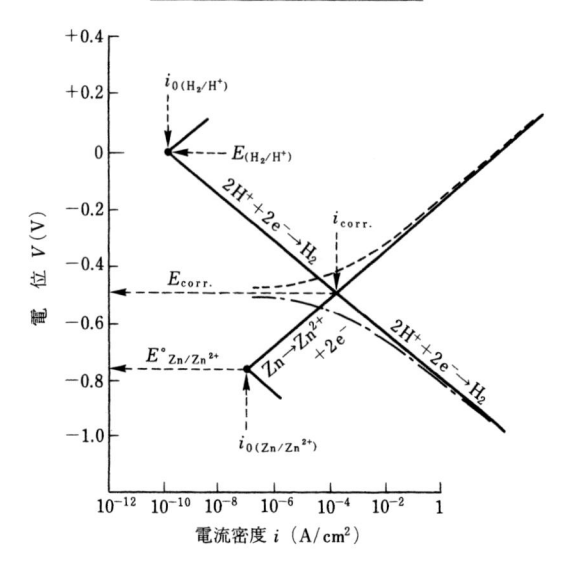

図 3.10 亜鉛の酸中におけるアノードおよびカソードの活性化分極挙動

$i_{0(H_2/H^+)}$, $i_{0(Zn/Zn^{2+})}$ は交換電流密度と呼び, $E°_{H_2/H^+}$, $E°_{Zn/Zn^{2+}}$ で平衡下の電流密度を表す.

実測できる分極曲線において

$$h = a \pm b \log i \tag{3.32}$$

ただし, h：過電圧 (V), a と b：定数である.

$E_{corr.}$ よりアノード方向（正あるいは高電位側）に分極するとき

$$h = E - E_{corr.} = a_a + b_a \log i > 0 \tag{3.33}$$

$E_{corr.}$ よりカソード方向（負あるいは低電位側）に分極するとき

$$h = E - E_{corr.} = a_c - b_c \log i < 0 \tag{3.34}$$

の関係式に従う. これらの式 (3.33), 式 (3.34), 式 (3.35) はターフェルの関係式である.

図 3.11 に金属の分極曲線を示す. 同図(a)はアノードおよびカソード反応の内部分極曲線, 同図(b)は実測される分極曲線である. 金属と溶液の腐食性の相互の関係から, 金属の腐食電位は活性態, 不働態, 過不働態の何れかに決まる. 活性態では金属の活発な溶出が起こり, 腐食速度が大きく, 不働態では

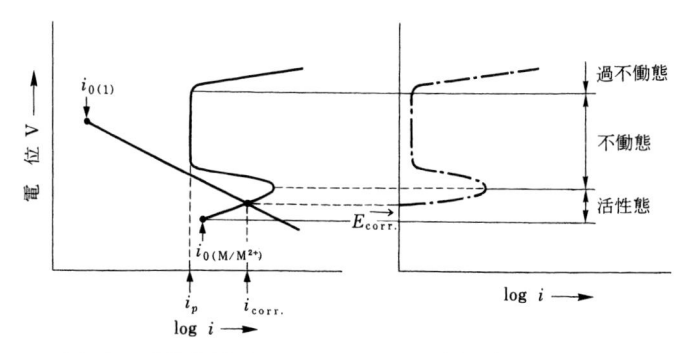

図3.11 活性態-不働態金属の腐食挙動の分極曲線による説明
($E_{corr.}$：腐食電位，$i_{corr.}$：腐食電流密度，i_p：不働態保持電流密度)

(a) 内部分極曲線（実測できない）　　(b) 実測される分極曲線

金属表面に数10Åの不働態皮膜が生成して，腐食速度はきわめて小さくなる．過不働態では不働態皮膜が溶解し始めるため，腐食速度は大きくなる．

以上のように，$E_{corr.}$，$i_{corr.}$，および分極曲線から金属の腐食に関する重要な情報が得られ，次のようにまとめられる．

a) 金属が特定の環境において，腐食するか否かが推定可能になる．また，プラントの腐食診断が可能になる．
b) 腐食速度の定量化が可能になる．
c) 孔食，すき間腐食，応力腐食割れ等の局部腐食発生の危険性の予知が可能になる．
d) 腐食機構の解明が可能となる．

[参考文献]

1) M. Pourbaix：Atlas of Electrochemical Equilibrium in Aqueous Solutions, NACE, 1974

4 耐食材料

金属および合金が耐食的か，あるいは，非耐食的かは，その化学組成，組織，純度，応力状態などの化学的，ならびに物理的な性質に依存する．また，耐食性は，環境側の因子である溶液のpH，温度，不純物濃度，熱伝達の有無，流速などの影響も受ける．

4.1　炭素鋼・合金鋼

代表的な金属材料の強度を表4.1に示す．純金属で強度が比較的高いのは，ニッケルおよび鉄であり，チタニウムや銅はそれよりいくぶん落ち，アルミニウムの強度が最も低い．図4.1に鋼とアルミニウムの応力-歪曲線を示す．両金属とも破断までの歪量はほぼ同程度であるが，アルミニウムの方が破断強度はかなり低い．しかし，金属を合金化することにより，どの金属においても著しい強度アップが可能である．

鉄の強度は，鉄の中に炭素を含有させることにより得られる．炭素量の増大とともに鉄中にセメンタイト（Fe_3C）が析出して，その量が増える．図4.2[1]に示すように，炭素量が0.02%から0.77%まで増えるに従い，パーライト（P）が増える．炭素量がこれ以上になると，組織は，パーライトとFe_3Cの混

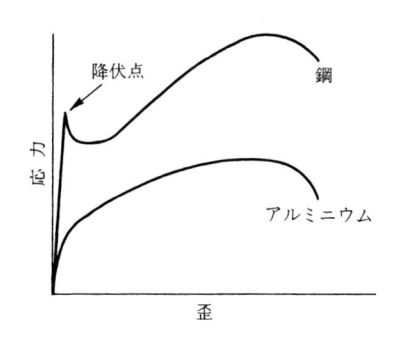

図4.1　軟鋼とアルミニウムの応力-ひずみ曲線

表4.1 工業用材料の機械的性質

分類	材質記号	化学組成	引張強さ (MPa)	耐力 (MPa)	伸び (%)
Al合金	1100-0[1] (純Al)	Al≥99.00, Cu 0.1	≥75	≥25	≥25
	2024-0	4.4Cu−1.5Mg−0.6Mn	≤215	≤95	≥12
	−T 4[2] (超ジュラルミン)	〃	≥430	≥275	≥15
	7075-0	1.6Cu−2.5Mg−5.6Zn−0.25Cr	≤275	≤145	≥10
	−T 6 (超ジュラルミン)	〃	≥540	≥480	≥8
Cu合金	C 1100-0 (タフピッチ銅)	Cu≥99.90	≥205		≥40
	C 2600-0 (黄銅)	70Cu−Pb≤0.05−Fe≤0.05	≥275		≥45
	C 6870-0 (アルミニウム黄銅)	78Cu−2.2Al−0.04As	≥375		≥40
	C 7060-0 (90/10キュプロニッケル)	10Ni−0.9Fe−0.6Mn	≥275		≥30
	C 7150-0 (70/30キュプロニッケル)	31Ni−0.7Fe−0.6Mn	≥365		≥30
Fe合金	SS 540	C≤0.30−Mn≤1.60	≥540	≥390	≥17
	SNCM 439 (4340合金)	0.4C−0.8Mn−1.8Ni−1Cr−0.23Mo	≥834	≥686	≥18
	SUS 410	12.5Cr	≥540	≥345	≥25
	SUS 430	17Cr	≥450	≥205	≥22
	SUS 444	19Cr−2Mo−(Ti, Zr, Nb)	≥410	≥245	≥20
	SUS 304	19Cr−9Ni	≥520	≥205	≥40
	SUS 310 S	25Cr−20Ni	≥520	≥205	≥40
	SUS 316	17Cr−2.5Mo−12Ni	≥520	≥205	≥40
	SUS 329 J 4 L	25Cr−6.5Ni-3Mo−0.2N	≥620	≥450	≥18
Ti合金	3種, 480 (純Ti)	H≤0.013, 0≤0.30, N≤0.07, Fe≤0.30	480〜620	≥345	≥18
	12種, 340 Pd	0.15 Pd	340〜510	≥215	≥23
	Ti-5 Ta	5 Ta	343〜510	≥216	≥23
	60種, TAP 6400	6Al−4V	≥920	≥865	≥8
Ni合金	NW 2200 (純Ni)	Ni 99.0, C≤0.15, Cu≤0.2, Fe≤0.4, Mn≤0.3, Si≤0.3	≥380	≥100	≥30
	400 (モネル)	30Cu−67Ni	≥480	≥195	≥35
	600	16Cr−8Fe	≥550	≥245	≥30
	690	30Cr−8Fe	≥590	≥245	≥30

4.1 炭素鋼・合金鋼

表 4.1（続き）

分 類	材 料		引張強さ (MPa)	耐力 (MPa)	伸び (%)
	材質記号	化学組成			
	ハステロイ C-276	16 Cr－6 Fe－16 Mo	≥690	≥275	≥40
プラスチック	ポリエチレン（低圧）		21.7〜38.6		20〜1300
	〃 （高圧）		0.42〜1.61		90〜800
	ポリ塩化ビニル（硬）		4.20〜5.25		40〜80

1) 焼なまし状態, 2) 時効熱処理状態

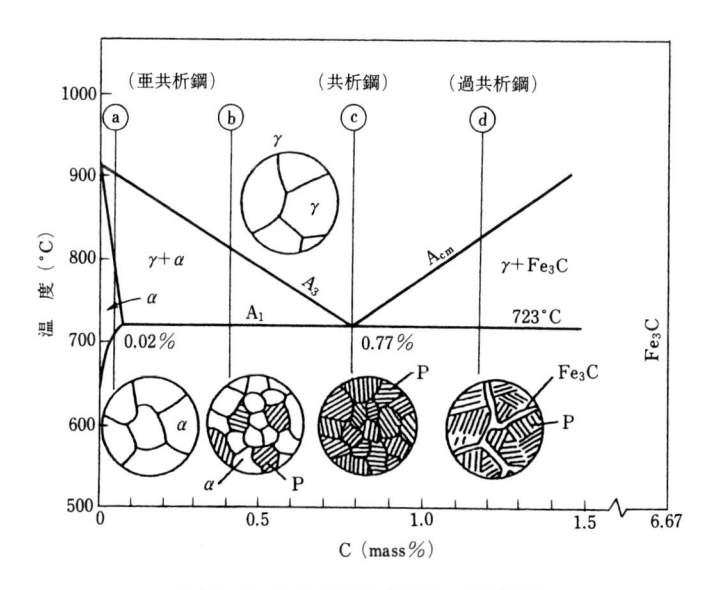

図 4.2 Fe-Fe$_3$C 状態図と徐冷時の変態組織[1]

合したものになる．パーライトとは，Fe$_3$C と α 鉄が交互に位置した縞状の組織をいう．強度があり，靭性が優れている鋼といわれるものは，炭素量が 0.02% から 2% までのものを指し，それ以上の炭素を含有する鉄を鋳鉄と呼ぶ．

炭素量が増えると，焼きなまし状態では，鋼はかなりのパーライトを含有するので，酸に対する耐食性は一般に劣化する．その理由は，パーライトが増えれば，パーライトを形成する Fe$_3$C が増え，この Fe$_3$C が腐食のカソードとなるためである．鋼は酸中においては腐食速度が大きいので，酸環境では鋼は使

表4.2 耐硫酸露点腐食鋼の化学成分（mass%）

名称	製造会社	C	Si	Mn	P	S	Cu	Cr	Ni	その他
S-TEN 1	新日本製鉄	≦0.14	≦0.55	≦0.70	≦0.025	≦0.025	0.25〜0.50			Sb ≦0.15
NAC-1	日本鋼管	≦0.15	≦0.40	≦0.50	≦0.030	≦0.030	0.20〜0.60	0.30〜0.90	0.30〜0.80	Sn 0.04〜0.35　Sb 0.02〜0.35
RIVER-TEN-41 S	川崎製鉄	≦0.15	≦0.40	0.20〜0.50	0.020〜0.060	≦0.040	0.20〜0.50	0.20〜0.60	≦0.50	Nb ≦0.04
CRIA	住友金属	≦0.13	0.20〜0.80	≦1.40	≦0.025	0.013〜0.030	0.25〜0.35	1.00〜1.50		
TAICOR-S	神戸製鋼	≦0.15	≦0.50	≦1.00	≦0.040	0.015〜0.040	0.15〜0.50	0.90〜1.50		A1 0.03〜0.15

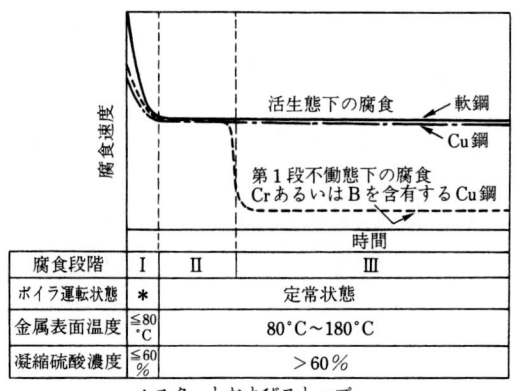

図4.3 鋼の硫酸露点腐食機構[2]

用されない．しかし，使用可能な特殊な条件として，火力発電ボイラの節炭器，空気予熱器，煙道，煙突などのようなボイラ低温部では，高温，高濃度の硫酸が凝縮して，薄膜硫酸溶液下の硫酸露点腐食を呈する．このような条件下では，表4.2に示す少量のCuとCrを含有する鋼の耐食性はステンレス鋼より優れ，実用的に十分使用できる環境である．硫酸露点腐食の機構を図4.3[2]に示す．

前掲の図3.7[1]において，Fe_3O_4 や Fe_2O_3 が生成する領域は，鉄の不働態領

4.1 炭素鋼・合金鋼

表 4.3 耐候性鋼の化学成分と機械的性質 (JIS)

	記号	熱処理	化学成分 (mass%)									
			C	Si	Mn	P	S	Cu	Ni	Cr	Mo	その他
G 3114 (1998)	SMA 400 W A.B.C.	圧延のまま	≦0.18	0.15/0.65	≦1.25	≦0.035	≦0.035	0.30/0.50	0.05/0.30	0.45/0.75	—	Mo+Nb +Ti+V+Zr ≦0.15
	SMA 400 P A.B.C.	圧延のまま	≦0.18	≦0.55	≦1.25	≦0.035	≦0.035	0.20/0.35	—	0.30/0.55	—	Mo+Nb +Ti+V+Zr ≦0.15
	SMA 490 W A.B.C.	圧延のまま または TMC	≦0.18	0.15/0.65	≦1.40	≦0.035	≦0.035	0.30/0.50	0.05/0.30	0.45/0.75	—	Mo+Nb +Ti+V+Zr ≦0.15
	SMA 490 P A.B.C.	圧延のまま または TMC	≦0.18	≦0.55	≦1.40	≦0.035	≦0.035	0.20/0.35	—	0.30/0.55	—	Mo+Nb +Ti+V+Zr ≦0.15
	SMA 570 W	焼入れ 焼もどし または TMC	≦0.18	0.15/0.65	≦1.40	≦0.035	≦0.035	0.30/0.50	0.05/0.30	0.45/0.75	—	Mo+Nb +Ti+V+Zr ≦0.15
	SMA 570 P	焼入れ 焼もどし または TMC*	≦0.18	≦0.55	≦1.40	≦0.035	≦0.035	0.20/0.35	—	0.30/0.55	—	Mo+Nb +Ti+V+Zr ≦0.15
G 3125 (1987)	SPA-H SPA-C	圧延のまま	≦0.12	0.25/0.75	0.20/0.50	0.070/0.150	≦0.040	0.25/0.60	≦0.65	0.30/1.25	—	—

* TMC : Thermo-mechanical controlling 熱加工制御

表4.3 (つづき)

	記号	厚さ (mm)	降伏点最小 (N/mm²)	引張強さ (N/mm²)	伸び最小 厚さ (mm)	伸び最小 試験片	伸び最小 (%)	衝撃試験 厚さ (mm)	衝撃試験 試験温度 (°C)	2mVノッチシャルピー吸収エネルギー最小 (J)
G 3114 (1998)	SMA 400 W A.B.C.	$t≤16$	245	400〜540	$t≤16$	1A号	17	A —	—	—
		$16<t≤40$	235		$t>16$	1A号	21	B $t>12$	0	27
		$t>40$	215		$t>20$	4号	23	C $t>12$	0	47
	SMA 400 P A.B.C.									
	SMA 490 W A.B.C.	$t≤16$	365	490〜610	$t≤16$	1A号	15	A —	—	—
		$16<t≤40$	355		$t>16$	1A号	19	B $t>12$	0	27
		$t>40$	355		$t>20$	4号	21	C $t>12$	0	47
	SMA 490 P A.B.C.									
	SMA 570 W	$t≤16$	460	570〜720	$t≤16$	5号	19	$t>12$	−5	47
		$16<t≤40$	450		$t>16$	5号	26			
		$t>40$	430		$t>20$	4号	20			
	SMA 570 P									
G 3125 (1987)	SPA-H	$t≤6$	345	$≥480$	$t≤16$	5号	22	—	—	—
		$t>6$	355	$≥490$	$t>6$	1A号	15			

＊曲げ試験　曲げ角度180°, 試験片 1号圧延方向, 内側半径 厚さ6.0mm以下 厚さの0.5倍, 厚さ6.0mm超え 厚さの1.5倍.
ただし, 受渡当事者間の協定によって, 厚さ6.0mm以下で内側半径を厚さの1.0倍とすることができる.

域と考えられ，耐食性が発揮される領域である．しかし，この考えは，バルク水やバルク溶液中では通用しない．その理由は，水溶液が多量にあることにより，これらの酸化物と鉄表面との密着性が劣り，酸化物の中に欠陥が多量に含まれるためである．一方，薄膜水が鋼表面に凝縮するような大気腐食（atmospheric corrosion）環境下では，Fe_3O_4 や FeOOH（$Fe_2O_3 \cdot H_2O$）は，緻密であり，鋼の表面への密着性が優れるため局部腐食電池の電極反応が低く抑えられ，防食性を発揮する．したがって，表4.3に示す耐候性鋼（weathering steel）は，鋼中に含有される Cu，Ni，Cr，P などの効果により，普通鋼よりも数倍優れる耐食性を有する．橋梁に使用する場合，計算上では，100年間無塗装で使用しても，腐食量は1 mm 以下に押さえられる．

4.2 ステンレス鋼

図4.4[3]に示すように，Fe-Cr 合金の Cr 量を増やしていくと，耐候性は12%以上の Cr 量で急激に向上する．12%以下の合金の表面は主に FeOOH 主体のさびが形成されるのに対して，12%以上の Cr 量では，CrOOH からなる不働態皮膜が合金表面に形成するためである．図4.5[4]は，Fe と Cr の電位-pH 図の合成である．この図において，不働態皮膜 CrOOH，FeOOH の主成分である Cr_2O_3，Fe_2O_3 の相互作用により，大気中では12%以上の Cr 含有鋼の耐候性が優れるのが説明できる．

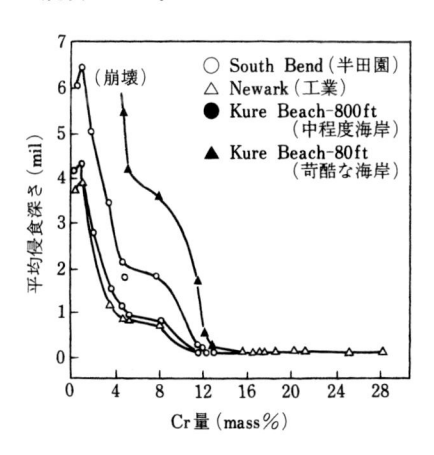

図4.4 Fe-Cr 合金の8年間大気暴露結果[3]（1 mil＝25.4 μm）

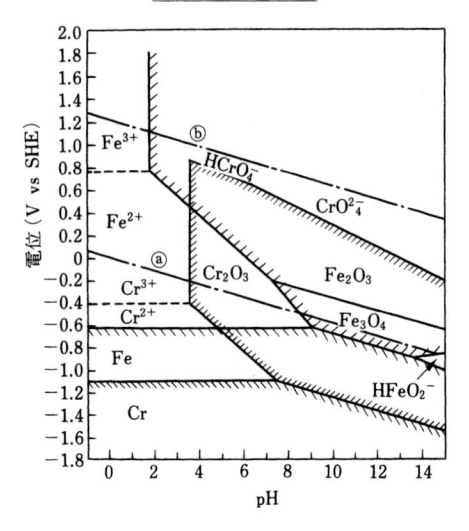

図 4.5 Fe と Cr の電位-pH 図（25°C，可溶性イオン濃度：10^{-6} kmol/m³）[4]

表 4.4 ステンレス鋼の分類

成分系		組織分類	特色		JIS 鋼種記号
大分類	小分類				
Cr 系	低 C　13 Cr 中 C　13 Cr 高 C　13 Cr	マルテンサイト系	焼入硬化可能		SUS 400 番台
	低 C　14 Cr 低 C　14 Cr	フェライト系	焼入硬化不可能		
Cr-Ni 系	18 Cr　8 Ni	オーステナイト系	急冷により 軟化，磁石 つきにくい	標準型	SUS 300 番台
	Mo, Cu 添加			耐食性大	
	Ni 増			冷間加工性良	
	Cr, Ni 増			耐熱性良	
	他				SUSXM
	17 Cr　4 Ni 17 Cr　7 Ni	析出硬化型系	高強度		SUS 600 番台
	25 Cr　5 Ni	二相系	耐海水性良		SUS 300 番台

　ステンレス鋼は，耐食性の他に，実用合金として必要な強度，加工性，溶接性等が優れることから，産業用，レジャー用，環境保全・公害防止，輸送用，健康・福祉などあらゆる分野で使用されている．ステンレス鋼なくして，現在

4.2 ステンレス鋼

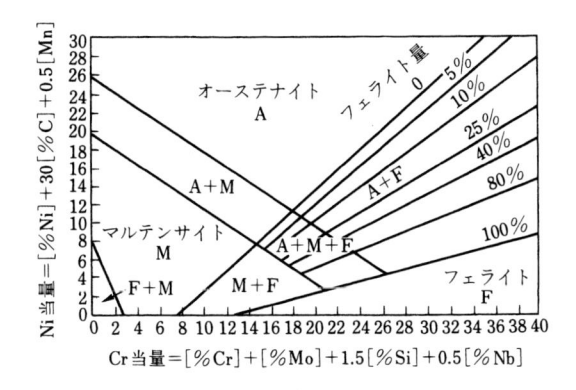

図4.6 溶着ステンレス鋼の組織図[6]

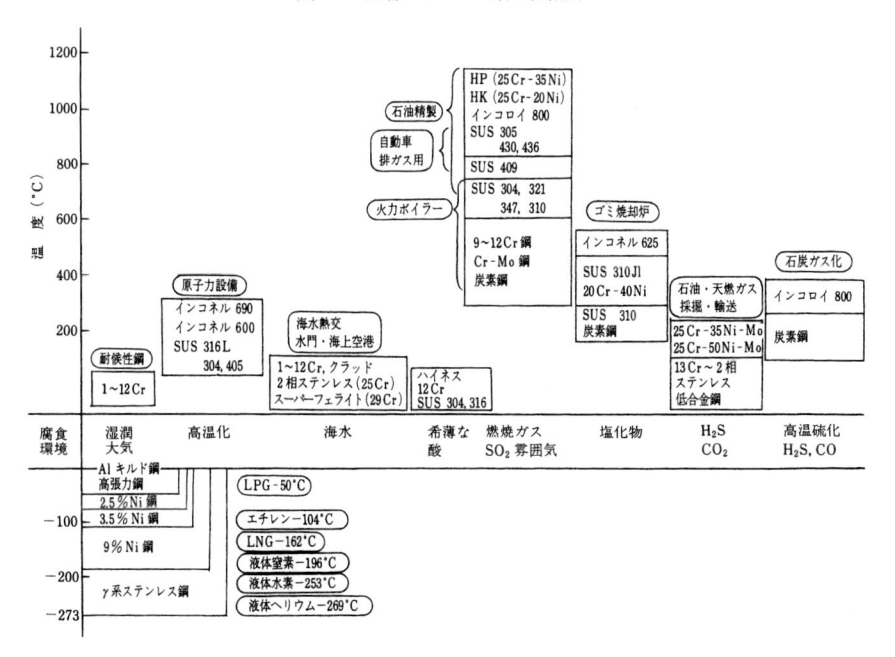

縦軸: Ni当量＝[%Ni]＋30[%C]＋0.5[Mn]
横軸: Cr当量＝[%Cr]＋[%Mo]＋1.5[%Si]＋0.5[%Nb]

領域: オーステナイト A, A＋M, A＋F, A＋M＋F, マルテンサイト M, F＋M, M＋F, フェライト F
フェライト量: 0, 5%, 10%, 25%, 40%, 80%, 100%

図4.7 使用環境と鉄鋼材料[1]

縦軸: 温度(℃)　−273〜1200

腐食環境	湿潤大気	高温化	海水	希薄な酸	燃焼ガス SO₂雰囲気	塩化物	H₂S CO₂	高温硫化 H₂S, CO

高温側材料例:
- 石油精製: HP(25Cr-35Ni), HK(25Cr-20Ni), インコロイ800, SUS 305, 430, 436
- 自動車排ガス用: SUS 409
- 火力ボイラー: SUS 304, 321, 347, 310, 9〜12Cr鋼, Cr-Mo鋼, 炭素鋼
- ゴミ焼却炉: インコネル625, SUS 310J1, 20Cr-40Ni, SUS 310, 炭素鋼
- 石油・天然ガス採掘・輸送: 25Cr-35Ni-Mo, 25Cr-50Ni-Mo, 13Cr〜2相ステンレス, 低合金鋼
- 石炭ガス化: インコロイ800, 炭素鋼
- 原子力設備: インコネル690, インコネル600, SUS 316L, 304, 405
- 海水熱交, 水門・海上空港: 1〜12Cr, クラッド, 2相ステンレス(25Cr), スーパーフェライト(29Cr)
- ハイネス12Cr, SUS 304, 316
- 耐候性鋼: 1〜12Cr

低温側材料例 (−100〜−273℃):
- Alキルド鋼, 高張力鋼
- 2.5%Ni鋼
- 3.5%Ni鋼
- 9%Ni鋼
- γ系ステンレス鋼
- LPG −50℃
- エチレン −104℃
- LNG −162℃
- 液体窒素 −196℃
- 液体水素 −253℃
- 液体ヘリウム −269℃

の近代的な人間の活動はありえないといっても過言ではない．

ステンレス鋼は，表4.4に示すように大別するとCr-Fe合金で，結晶格子が体心立方格子からなるフェライト系ステンレス鋼（ferritic stainless steel），Cr-Ni-Fe合金で，面心立方格子からなるオーステナイト系ステンレス鋼

表4.5 各種ステンレス鋼の化学成分[7]

(単位 mass%)

分類	種類の記号	C	Si	Mn	P	S	Ni	Cr	Mo	その他
オーステナイト系	SUS 304	0.08 以下	1.00 以下	2.00 以下	0.040 以下	0.030 以下	8.00〜11.00	18.00〜20.00	—	—
	SUS 304 H	0.04〜0.10	0.75 以下	2.00 以下	0.040 以下	0.030 以下	8.00〜11.00	18.00〜20.00	—	—
	SUS 304 L	0.030 以下	1.00 以下	2.00 以下	0.040 以下	0.030 以下	9.00〜13.00	18.00〜20.00	—	—
	SUS 309	0.15 以下	1.00 以下	2.00 以下	0.040 以下	0.030 以下	12.00〜15.00	22.00〜24.00	—	—
	SUS 309 S	0.08 以下	1.00 以下	2.00 以下	0.040 以下	0.030 以下	12.00〜15.00	22.00〜24.00	—	—
	SUS 310	0.15 以下	1.50 以下	2.00 以下	0.040 以下	0.030 以下	19.00〜22.00	24.00〜26.00	—	—
	SUS 310 S	0.08 以下	1.50 以下	2.00 以下	0.040 以下	0.030 以下	19.00〜22.00	24.00〜26.00	—	—
	SUS 316	0.08 以下	1.00 以下	2.00 以下	0.040 以下	0.030 以下	10.00〜14.00	16.00〜18.00	2.00〜3.00	—
	SUS 316 H	0.04〜0.10	0.75 以下	2.00 以下	0.040 以下	0.030 以下	11.00〜14.00	16.00〜18.00	2.00〜3.00	—
	SUS 316 L	0.030 以下	1.00 以下	2.00 以下	0.040 以下	0.030 以下	12.00〜16.00	16.00〜18.00	2.00〜3.00	—
	SUS 316 Ti	0.08 以下	1.00 以下	2.00 以下	0.040 以下	0.030 以下	10.00〜14.00	16.00〜18.00	2.00〜3.00	Ti 5×C % 以上
	SUS 317	0.08 以下	1.00 以下	2.00 以下	0.040 以下	0.030 以下	11.00〜15.00	18.00〜20.00	3.00〜4.00	—
	SUS 317 L	0.030 以下	1.00 以下	2.00 以下	0.040 以下	0.030 以下	11.00〜15.00	18.00〜20.00	3.00〜4.00	—
	SUS 836 L	0.030 以下	1.00 以下	2.00 以下	0.040 以下	0.030 以下	24.00〜26.00	19.00〜24.00	5.00〜7.00	N 0.25 以下
	SUS 890 L	0.020 以下	1.00 以下	2.00 以下	0.040 以下	0.030 以下	23.00〜28.00	19.00〜23.00	4.00〜5.00	Cu 1.00〜2.00
	SUS 321	0.08 以下	1.00 以下	2.00 以下	0.040 以下	0.030 以下	9.00〜13.00	17.00〜19.00	—	Ti 5×C % 以上
	SUS 321 H	0.04〜0.10	0.75 以下	2.00 以下	0.040 以下	0.030 以下	9.00〜13.00	17.00〜20.00	—	Ti 4×C %〜0.60
	SUS 347	0.08 以下	1.00 以下	2.00 以下	0.040 以下	0.030 以下	9.00〜13.00	17.00〜20.00	—	Nb 10×C % 以上
	SUS 347 H	0.04〜0.10	1.00 以下	2.00 以下	0.030 以下	0.030 以下	9.00〜13.00	17.00〜20.00	—	Nb 8×C %〜1.00
	SUSXM15 J1	0.08 以下	3.00〜5.00	2.00 以下	0.045 以下	0.030 以下	11.50〜15.00	15.00〜20.00	—	—
二相系	SUS 329 J1	0.08 以下	1.00 以下	1.50 以下	0.040 以下	0.030 以下	3.00〜6.00	23.00〜28.00	1.00〜3.00	N 0.08〜0.20
	SUS 329 J3 L	0.030 以下	1.00 以下	1.50 以下	0.040 以下	0.030 以下	4.50〜6.50	21.00〜24.00	2.50〜3.50	N 0.08〜0.30
	SUS 329 J4 L	0.030 以下	1.00 以下	1.50 以下	0.040 以下	0.030 以下	5.50〜7.50	24.00〜26.00	2.50〜3.50	—
フェライト系	SUS 405	0.08 以下	1.00 以下	1.00 以下	0.040 以下	0.030 以下	—	11.50〜14.50	—	Al 0.10〜0.30
	SUS 409	0.08 以下	1.00 以下	1.00 以下	0.040 以下	0.030 以下	—	10.50〜11.75	—	Ti 6×C %〜0.75
	SUS 409 L	0.030 以下	1.00 以下	1.00 以下	0.040 以下	0.030 以下	—	10.50〜11.75	—	Ti 6×C %〜0.75
	SUS 410	0.15 以下	1.00 以下	1.00 以下	0.040 以下	0.030 以下	—	11.50〜13.50	—	—
	SUS 410 Ti	0.08 以下	0.75 以下	1.00 以下	0.040 以下	0.030 以下	—	11.50〜13.50	—	Ti 6×C %〜0.75
	SUS 430	0.12 以下	0.75 以下	1.00 以下	0.040 以下	0.030 以下	—	16.00〜18.00	—	—
	SUS 430 LX	0.030 以下	0.75 以下	1.00 以下	0.040 以下	0.030 以下	—	16.00〜19.00	—	Ti 又は Nb 0.10〜1.00
	SUS 430 J1 L	0.025 以下	1.00 以下	1.00 以下	0.040 以下	0.030 以下	—	16.00〜20.00	—	N 0.025 以下 Nb 8×(C %+N %)〜0.80 Cu 0.30〜0.80
	SUS 436 L	0.025 以下	1.00 以下	1.00 以下	0.040 以下	0.030 以下	—	16.00〜19.00	0.75〜1.25	N 0.025 以下 Ti, Nb, Zr 又はそれらの組合せ 8×(C %+N %)〜0.80
	SUS 444	0.025 以下	1.00 以下	1.00 以下	0.040 以下	0.030 以下	—	17.00〜20.00	1.75〜2.50	N 0.025 以下 Ti, Nb, Zr 又はそれらの組合せ 8×(C %+N %)〜0.80
	SUSXM 8	0.08 以下	1.00 以下	1.00 以下	0.040 以下	0.030 以下	—	17.00〜19.00	—	Ti 12×C %〜1.10
	SUSXM 27	0.010 以下	0.40 以下	0.40 以下	0.030 以下	0.020 以下	—	25.00〜27.50	0.75〜1.50	N 0.015 以下

4.2 ステンレス鋼

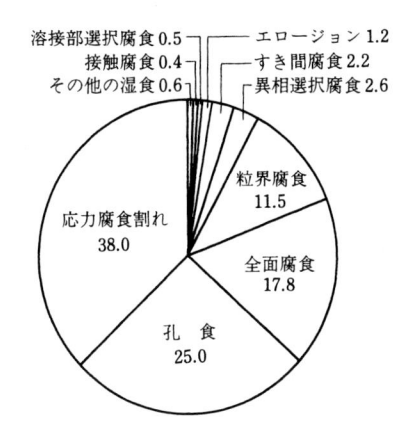

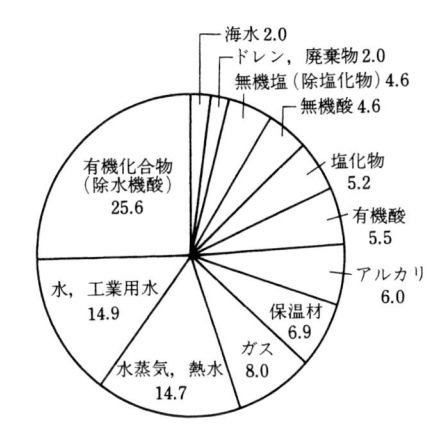

図4.8 湿食の形態別内訳（％）[8]

（左の円グラフ）
- 溶接部選択腐食 0.5
- 接触腐食 0.4
- その他の湿食 0.6
- エロージョン 1.2
- すき間腐食 2.2
- 異相選択腐食 2.6
- 粒界腐食 11.5
- 応力腐食割れ 38.0
- 全面腐食 17.8
- 孔食 25.0

図4.9 応力腐食割れの環境別内訳（％）[8]

（右の円グラフ）
- 海水 2.0
- ドレン，廃棄物 2.0
- 無機塩（除塩化物）4.6
- 無機酸 4.6
- 塩化物 5.2
- 有機酸 5.5
- アルカリ 6.0
- 保温材 6.9
- ガス 8.0
- 水蒸気，熱水 14.7
- 水，工業用水 14.9
- 有機化合物（除水機酸）25.6

表4.6 耐海水性ステンレス鋼

分類	鋼種名	Cr	Ni	Mo	N	その他	耐孔食性指標*
フェライト系	SUS 447 J 1	30.0	—	2.0	—	—	36.6
	MONIT	25.0	4.0	4.0	—	0.5 Ti	38.2
	SEA-CURE	27.5	1.2	3.5	—	0.5 Ti	39.1
	29-4 C	29.0	0.3	4.0	—	0.5 Ti	42.2
	29-4-2, FS 10	29.0	2.0	4.0	—	—	42.2
二相系	SUS 329 J 1	25.0	4.5	1.5	—	—	30.0
	SUS 329 J 4 L, DP 3	25.0	7.0	3.0	0.15	0.3 W	37.8
	SUS 329 J 4 L, DP 3 N	25.3	7.0	3.3	0.3	0.4 W	41.3
	DP 3 W	25.0	6.7	3.0	0.3	2 W	42.4
	SAF 2507	25.0	7.0	3.8	0.3	—	41.9
オーステナイト系	904 L	20.0	25.0	4.5	—	—	34.9
	HR 8	20.0	25.0	5.0	—	0.4 Ti	36.5
	AL 6 X	20.0	25.0	6.0	—	—	39.8
	AL 6 XN, HR 8 N	20.0	25.0	6.0	0.2	—	45.8
	254 SMO, HR 254	20.0	18.0	6.0	0.2	—	45.8

* Cr％＋3.3Mo％（フェライト），Cr％＋3.3(Mo％＋0.5 W％)＋16 N％（二相），Cr％＋3.3 Mo％＋30 N％（オーステナイト）

(austenitic stainless steel), フェライト組織とオーステナイト組織が混相する二相ステンレス鋼 (duplex phase stainless steel) に分類できる．二相ステンレス鋼の組織図を図4.6[6]に示す．代表的なステンレス鋼種を表4.5[7]に示す．

腐食環境別に，使用されるステンレス鋼の鋼種を図4.7[1]に示す．ステンレ

ス鋼の腐食事例で問題になるのは，図4.8[8)]に示すように孔食，すき間腐食，応力腐食割れなどの局部腐食である．これらは，環境中に含まれる塩素イオンによって，不働態皮膜が局部的に破壊されることに起因する．図4.9[8)]にステンレス鋼に応力腐食割れが生じる環境の主なものを示す．表4.6[9)]は，この対策として，塩素イオンのアタックに対して，抵抗性を高めるために，高Cr，Mo，N，Cu，Wを含有する高耐食ステンレス鋼を示す．

4.3　アルミニウムおよびその合金

アルミニウムは，柔らかく，軽く，金属色で美しい金属である．中性環境では，AlOOH（主成分は$Al_2O_3 \cdot 3H_2O$）からなる不働態皮膜を生成して，耐食性を発揮する．しかし，酸，アルカリに腐食され，また，大気環境下，あるいは，中性溶液中でも塩素イオンにより，孔食を呈しやすいことに注意を要する．代表的なアルミニウム合金を表4.7[10)]に示す．純アルミニウムでは，塩素イオンに対する耐食性を確保するために，アノード酸化処理（アルマイト処理）などをして，建材用などに使用される．

図4.10は純アルミニウム1100合金のアノード分極曲線である．孔食電位は

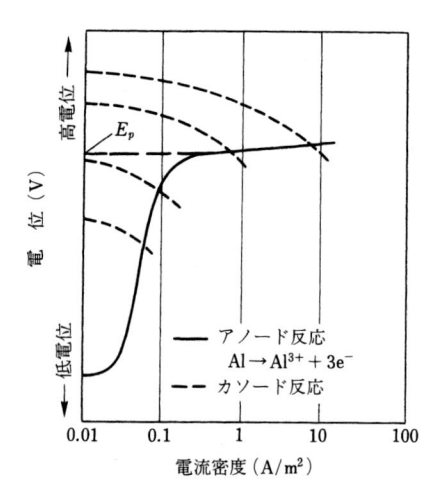

図4.10　アルミニウム合金1100の脱気NaCl溶液中の分極曲線．孔食はカソード分極曲線（点線）とアノード分極曲線（実線）の交点の電位（E_{sp}：自然電位）より孔食電位E_pが低いときに発生する

4.3 アルミニウムおよびその合金

表 4.7 代表的アルミニウム合金[10]

合金	化学成分 (mass%)							特徴	熱:熱処理型 非:非熱処理型	SCC感受性* 全:全質別 安:安定化処理材				用途例
	Cu	Mn	Si	Mg	Zn	Cr	その他			1	2	3	4	
1060	—	—	—	—	—	—	Al≧99.90	高純度アルミニウム	非	全				電解コンデンサ用箔(O), IC 配線材
1100	0.12	—	—	—	—	—	Al≧99.60			全				架空電線(硬質線) (H 18)
1N30	—	—	—	—	—	—	Al≧99.00	工業用純アルミニウム		全				アルマイト処理建材 (H 14), 箔 (O)
							Al≧99.30							
2017	4.0	0.7	0.5	0.6	—	—	—	高強度だが溶接性・耐食性に劣る	熱	全		T3,T4		(ジュラルミン), 機械部品 (T3, T4)
2024	4.4	0.6	—	1.5	—	—	—			全	T8	T3		(超ジュラルミン), 航空機外板 (T3, T8)
2117	2.6	—	—	0.35	—	—	—					T4		リベット材
3003	0.12	1.2	—	—	—	—	—	適度な強度, 成形性, 耐食性	非	全				台所用品 (O), 熱交用フィン (O, H 14, H 16, H 24, H 26)
3004	—	1.2	—	1.0	—	—	—			全				アルミ缶胴材 (H 18, H 39), 容器用箔 (O)
4032	0.9	—	12.2	1.0	—	—	0.9 Ni	鍛造材	熱	全				各種ピストン (T 6), シリンダ
5052	—	—	—	2.5	—	0.25	—	非熱処理型合金の代表	非	全				非炭酸飲料缶ふた (H 18, H 38)
5454	—	0.8	—	2.7	—	0.25	—			全				自動車用ホイール (O)
5083	—	0.7	—	4.4	—	0.15	—			安				溶接構造用(船舶・低温タンク) (O, H 3 n)
5082	—	—	—	4.5	—	—	—			全				缶エンド (H 19, H 39)
5182	—	0.35	—	4.5	—	—	—			全				缶エンド (H 19, H 39)
6063	—	—	0.4	0.7	—	—	—	代表的押出用合金	熱	全	T 6		T 4	建築用サッシ(全A1合金の約50%)(T 5, T 6)
6061	0.28	—	0.6	1.0	—	0.20	—	熱処理型耐食合金		全				構造用材 (鉄塔, クレーン) (T 4, T 6)
7072	—	—	—	—	1.0	—	—	犠性アノード用	非	全	T 5			クラッド皮材 (O, H 1 n)
7003	—	—	—	0.75	5.8	<0.20	0.15 Zr	高強度かつ溶接軟化部の強度回復	熱					高強度・溶接構造材(車輌用) (T 5)
7075	1.6	—	—	2.5	5.6	0.23	—	高強度だが溶接性に劣る		全		T73	T 6	(超超ジュラルミン) 構造用材 (新鋭機) (T73, T76)

* 実用上および実験的 (3.5% 食塩水中に溶液交互浸せき) に見て下記 4 段階評価. 1. 実用上および実験的にも問題なし. 2. 実用上は問題ないが実験室の試験では板厚方向にいくらか問題あり. 3. 実用上は板厚方向に引張応力が作用すると割れを生じるおそれがあり, 実験室的には幅方向に割れが起こる. 4. 実用上から見ても圧延方向, 幅方向には割れが生じやすい.

表4.8 各種金属および展伸用アルミニウム合金の自然電位[11]

金属およびアルミニウム合金	自然電位*
Mg	−1.73
Zn	−1.10
7072, Alclad 3003, Alclad 6061, Alclad 7075	−0.96
5056, 7079-T 6, 5456, 5083	−0.87
5154, 5254, 5454	−0.86
5052, 5652, 5086, 1099	−0.85
3004, 1185, 1060, 1260, 5050	−0.84
1100, 3003, 6053, 6051-T 6, 6052-T 6, 6063, 6363, Alclad 2014, Alclad 2024	−0.83
Cd	−0.82
7075-T 6	−0.81
2024-T 81, 6061-T 4, 6062-T 4	−0.80
2014-T 6	−0.78
2014-T 4, 2017-T 4, 2024-T 3, 2024-T 4	−0.68〜−0.70**
軟鋼	−0.58
Pb	−0.55
Sn	−0.49
Cu	−0.20
Bi	−0.18
ステンレス鋼（300系, 430系）	−0.09
Ag	−0.08
Ni	−0.07
Cr	−0.49〜+0.018

*(53 g/l NaCl+3 g/l H$_2$O$_2$) 水溶液 (25℃) 中にて測定 (0.1 N カロメル・スケール).
**焼入速度によって変化する.

E_p で示されている．たとえば，カソード反応の酸素還元速度が増え，自然電位が E_p より貴になると，孔食発生に至る．

アルミニウムは表4.8[11]に示すように，標準電極電位が低いので，電気防食の犠牲陽極としても使用される．

4.4 銅およびその合金

銅は加工性，耐食性が良く，装飾性に優れることから，古くから人類に愛用されてきた．何千年前の銅の考古学品が保存されている．現代では，電気伝導度が高いので，電気，電子部品に，また，耐海水性が優れることから，海水冷却の熱交換器管用材料として使われている．

4.4 銅およびその合金

表4.9 代表的銅合金[10]

	名称	JIS番号など	化学成分 (mass%) Cu	Zn	Sn	Ni	Al	その他	備考・用途	耐SCC用SR温度(℃)	耐エロージョン設計最大流速(ms^{-1})
純銅	タフピッチ銅	C1100	≥99.90	—	—	—	—	—	Cu$_2$Oを含まない（耐水素病）	—	—
	無酸素銅	C1020	≥99.96	—	—	—	—	≤0.02 O$_2$	—	—	—
	リン脱酸銅	C1201	≥99.90	—	—	—	—	0.004〜0.015 P	P≥0.004%でアンモニアSCC感受性	—	0.6〜0.9
黄銅 α	丹銅	C2300	85	15	—	—	—	—	red brass	—	—
	丹銅	C2400	80	20	—	—	—	—	low brass	—	—
	アルミニウム黄銅	C6870〜2	76	22	—	—	2	0.04 As	海水熱交管標準材（1929年，英国）	—	2.4
	70/30黄銅	C2600	70	30	—	—	—	—	cartridge brass	260	—
	アドミラルティ黄銅	C4430	70	29	1	—	—	0.04 As	淡水熱交管（耐脱Znのため Sn, Asを添加）	300	1.5
	65/35黄銅	C2680	65	35	—	—	—	—	common high brass，最も経済的なα黄銅	—	—
黄銅 α+β	60/40黄銅	C2801	60	40	—	—	—	—	Muntz Metal	190	—
	ネーバル黄銅	C4621	60	39	0.7	—	—	—	熱交管板	190	—
青銅	リン青銅	UNSC 90700	89	—	11	—	—	0.2 P	青銅鋳物（バルブ，軸受）	—	—
	砲金	UNSC 90500	88	2	10	—	—	—		—	—
	APブロンズ	C6280	91	—	8	—	1	0.1 Si	汚染海水用熱交管，SnO$_2$皮膜	—	—
	アルミニウム青銅	CDA 613	83	—	—	5	10	2 Fe	5円貨，大型船用スクリュー	—	—
			90	0.5	—	—	7	2.5 Fe		400	2.7
キュプロニッケル	90/10キュプロニッケル	C7060	88	—	—	10	—	1.5 Fe, 0.5 Mn	米国，海水熱交管標準材	425	3.0〜3.6
	70/30キュプロニッケル	C7150	69	—	—	30	—	0.5 Fe, 0.5 Mn	耐（アンモニア，アルカリ）腐食	425	4.5〜4.6

49

銅の標準電極電位は標準水素電極電位より貴であることから，酸には侵されない．中性溶液中では，Cu_2O，CuO の酸化物を作り，不働態化する．したがって，銅合金の耐海水性は良好であるので，英国や米国では表 4.9[10] に示すように，海水熱交換器管標準材として推奨されている．しかし，高流速（約 2 m/s 以上）でエロージョン・コロージョンを生じやすいこと，また，汚染された海水やアンモニアには必ずしも耐食性は十分ではないので，合金の選択の際は，注意を払う必要がある．

4.5　ニッケルおよびその合金

ニッケルは，中性溶液中で，2 価およびスピネル型の 3 ならびに 4 価の酸化物を生成することにより不働態化する．325℃の高温環境でも，ニッケルは鉄，クロムに比較して，酸化物の安定な電位-pH 領域が広い．この傾向を図 4.11[12] に示す．また，アルカリに対して優れた耐食性を有する．表 4.10 に示す各種のニッケル合金が実用化されている．図 4.12 は各種合金の耐硫酸性で，ニッケル基に高 Cr，Mo を含有させることにより，高温硫酸に対する耐食性が高くなる．690 合金は図 4.13 に示すように，高温高圧の水および塩化物溶液に高耐食性を有することから，加圧水型原子炉の伝熱管材料として使用され，その安全性の向上に貢献している．

4.5 ニッケルおよびその合金

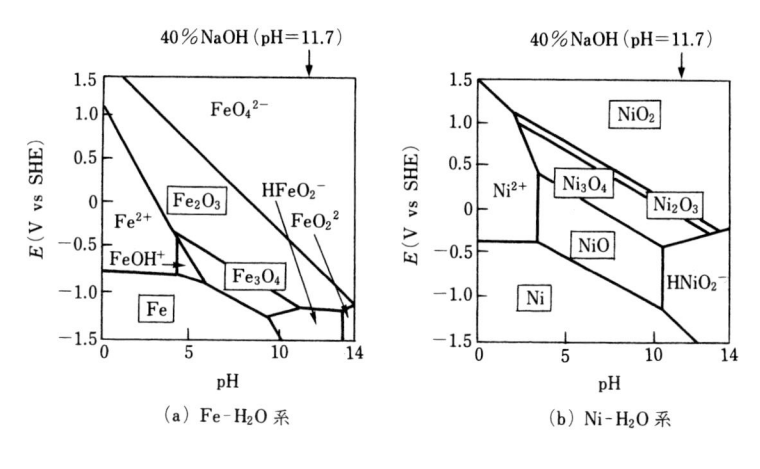

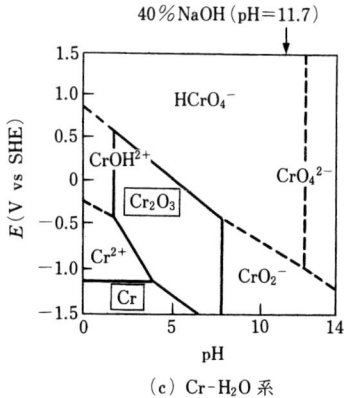

図4.11 325℃の高温水中の鉄，ニッケルおよびクロムの電位-pH 図[12]

表4.10 代表的ニッケル合金の化学組成 (mass%)

分類	材質記号	C[a]	Nb	Cr	Cu	Fe	Mo	Ni	Si[a]	Ti	W	その他
純Ni	200	0.15			0.2	0.4		99.0	0.3			
Ni-Cu	400 (モネル)	0.30			28.0/34.0	2.5		63.0	0.5			
Ni-Cr-Fe	600	0.15		14.00/17.00	0.50	6.00/10.00		72.00以上	0.50			
	690	0.05		27.00/31.00	0.50	7.00/11.00		58.00以上	0.50			
	800	0.10		19.00/23.00	0.75			30.00/35.00	1.00	0.15/0.60		Al 0.15/0.60
Ni-Mo	ハステロイB	0.05		1.0		4.0/6.0	26.0/30.0	残部	1.0		V 0.2/0.4	Co 2.0
Ni-Cr-Fe-Mo	625	0.10		20.00/23.00		5.00	8.00/10.00	58.00以上	0.50	0.40		Al 0.40
	825	0.05		19.50/23.50	1.50/3.00	残部	2.50/3.50	38.00/46.00	0.50	0.60/1.20		Al 0.20
	ハステロイG	0.05	2.0	21.0/23.5	1.5/2.5	18.0/21.0	5.0/7.5	残部	1.0		Nb+Ta 1.7/2.5	Co 2.5
	ハステロイC-4	0.015		14.0/18.0		3.0	14.0/18.0	残部	0.08	0.7		Co 2.0
Ni-Cr-Fe-Mo-W	ハステロイG-3	0.015		21/23.5	1.5/2.5	18.0/21.0	6.0/8.0	残部	1.0	1.5	Nb+Ta 0.5	Co 5.0
	ハステロイC-276	0.010		14.5/16.5		4.0/7.0	15.0/17.0	残部	0.08	3.0/4.5	Co 2.5	
析出硬化型	718	0.05	5.0	18.0		19.0	3.0	53.0		0.4		
	X-750		0.9	15.5		7.0		残部		2.5		

(a) 最大量

4.5 ニッケルおよびその合金

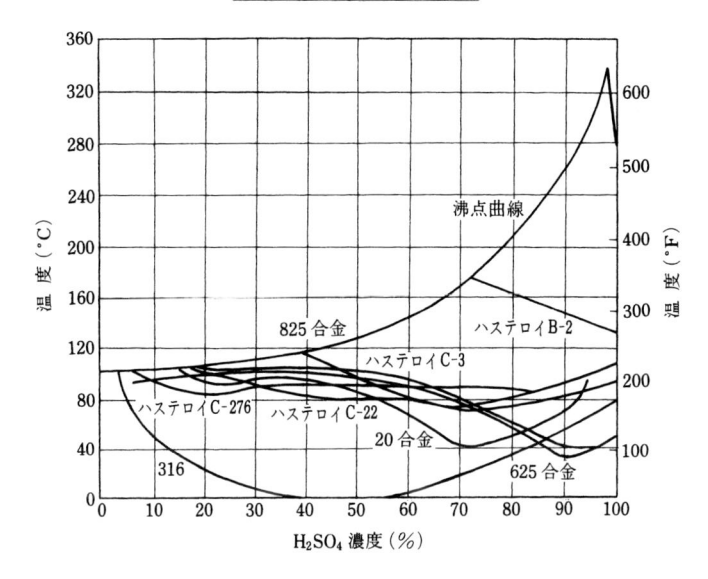

図 4.12 数種のニッケル基合金の硫酸中の等腐食度曲線（腐食度は 0.5 mm/y）

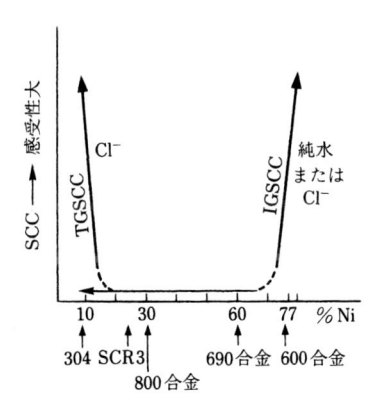

図 4.13 Fe-Cr-Ni 合金の高温純水および塩素イオン含有高温水中の SCC 抵抗性.
TGSCC：粒内応力腐食割れ　IGSCC：粒界応力腐食割れ
304：18 Cr-8 Ni, SCR 3：25 Cr-26 Ni-V-Ti, 800 合金：20 Cr-30 Ni-Ti-Al,
690 合金：30 Cr-60 Ni-10 Fe, 600 合金：16 Cr-76 Ni-8 Fe

4.6 チタンおよびその合金

チタンは図4.14[1]に示すように，金属の中で比強度（引張強さ/密度）が最も高い．高比強度，高耐食性両面から，耐食安全性が重要なところに使用されている．代表的なチタン合金を表4.11[13]に示す．

チタンは水溶液中では，TiOOH不働態皮膜（$TiO_2 \cdot H_2O$）により優れた耐食性を発揮する．図4.15[13]に示すように，特に耐海水性が優れる．チタンは耐食性が万能のようにいわれるが，酸やアルカリには腐食される電位-pH領域があり，水素脆化する場合もありうる．

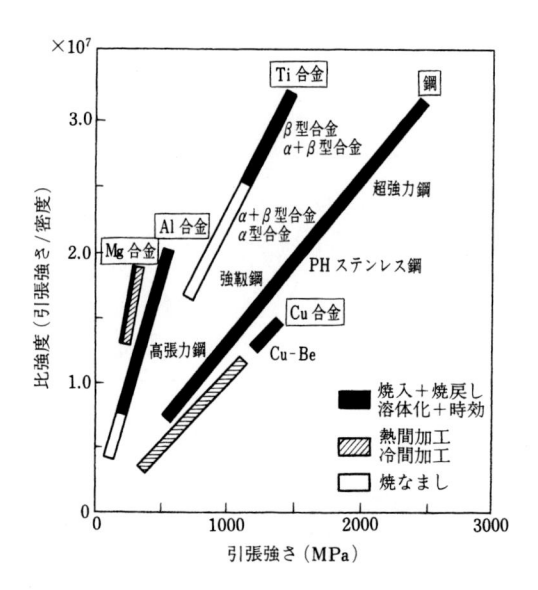

図4.14 高比強度（引張強さ/密度）材料

表4.11 耐食用チタン合金[13]

記号	成分 (mass%)		引張強さ (kgf/mm²)	耐力 (kgf/mm²)	特徴・用途
純Ti 1種	Ti	99.5	24.5以上	17.5以上	低強度純Ti. 冷間成形性良好. アノード, プレート熱交用.
	O	0.15以下			
純Ti 2種	Ti	99.2	35以上	28以上	中強度. 耐食用としてもっとも広く利用. 塩化物, 硝酸, 有機酸を扱う装置用.
	O	0.20以下			
純Ti 3種	Ti	99.1	45.5以上	38.5以上	高強度純Ti. 成形性1種より劣る. 化学プロセス装置用.
	O	0.30以下			
Ti-Pd	Pd	0.2	35以上	28.5以上	還元性または還元性-酸化性の繰り返される環境に耐える. 高価.
Ti-Code-12	Mo	0.3	—	—	純Tiの高温強度改善. 高温・低pH塩化物, 弱還元性酸に利用. 耐すき間腐食性大.
	Ni	0.8			
Ti-6 Al-4 V	Al	6	91以上	84以上	航空機用合金. ポンプインペラ・スチームタービンブレードなど高強度要する部品.
	V	4			

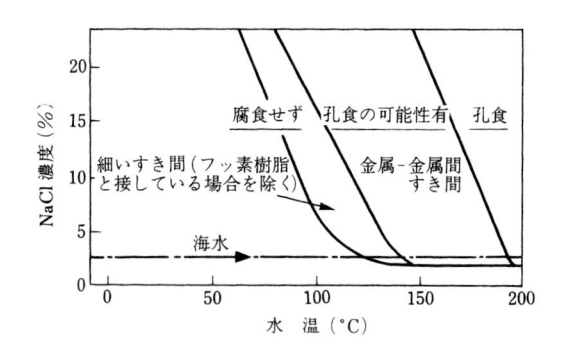

図4.15 チタンの塩水中における耐食域[13]

4.7　ジルコニウムおよびその合金

　ジルコニウムは広いpH領域で不働態皮膜ZrOOH（$ZrO_2 \cdot 2H_2O$）を生成することができる. 高温高圧水中の耐食性が優れることから, 水冷却の沸騰水型および加圧型原子炉の酸化ウランの燃料被覆管材料に使用されている. ま

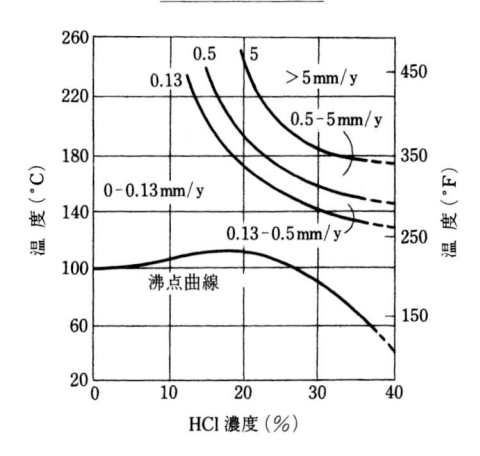

図 4.16　ジルコニウムの耐塩酸性[14]

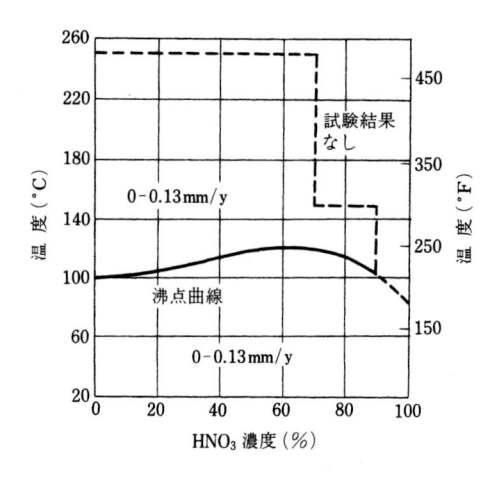

図 4.17　ジルコニウムの耐硝酸性[14]

た，還元性の酸や酸化性の酸に対しても耐食性が良好である．図 4.16[14] および 4.17[14] にその耐食性を示す．

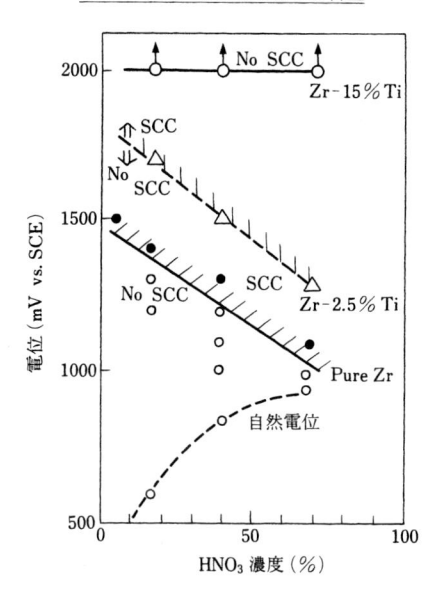

図 4.18 沸騰硝酸中のジルコニウムおよびジルコニウム-チタン合金の耐応力腐食割れ性[15]

しかし，沸騰濃厚硝酸中で，応力が負荷された条件下では，応力腐食割れが生ずる傾向がある．対策として，図 4.18[15] に示すジルコニウム-チタン合金が考えられる．

4.8　マグネシウムおよびその合金

マグネシウムは比重が 1.74 で，実用金属材料の中で最も軽い．軽いことを特徴として，輸送機器に使用され始めている．表 4.12[1] にマグネシウム合金の代表例を示す．

図 4.19[4] はマグネシウムの電位-pH 図である．アルカリ領域を除いて，マグネシウムは活性態腐食を呈して，Mg^{2+} イオンとして溶解する．標準電極電位が著しく低いため，電気防食の犠牲陽極（sacrifical anode）としても使用される．

図 4.20[16] は，マグネシウムの腐食が Fe, Ni, Co, Cu 等の不純物により増大する一方，Al, Mn, Zn などの合金元素の添加により，耐食性が増大することを示す．マグネシウムは非常に活性のために図 4.21 に示すように，その

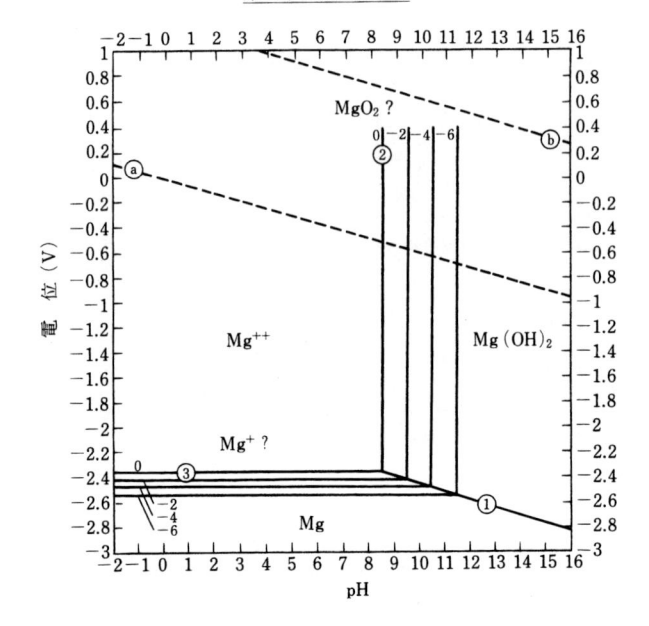

図 4.19 マグネシウムの電位-pH 図 (25°C)[4]

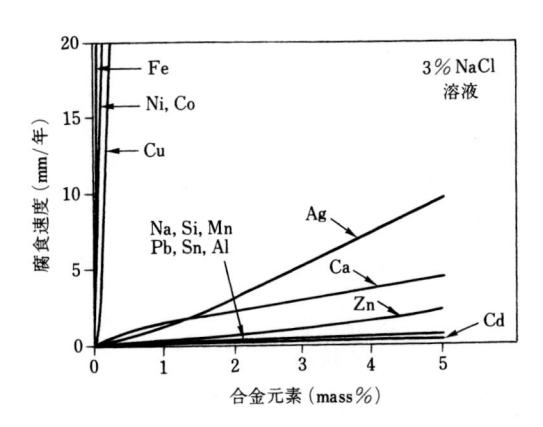

図 4.20 マグネシウムの腐食に及ぼす合金元素[16]

4.8 マグネシウムおよびその合金

表 4.12 鋳造用マグネシウム合金の化学成分と機械的性質[1]

分類	記号		主 要 組 成 (mass%)					熱処理	機械的性質		
	JIS	ASTM	Al	Zn	Zr	Mn	R.E		σ_B(MPa)	σ_Y(MPa)	El(%)
合金鋳物	MC 1	AZ 63 A	6	3	—	0.35	—	F	≥180	≥70	≥4
								T 4	≥240	≥70	≥7
	MC 2	AZ 91 C	9.2	0.7	—	0.3	—	F	≥160	≥70	—
								T 6	≥240	≥110	≥3
	MC 3	AZ 92 A	9	2	—	0.3	—	F	≥160	≥70	—
								T 4	≥240	≥70	≥6
	MC 5	AZ 100 A	10	<0.3	—	0.3	—	F	≥140	≥70	—
								T 4	≥240	≥70	≥6
	MC 6	ZK 51 A	—	4.5	0.7	—	—	T 5	≥240	≥140	≥5
	MC 7	ZK 61 A	—	6	0.8	—	—	T 6	≥270	≥180	≥5
	MC 8	ZK 33 A	—	2.6	0.7	—	3.3	T 5	≥140	≥100	≥2
ダイカスト	MDC 1 A MDC 1 B	AZ 91 A AZ 91 B	9	0.2	—	0.15	—	F	(≥230)	(≥150)	(≥3)

(注) ASTM の最初の 2 文字は主要合金(A：Al, K：Zr, Z：Zn, R.E：希土類元素など)を,次の数字にはその成分量を示している.また,質別記号(F, H, T など)はアルミニウム合金(表 4.7)と同様である.

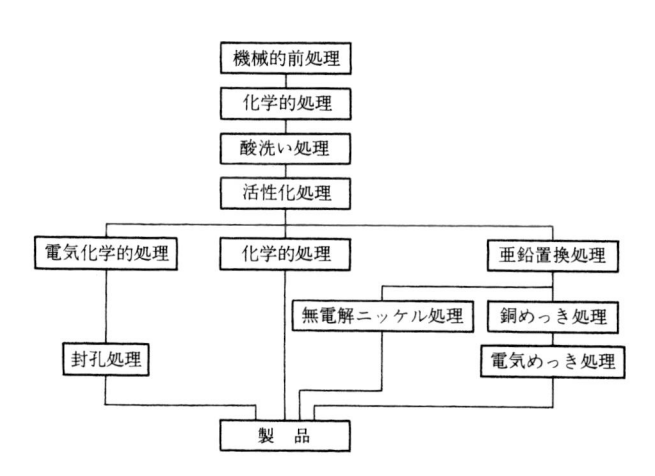

図 4.21 マグネシウムの表面処理系統図

腐食性を止めるために，アノード酸化処理，化学酸化処理，メッキ等の処理を行ってから，実用に供される．

[参考文献]
1) 平川賢爾，大谷泰夫，遠藤正浩，坂本東男：機械材料学，朝倉書店，1999
2) 長野博夫：防食技術，**26**，731，1977
3) R.J. Shmit, C.X. Millen：ASTM STP, No.454, p.124, 1969
4) M. Pourbaix：Atlas of Electrochemical Equilibria in Aqueous Solutions, National Association of Corrosion Engineers, 1974
5) ステンレス協会編：ステンレス鋼便覧（第3版），日刊工業新聞社，1995
6) A.F. Schaeffler：Met. Prog., **56**, 620, 1949
7) ステンレス協会：JISステンレス鋼ハンドブック2000，1999
8) 須永寿夫：ステンレス鋼の損傷とその防止―事例を中心として―，日刊工業新聞社，1977
9) 東　茂樹，長野博夫：日本海水学会誌，**52**，367，1998
10) 腐食防食協会編：材料環境学入門，丸善，1993
11) 腐食防食協会編：防食技術便覧，日刊工業新聞社，1986
12) 山中和夫：材料と環境，**41**，461，1992
13) 日本防錆技術協会：第30回防錆技術学校面接講義テキスト，1990
14) ASTM International：Metals Handbook Ninth Edition, Vol.13, Corrosion, 1987
15) H. Nagano, H. Kajimura and K. Yamanaka：Materials Science and Engineering, **A198**, 127, 1995
16) 高谷松文：材料と環境，**48**，476，1999

5 大気腐食とミニマムメンテナンスの耐候性鋼

大気腐食は地球大気環境において金属材料が使用される上で避けて通れない現象であるとともに，限られたエネルギー・資源の浪費につながる問題である．したがって，大気腐食を抑制することは，地球環境保全の点でも重要である．ここでは大気腐食現象を概説するとともに，自然生成する保護性さび層で自ら大気腐食を抑制する耐候性鋼および関連技術について述べる．

5.1 大気腐食

一般に金属材料は強靱で加工性，耐熱性に優れるなど，素材としてきわめて有用である．しかし，ほとんどの金属は自然界で安定に存在する酸化物を還元して人工的に得るために，地球環境中の活性な酸素および水と反応しやすく，容易に酸化物や水酸化物に変化する．このことにより，金属材料は劣化し，期待される強度，靱性を満足しなくなる．

大気腐食は，金属材料の大部分が使用される陸上の屋内外における腐食形態

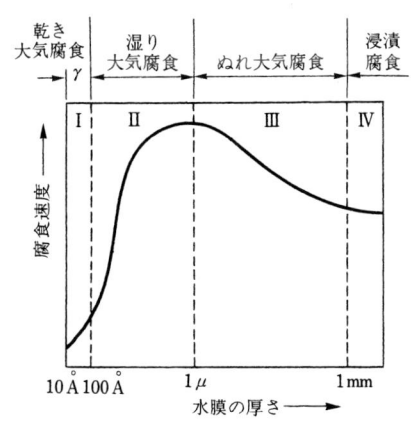

図5.1 金属表面の水膜厚さと腐食速度の関係を示す概念図[1]

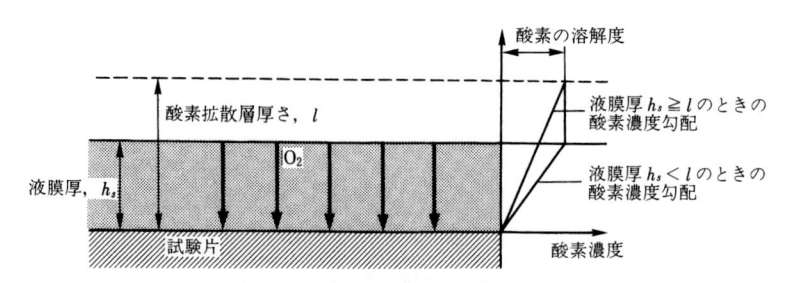

図5.2 大気腐食における液膜厚と酸素濃度勾配の関係

である．主として降雨や結露により形成される金属表面の液膜の下で進行する．図5.1は，Tomashov[1]による金属表面上の液膜厚さと腐食速度の関係を示す概念図である．領域IVで示す水溶液中に浸漬した場合より，領域II, IIIのある程度の厚さの液膜の下で腐食する方が，金属の腐食速度は速くなる．これは，図5.2に示すように，液膜厚さh_s(m)が酸素の拡散層厚さl(m)を下回るためであると考えられる．金属表面においては，カソード反応により酸素が還元され消費されるとともに，液中の溶存酸素が拡散により新たに供給される．表面が不働態化する場合を除いて，金属の腐食速度は酸素の還元速度に律速される．酸素の還元速度i_{O_2}(A/m^2)は拡散速度に律速され

$$i_{O_2} = 4\,FD(C_0/l) \tag{5.1}$$

で与えられる．ここで，F：ファラデー定数（C/mol），D：溶存酸素の拡散定数（m^2/s），C_0：溶存酸素濃度（mol/m^3）である．水溶液中に浸漬した場合は，拡散層厚さはほぼ一定値を示すが，大気腐食において液膜厚さが拡散層厚さを下回った場合は

$$i_{O_2} = 4\,FD(C_0/h_s) \tag{5.2}$$

となり，酸素還元速度は液膜厚さに依存する．図5.1の領域Iで腐食速度がきわめて小さくなるのは，液膜厚さが非常に薄いために溶出した金属イオンが早期に酸化物として沈殿し，金属の溶出を抑制するためであると説明できる．以上のことはKelvin Probe[2]を用いて実験的に確認されており[3]，図5.3[4]に示すように鋼の腐食速度は約10 μmの液膜厚さで腐食速度のピークを示す．

このように，大気腐食環境において金属が適当な厚さの液膜で覆われる場合には，予想を上回る速度で腐食が進行する可能性があり，適切な防食対策を検

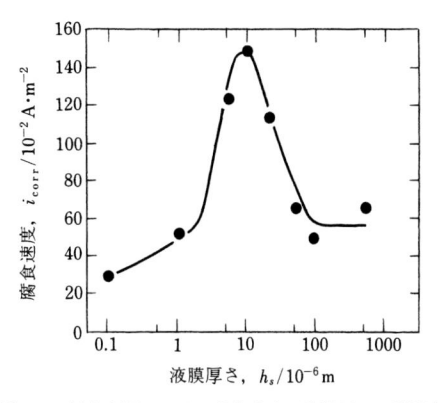

図5.3 低合金鋼における腐食速度と液膜厚さの関係[4]

討しなければならない．また，水溶液の絶対量が少ないために，乾燥過程における濃度の急激な変化を考慮する必要ある．

ところで，大気中ではさまざまな金属が屋内外において使用されている．金，銀，銅などの貴金属は，主として送電や電子機器の導電体や美術・装飾品などに用いられる場合が多い．電子部品を構成する金属は空気中の水分が結露するなどにより腐食するが，ごく微量の腐食によっても断線，短絡や導通不良といった動作不良を引き起こす．SO_2 や塩化物イオンなどを含む腐食性ガスは数10 ppb の極低濃度でも問題となる．これらの防止には湿度制御や腐食性ガスの流入防止が有効である．銅製の美術品などは通常大気腐食により塩基性炭酸銅の緑青に覆われるが，塩化物の影響を受けた場合，塩基性塩化銅が生成し腐食を促進する．また，近年の大気汚染による酸性雨の影響で屋外に置かれている金属美術品は腐食速度を速めている．これらのことは，美術品の保存に重要である．

一方，陸上の橋やビルなどの社会資本を構成する鉄鋼材料の大気腐食は，大きな事故に結び付く重大な問題である．次節から構造用鉄鋼材料に焦点を絞り大気腐食を抑制する技術について述べる．

5.2　ミニマムメンテナンスの耐候性鋼

自由エネルギーの高い不安定な状態にある金属鉄が大気腐食によりさびる過程はきわめて自然な現象であり，古代に作られた種々の鉄器が数千年もの歳月

を経てすべてさびに変わることもよく認められる．しかし，水分または酸素の少ない環境中に保存されていた場合や，腐食性のある環境でも金属鉄表面に生成したさびが環境を遮断し防食性があれば数千年もの長期間でさえ鉄は保護される事例がある．腐食反応が進行しさびが生成するのは金属の表面であり，したがって表面科学的観点からさびをうまく制御し，さびに保護性をもたせることが工学的にも重要であり，これはさびによるホメオパシー（同種治療）[5]である．

耐候性鋼は，Cr，Cu，P，Ni などの大気腐食抑制元素を少量含有する低合金鋼である．普通鋼の約 2 倍以上の大気腐食抵抗性（耐候性）を有しており[6]，大気腐食環境中で無塗装で使える耐候性構造用材料として広く用いられている．耐候性鋼は大気中で長期間使用する間にそのさびが安定化し，表面に保護性のあるさび層を形成して耐候性が向上する．さびが安定化し保護性さび層（いわゆる安定さび層，protective rust layer）が形成されると鋼材の腐食速度がおおむね 0.01 mm/y 以下になり，構造物の耐荷重性能の経年変化が実用的に問題とならない．したがって，耐候性鋼のメリットは，自然に生成する保護性さび層により耐候性が向上するため，塗装などのメンテナンスを省略あるいは最小にでき，特に長期的観点から塗装に要する人件費を含む膨大な維持管理コストの低減が可能となることである．近年，主として橋梁用材料に耐候性鋼が適用される機会が増えている．前掲の表 4.3 に耐候性鋼の化学組成および機械的性質をそれぞれ示した．耐候性鋼の開発の経緯と発展については，松島[7]の成書にまとめられている．

耐候性鋼を中心とした低合金鋼の耐候性を合金添加量から推定する Corrosion Index が ASTM により提案されている[8]．この方法は，数多くの大気暴露試験から鋼材の合金元素に重み付けをし，鋼材の耐候性を評価するものであり，相対的に高い数値を示すほど耐候性が良好であると推定される．

5.3　耐候性鋼の保護性さび層

5.3.1　保護性さび層の構造

一般に，鉄鋼材料のさび層を構成する鉄酸化物は，α-FeOOH（ゲーサイト，goethite），β-FeOOH（アカガネアイト，akaganeite），γ-FeOOH（レ

5.3 耐候性鋼の保護性さび層

表5.1 種々のさび層構成物質

鉄さび物質（鉱物名）	$Fe^{3+}/(Fe^{2+}+Fe^{3+})$	結晶系	密度（g/cm³）
$Fe(OH)_2$	0	六方晶系	3.4
Fe_3O_4（マグネタイト）	0.67	立方晶系	5.2
α-FeOOH（ゲーサイト）	1.0	斜方晶系	4.3
β-FeOOH（アカガネアイト）	1.0	正方晶系	3.6
γ-FeOOH（レピドクロサイト）	1.0	斜方晶系	4.1
δ-FeOOH	1.0	六方晶系	4.2
α-Fe_2O_3（ヘマタイト）	1.0	三方晶系	5.3
γ-Fe_2O_3（マグマイト）	1.0	立方晶系	4.9
緑さびⅠ	0.33	六方晶系	―
緑さびⅡ	0.5	六方晶系	―
X線的非晶質	(1.0)	超微細結晶	―

ピドクロサイト，lepidocrocite）のオキシ水酸化鉄（ferric oxyhydroxide）およびFe_3O_4（マグネタイト，magnetite）が主体である．α-FeOOHは化学反応性が低く緻密に凝集した場合にその保護性が高い．β-FeOOHは化学反応性が高く，塩化物イオンの存在下で生成するため耐候性鋼が塩害を受けた場合は比較的多く検出される．β-FeOOH結晶はトンネル状の空隙を有しており，その空隙に塩素イオンを取り込むが，流水洗浄することにより比較的容易に可溶性塩化物イオンが放出されることが指摘されている[9),10)]．しかし，後述の図5.10に示すように，不溶性塩化物イオンもβ-FeOOH中には存在していると思われる．γ-FeOOHは比較的早い段階で生成する化学反応性の高いさび物質である．Fe_3O_4の化学反応性は比較的低いものの，電子伝導性がありカソード部として腐食に寄与する可能性がある．これらのさび層構成物質は，大気腐食のごく初期段階で生成する緑さびや水酸化鉄が，液膜の形成およびその乾燥過程（乾湿繰り返し過程）において酸化されることにより生成する．種々の鉄さびを表5.1に示す．

耐候性鋼のさび層は，乾湿繰り返しを伴う長期間の大気腐食により外層および内層の二層構造を有するようになる．防食性を発現する保護性さび層は微細なさび粒子が緻密に凝集した内層である．図5.4[11)]に長期間の大気腐食後に生成する耐候性鋼さび層の断面および模式図を示す．内層のα-(Fe,Cr)OOH

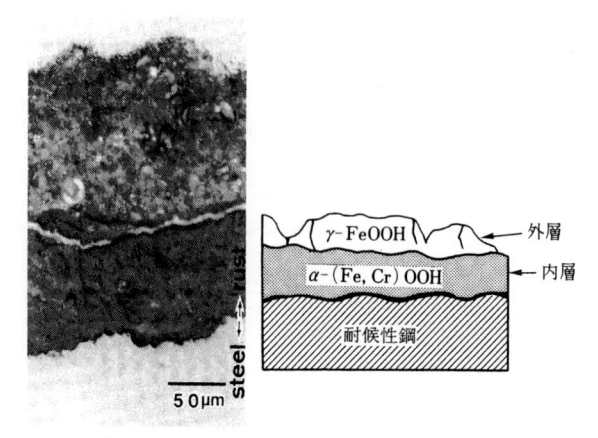

図5.4 耐候性鋼の保護性さび層の断面と模式図[11]

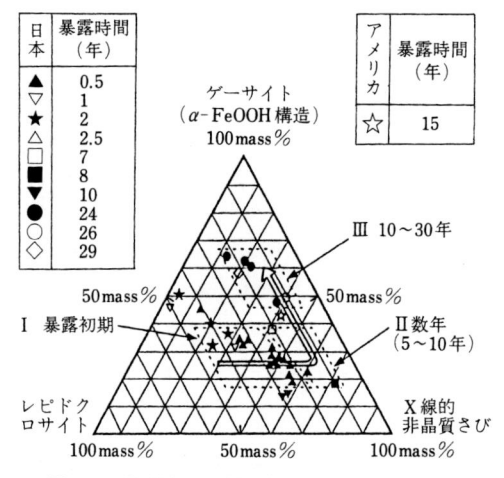

図5.5 耐候性鋼さび層構成物質の長期経年変化[11]

（Cr ゲーサイト，Cr-goethite）は防食性を発揮する保護性さび層を構成すると考えられている．このような保護性さび層が生成するまでには比較的長期間を要するが，保護性さび層の形成はそれまでの期間のさびの相変化の結果である．図5.5[11]に，X線回折法により同定され，さび層を構成する3つの主成分である α-FeOOH，γ-FeOOH およびX線的非晶質さびの量比の経年変化を示す．ここで，α-FeOOH はX線回折法により同定される Cr ゲーサイトに相当する．X線的非晶質さびは，明確なX線回折ピークが得られないさびであ

5.3 耐候性鋼の保護性さび層

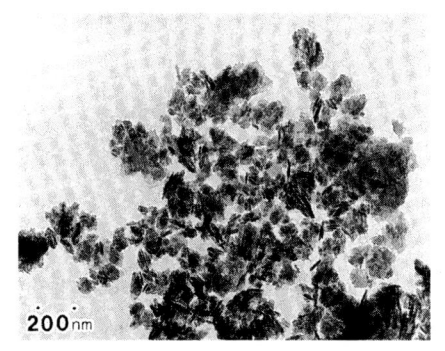

図5.6 Cr ゲーサイト結晶の透過電子顕微鏡観察

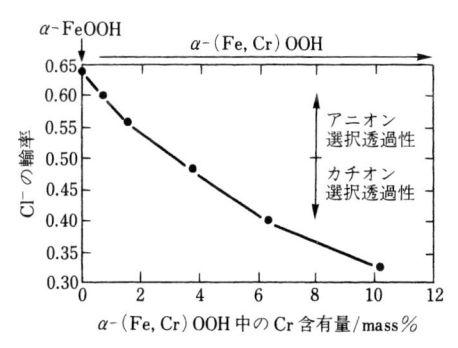

図5.7 Cr ゲーサイト膜中の塩化物イオンの輸率と Cr 含有量の関係[14]

り，保護性さび層が形成しうる環境においては，これは約 15 nm の超微細結晶からなる Cr ゲーサイト（Ultra-Fine Cr-Goethite：Cr-UFG）であることが最近指摘されている[12),13]．Cr ゲーサイトは Cr 含有量の増加とともに図5.6に示すように結晶粒が微細化し，次に述べる防食機能を発現するナノマテリアルであるといえる．

さび層が防食性を発揮するのは，主として上述の Cr ゲーサイトおよび Cr-UFG の混合物質が緻密に凝集した保護性さび層による物理的な環境遮断効果のためであると考えられる．また，Cr ゲーサイトにはイオン選択透過性（ion selectivity）による電気化学的防食機能があることが指摘されている[14]．図5.7に示すように，Cr ゲーサイト中の Cr 量が増加すると，イオン選択特性がアニオン選択透過性からカチオン選択透過性に変化する．この性質は，塩分飛来環境で耐候性鋼を使用する場合に特に意義のある防食機能であり，塩化物イ

オン等の腐食性アニオンの透過を抑制することができる．このカチオン選択透過性は，ゲーサイト結晶に吸着するCrのオキソ酸イオン（クロマイトイオン，chromite ion）に起因することが，大型放射光（synchrotron radiation）施設を用いた解析から指摘されている[15]．なお，学術的意味においてさび層が安定化しCrゲーサイトを主体とした保護性さび層が形成することは，実用上問題とならない腐食速度を達成する十分条件ではあるが必要条件ではない．たとえば，環境の腐食性が低い場合などは図5.5の広い範囲で腐食速度は低くなる．この状態は広義のさび安定化であり，そのなかでも保護性さび層が形成するケースは狭義のさび安定化となる．

5.3.2 保護性さび層の形成を阻害する因子

これまで述べてきたように，耐候性鋼は大気腐食により自然に保護性のさび皮膜を形成しその後の腐食を抑制することができるが，塩分，大気汚染物質，水分（結露等による長期的な濡れ）などの影響を受け，保護性さび層が形成されない場合がある．そのような場合には，耐候性鋼に防食塗装を施すことが必要となるが，塗装により耐候性鋼は本来の機能を発揮できない．

保護性さび層形成の阻害因子のなかでは特に塩分の影響が大きく，その由来は海塩粒子や道路の凍結防止剤（deicing salt）などによる．特に最近，スパイクタイヤの使用禁止に伴い凍結防止剤の使用量が急激に増加しているため，凍結防止剤に起因する塩分の影響が大きくなっている．これまで，飛来塩分（airborne salt）の多い海浜地域などで鋼構造物に耐候性鋼を不用意に適用し問題を生じたこともあったが，最近では後に示すような研究開発による技術革新が進み，耐候性鋼の機能を高めた新鋼材も実用化に至っている．

図5.8[16]は，橋梁桁下において17年間大気暴露した耐候性鋼さび層の窒素吸着法により求めた比表面積の飛来塩分量依存性である．厳しい腐食因子である飛来塩分が増加すると比表面積は減少する．すなわち，さび粒子が粗雑になるためさび層中の空隙が粗大になっていることがわかる．また，図5.9[16]はさび層中のβ-FeOOHの質量割合と17年間の耐候性鋼の腐食減量の関係を示す．飛来塩分量が増加すると，保護性さび層が形成されずβ-FeOOHが形成するとともに，さび層の防食性が低下する．耐候性鋼橋梁のさび層調査から，

5.3 耐候性鋼の保護性さび層

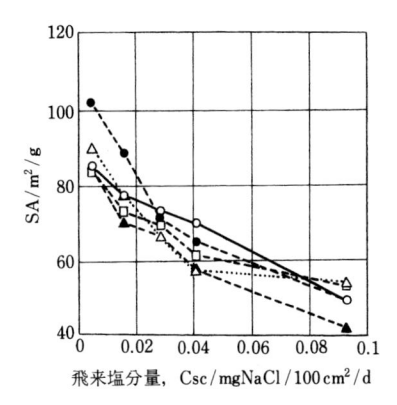

図 5.8 17 年大気暴露耐候性鋼のさび層の比表面積と飛来塩分量の関係[16]
プロットの違いは異なる化学成分の鋼を示す.

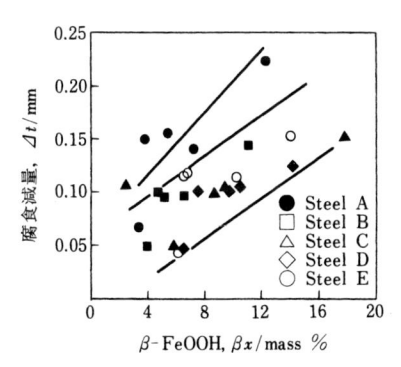

図 5.9 17 年大気暴露耐候性鋼の腐食減量とさび層中の β-FeOOH 量の関係[16]

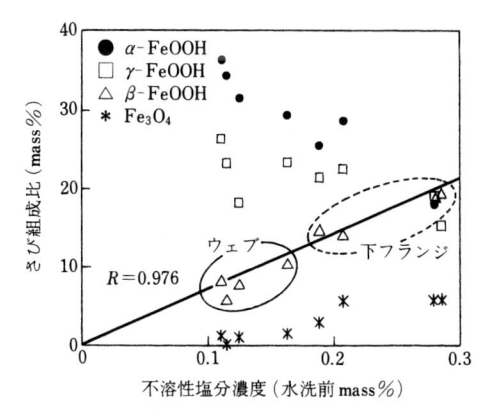

図 5.10 耐候性鋼実橋梁のさび層中の不溶性塩分濃度とさび組成の相関[17]

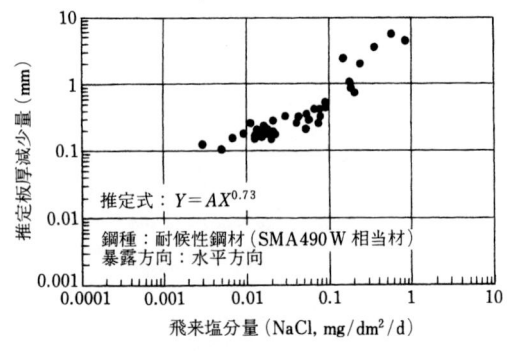

図 5.11 耐候性鋼の 50 年後の推定板厚減少量と飛来塩分量の関係[18]

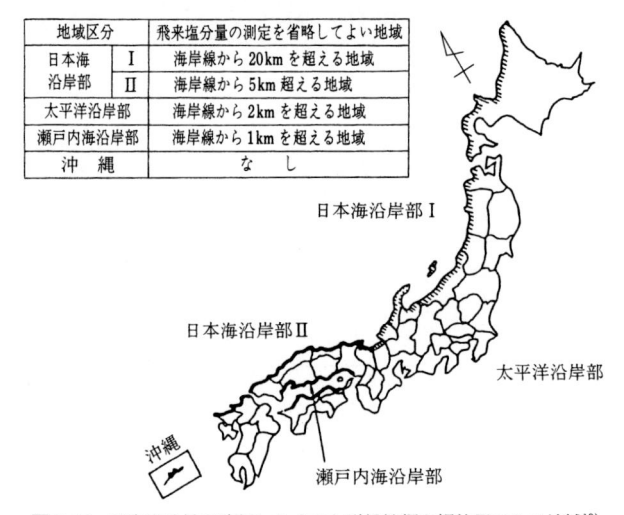

地域区分		飛来塩分量の測定を省略してよい地域
日本海沿岸部	Ⅰ	海岸線から 20km を超える地域
	Ⅱ	海岸線から 5km 超える地域
太平洋沿岸部		海岸線から 2km を超える地域
瀬戸内海沿岸部		海岸線から 1km を超える地域
沖縄		なし

図 5.12 飛来塩分量を確認しなくても耐候性鋼を裸使用できる地域[18]

図 5.10[17] に示すようにさび層中の不溶性塩分量が β-FeOOH 量と直線的相関を示しており，β-FeOOH 中のトンネル状空隙（5.3.1 項参照）に不溶性塩分がある割合で存在しているものと考えられる．

図 5.11[18] に 1981 年より実施されている建設省土木研究所（現独立行政法人土木研究所），（社）鋼材倶楽部（現（社）日本鉄鋼連盟），（社）日本橋梁建設協会の 3 者共同研究により推定された大気暴露後 50 年後の板厚減少量と飛来塩分量の関係を示す．この結果より，耐候性鋼を無塗装で使用できる飛来塩分の許容値として，50 年間でおおむね 0.3 mm 以下の板厚減少量に抑えられる

0.05 mdd（mgNaCl/dm^2/day）が示された．この値を日本地図に図示するとおおむね図5.12[18]のようになり，周囲の地形や風向きなどの条件にもよるが，わが国の多くの都市部で耐候性鋼の無塗装使用には注意が必要であることがわかる．これらに対処するために，現在では高性能な新しい耐候性鋼あるいは耐候性鋼用の表面処理技術が開発されている．なお，この3者共同研究の17年暴露材は橋梁桁下において実施され，さび層の構造と防食機能については種々の手法を用いた解析がなされている[16]．

5.4　耐候性鋼構造物の設計・適用上の注意点

　道路や鉄道などわが国の社会資本は20世紀後半の高度成長期に大量に建設された．これから老朽化する鋼構造物は急激に増加し，それらの維持管理あるいは更新に莫大な負担を強いられる．そこで，近年ライフサイクルコスト（life cycle cost，LCC）を考慮した鋼構造物の設計が検討されている．LCCは一般に以下の式で表される．

$$\text{LCC} = I_c + M_c + R_c \tag{5.3}$$

ここでI_cは初期コスト，M_cは維持管理コスト，R_cは更新コストである．1年当たりのLCCを最小にするためには長期間使用でき（R_cが低下する），M_cを最小にすることが最も効果的である．橋梁の分野では100年で0.5 mm以下の片面板厚減少量に押えることで長期間供用できかつメンテナンスを最小にするいわゆるミニマムメンテナンス（minimum maintenance）が提唱されている．そのためには，耐候性鋼の無塗装使用が効果的であり，広義のさび安定化により腐食量を0.5 mm/100年以下に押えることは可能であると考えられる．平成14年に発行された道路橋示方書[19]では，「鋼橋の部材の設計に当たっては，経年的な劣化による影響を考慮する」ことが盛り込まれ，腐食の発生を前提とし，「腐食による機能低下を防ぐため防せい防食を施す」ことが示されている．そして「鋼橋の代表的な防せい防食法」として，塗装，亜鉛めっき，金属溶射とともに耐候性鋼の利用があげられている．

　耐候性鋼を用いて構造物のLCCを最小にするためにはいくつかの設計上の注意点がある．すなわち，耐候性鋼は自然に保護性さび層を育成する鋼材であるので，人的に保護性さびが形成しやすい環境を整えてやることが大切であ

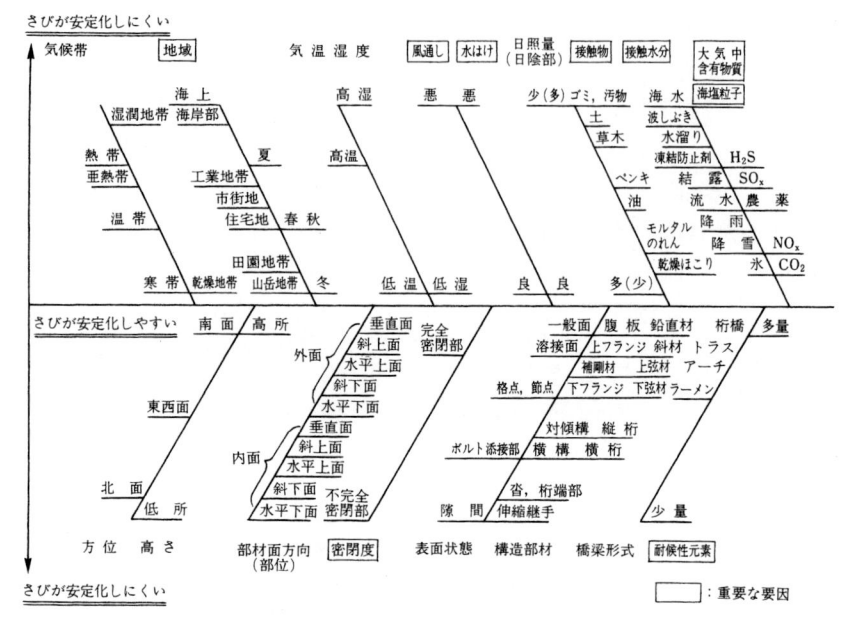

図5.13 保護性さび層が形成する条件[20]

り，動植物の飼育に通じる面もある．ただし，初期の設計をしっかりしておけば，毎日世話をしなければならないわけではなくむしろ最小の世話で済ませることになる．図5.13[20]に保護性さび層が形成されやすい条件を示す．主として，飛来塩分や大気汚染物質が蓄積しにくく，さびの相変化を促す適度な乾湿繰り返しが維持される条件が望ましい．塩分が蓄積した場合には，水による洗浄で可溶性塩分を洗い流すことも効果的であろう．水はけが悪く長時間濡れたままになりそうな部位では風通しを良くするなどの工夫で保護性さび層の形成を促す．図5.14[21]に橋梁の場合の滞水および通風性能向上対策を示す．保護性さび層形成が困難であると予想される部位で足場などが常設され作業者がアプローチしやすい部位，あるいは定期的な点検で発見された不具合箇所（異常なさびが生じるなど）はその原因を取り除き，部分的に塗装し定期的な塗り替えを前提とするなどで，全体としての維持管理費用の低減を図ることができる．この場合の塗装には，タールエポキシ樹脂塗料あるいは変性エポキシ樹脂塗料など耐水性に優れる塗料が用いられる．なお，水はけをよくすることを目

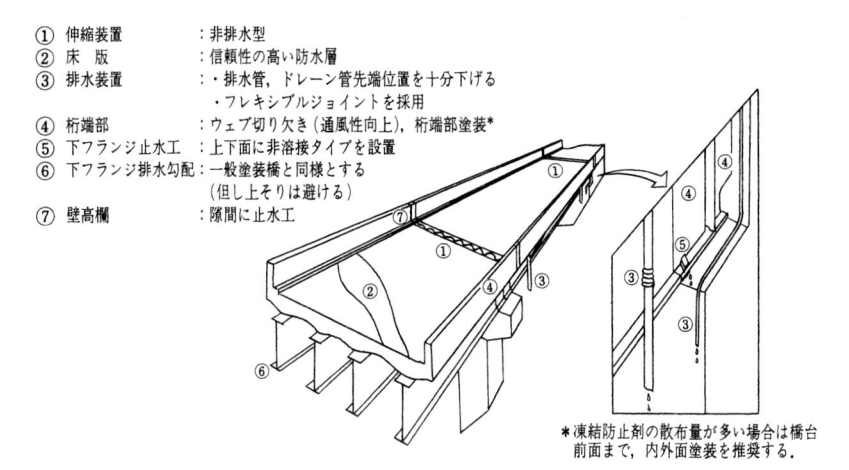

① 伸縮装置　　　　：非排水型
② 床　版　　　　　：信頼性の高い防水層
③ 排水装置　　　　：・排水管，ドレーン管先端位置を十分下げる
　　　　　　　　　　・フレキシブルジョイントを採用
④ 桁端部　　　　　：ウェブ切り欠き（通風性向上），桁端部塗装＊
⑤ 下フランジ止水工：上下面に非溶接タイプを設置
⑥ 下フランジ排水勾配：一般塗装橋と同様とする
　　　　　　　　　　（但し上そりは避ける）
⑦ 壁高欄　　　　　：隙間に止水工

＊凍結防止剤の散布量が多い場合は橋台前面まで，内外面塗装を推奨する．

図 5.14　耐候性鋼橋梁の滞水および通風性能向上対策[21]

的に，水平フランジに勾配をもたせることが以前に試みられたが，このことによりフランジの下面が結露しやすくなり逆効果であった．

5.5　鋼材の耐候性評価法

5.5.1　耐候性評価試験

　鉄鋼材料の大気腐食試験として最も信頼できるのは，大気暴露試験である．この方法では，小型の試験片を南向き，水平より 30°傾斜させる方法が従来一般的であった．しかし近年，日差しが遮られたり雨の当たらない部位がほとんどである橋梁に適用する場合を想定して，屋根を付けた暴露架台に水平に設置する軒下における大気暴露試験法が実施されている．これは，雨の当たる部位に比べ，橋梁内桁などでは雨による洗い流し効果がないため塩分などの蓄積が生じる一方で，結露による濡れ時間が長いなど，保護性さび層の形成が困難な環境を模擬するためである．

　しかし，大気暴露試験では少なくとも数年以上，一般的には 10 年以上の期間試験を継続しなければならず，鋼材の評価や研究開発に非常に長い時間を要する．そこで，種々の促進評価試験も提案されている．それらはおおむね，NaCl あるいは NaCl と $MgCl_2$ など塩化物の混合水溶液を噴霧し，その後湿度を制御しながら乾燥させることを繰り返す手法をとっている．しかし，このよ

うな乾湿繰り返し（dry/wet cycling）のサイクル条件をうまく選択しないと，さび層の形成状況や外観が大気暴露試験と全く異なることになり，本当に大気腐食を促進して評価しているか疑問となる場合も多い．そのなかでも，腐食形態が大気暴露試験にきわめて類似している試験が，米国のSociety of Automotive Engineers（SAE）のSAE J 2334である[22]．この手法は本来自動車用鋼板を評価するものであるが，現在American Iron and Steel Instituteが米国の耐候性鋼評価に用いている．促進試験内容は比較的単純であり，50℃，100% RHの試験室に6時間置いた後，25℃の0.5% NaCl + 0.1% CaCl$_2$ + 0.075% NaHCO$_3$ 混合水溶液中に15分間浸漬し，60℃，50% RHの試験室で17時間45分乾燥させることを繰り返すというものである．また，西村ら[23]による乾湿繰り返し試験は相対的な耐候性評価に有効である．

耐候性鋼およびその他の鋼材の耐候性を評価する一般的な方法は，鋼材の腐食減量あるいは腐食速度を測定することである．鋼材の大気腐食時の片面当たりの腐食減量 $\Delta L/2$ の経年変化は

$$\Delta L/2 = At^B \tag{5.4}$$

で示される[24]．ここで t は大気中での使用年数，A および B は環境条件や鋼材成分に依存する定数である．したがって，腐食速度は式（5.4）を微分することで求められる．一般的な環境における耐候性鋼の場合，大気腐食初期には年間 0.01～0.03 mm の腐食減量となるが，保護性さび層が形成されると 0.01 mm 以下となる．

5.5.2　さび層の保護性評価

防食性を担うさび層の保護性を評価する場合には，まず外観観察を行い，さびの色調（黒褐色の保護性さび層であるか），粗密度，色むらなどを評価する．図 5.15[25] に外観評価レベル（外観評点）を示す．粗いうろこ状あるいは層状の剝離さびであれば注意を要する．図 5.16[26] に外観評点と板厚減少量の関係を示す．両者に良い対応がみられることから，外観評点によりおおむねさび層の保護性を評価できると考えられる．

電磁膜厚計によりさび層の厚さを測定することも有効な手段であり，腐食が著しい場合は非常に厚い層が形成される．断面観察や電磁膜厚計によるさ

5.5 鋼材の耐候性評価法

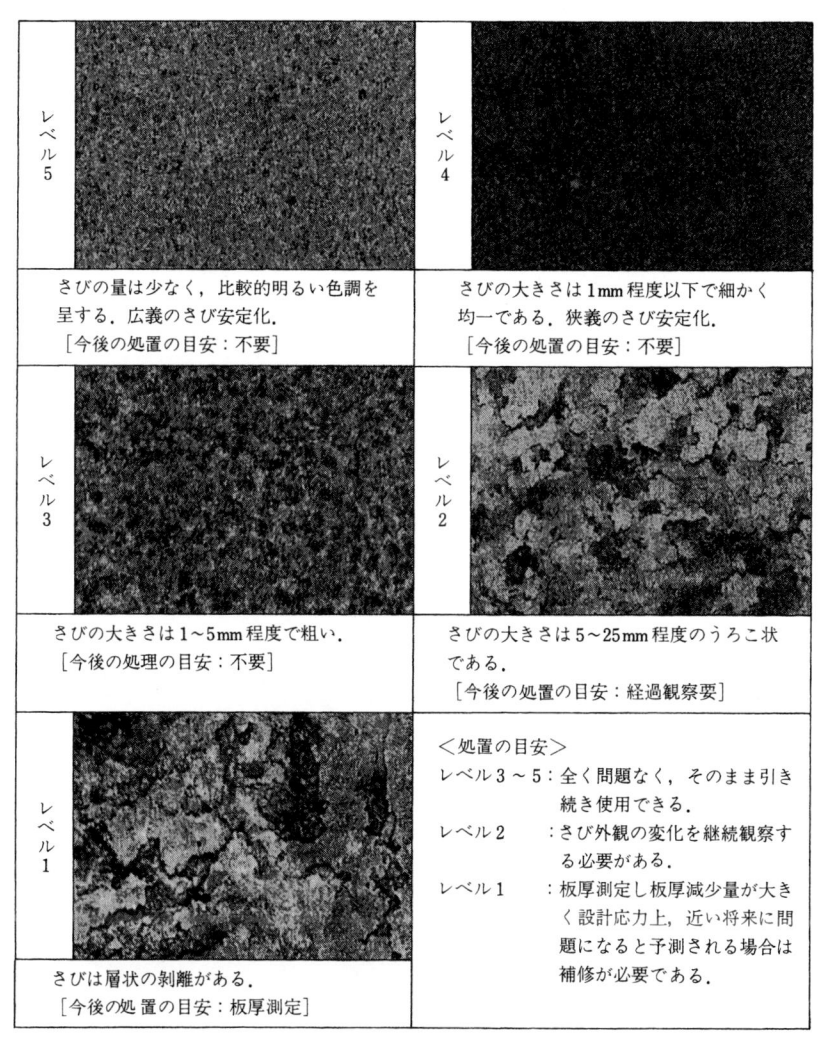

レベル5	レベル4
さびの量は少なく，比較的明るい色調を呈する．広義のさび安定化． [今後の処置の目安：不要]	さびの大きさは1mm程度以下で細かく均一である．狭義のさび安定化． [今後の処置の目安：不要]
レベル3	レベル2
さびの大きさは1～5mm程度で粗い． [今後の処理の目安：不要]	さびの大きさは5～25mm程度のうろこ状である． [今後の処置の目安：経過観察要]
レベル1	＜処置の目安＞ レベル3～5：全く問題なく，そのまま引き続き使用できる． レベル2　：さび外観の変化を継続観察する必要がある． レベル1　：板厚測定し板厚減少量が大きく設計応力上，近い将来に問題になると予測される場合は補修が必要である．
さびは層状の剥離がある． [今後の処置の目安：板厚測定]	

図 5.15　耐候性鋼軒下暴露 9 年目のさび外観評価レベル（外観評点）と処置要否[25]

び層厚さの測定により，おおむね 0.4 mm を超える厚いさび層であれば，さび層の保護性に関し注意が必要である[27]．また，6％フェロシアン化カリウム水溶液を含ませた定性ろ紙（8 cm 角）を鋼表面に貼り付け，さび層の欠陥部から侵入し鉄と反応することにより生じる青色斑点の分布を測定するフェロキシル試験（JIS K 5621）により，さび層の欠陥を表 5.2 に示すように評価する

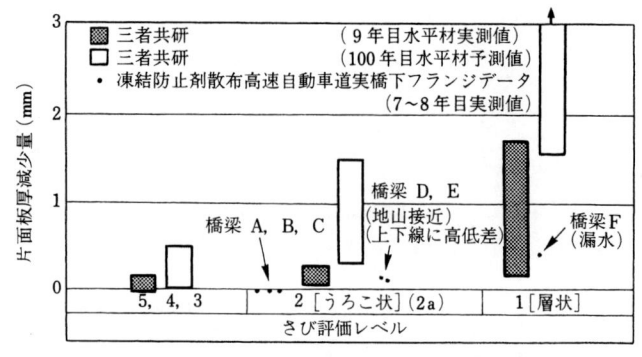

図 5.16 耐候性鋼のさび外観評点と板厚減少量の関係[26]

表 5.2 フェロキシル試験の評価

評点	摘要
5	青色斑点が最も小さく,かつ少ない.
4	同上よりやや大きく,多い.
3	同上よりやや大きく,多い.
2	青色斑点が大きく,多い.
1	さび層が剝離,測定対象外.

表 5.3 セロテープ剝離試験の評価

評点	テープの付着状態
3	細かな浮きさびのみであり,さびの剝離は少ない.
2	さびの剝離がやや多い.
1	大きな浮きさびがあり,さびの剝離が多い.

ことができる.セロテープ剝離試験と呼ばれる方法では,幅 24 cm のセロテープをさび面に貼り付けて再びはがし,付着したさび粒子の数から,さび層の固着性を表 5.3 に示すように評価する.

電気化学的手法としては,耐候性鋼構造物の表面さび層上に参照電極を取り付けて,鋼板との電位差を測定することにより,さび層の保護性を評価する方法が提案されている[28].1 分間の測定で -0.5 V(SCE)以上の電位であれば,さび層は保護性を有するとされている.最近では,表面電位測定装置を用いた方法も報告されている[29].また,さび層のイオン透過抵抗を測定することにより,さび層厚さと対比しながらさび層の保護性を評価する方法も提案されてい

る[30),31)]．いずれもミクロな腐食活性点の密度に関連する評価法である．

一方，長期間裸使用された耐候性鋼のさび層を構成する物質組成の量比（組成質量比）から，さび層の保護性を評価する方法も提案されている．この方法は，反応性や電子伝導性が低く活性の低いゲーサイトとその他の活性さび物質の量比をX線回折法により定量し，その量比（α/γ，塩分飛来環境などではα/γ^*と表記）がある値以上の場合にさび層に保護性があると判断する手法であり[32),33)]，国内におけるさまざまな環境での大気暴露試験結果から以下のことが明らかとなっている．図5.17[34)]に橋梁桁下において17～18年間暴露された耐候性鋼さび層のα/γ^*と鋼の腐食速度の関係を示す．α/γ^*がある程度の値以上になると腐食速度は低下しており，うろこ状さびや層状剥離さびが認められず，外観評点（図5.15）3以上の良好な状態にある．ただし，腐食速度および外観評点のいずれも，α/γ^*が低い場合においても良好な結果を示す場合が認められるが，これらは環境の腐食性が低いなどの理由からさびの相変化が十分進んでいない場合など広義のさび安定化に相当すると考えられる．したがって，α/γ^*が低い値を示すことからさび安定化が不十分であると結論づけることはできず，α/γ^*はある値以上を示す場合に保護性さび層の形成を確認できる指標として利用できる．また，塩分の影響を考慮する場合，図5.18[35)]に示すように腐食に伴いゲーサイトとβ-FeOOHのいずれが優先的に生成しているかがさび層の保護性と関連し，β-FeOOHとゲーサイトの量比（β/α）が腐食速度と良い対応を示すことも指摘されている．なお，このような量比を議論する場合，X線回折測定の条件が結果に影響するため，統一的な条件[36)]で測定した結果をもとに比較検討することが望まれる．

以上のさび層保護性評価法があるが，おのおのの評価法を単独で用いることは，誤った判断を下す可能性があるので，複数の評価結果からさび層の保護性を総合的に議論することが望ましい．

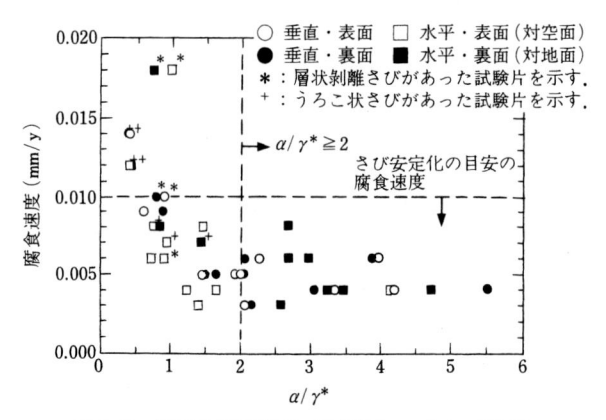

図5.17 軒下暴露耐候性鋼の腐食速度と a/γ^* の関係[34]

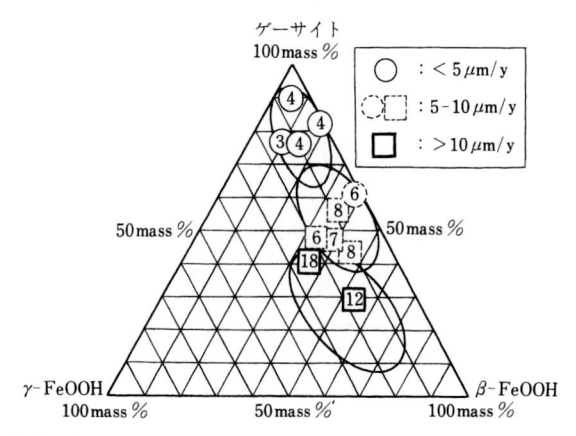

図5.18 17～18年橋梁桁下で水平に大気暴露した耐候性鋼の対空面さび層中のゲーサイト，β-FeOOH，γ-FeOOH の質量割合．プロット中の数値は耐候性鋼の腐食速度を μm/y で示したものである[35]

| 5.6 | 高機能な新耐候性鋼の開発状況 |

21世紀における社会資本の充実が叫ばれる一方で，急速に進む社会の高齢化・労働力不足・財政の逼迫により，社会資本の保守管理がますます困難になりつつある．このような社会情勢の中で，前述の耐候性鋼はミニマムメンテナンス構造用材料として注目されてきているが，保護性さび層の自然形成に長期間を要することや，図5.12に示したように 0.05 mdd（mgNaCl/dm²/d）以

5.6 高機能な新耐候性鋼の開発状況

上の塩分飛来環境では現状の耐候性鋼が使用できないことが問題である．海に囲まれたわが国にとって，これらを解決する技術の確立が特に急がれている．このような背景の下，これまでに述べてきた JIS で規定されている Cr-Cu-P-Ni 系の耐候性鋼を発展させ，塩分飛来環境においても使用可能な新しい耐候性鋼材の開発が活発に行われ始め，現段階で種々の鋼材が実用化に至っている．それらの新しい耐候性鋼材に形成するさび層の構造はまだ明確ではないが，Cr を含有しない鋼材もあるので前述した Cr ゲーサイトとは異なる保護性さび層も存在しうる．

まず，Ni のさび中濃縮による防食性向上効果を狙った 0.3% Cu-3% Ni 系の海浜用耐候性鋼が提案された[37]．5 年間の大気暴露試験の結果，この鋼材が飛来塩分量の高い環境でも，さび層による防食性を確保できる可能性を示している．さらに，Ni の効果の強調を狙った 5% Ni 鋼についても，大気暴露試験により海浜地区での防食効果が確認されている[38]．また，Mo と Ni の複合添加に着目した 1.5% Ni-0.3% Mo 系の鋼材が，0.45 mdd の飛来海塩粒子量でも従来の耐候性鋼に比べて腐食量を 63% に低減したと報告されている[39]．溶接性を考慮した極低炭素 0.3% Cu-2.5% Ni 系の鋼材についても，塩分飛来環境でも鋼表面への塩化物の侵入がさび層により抑制され優れた耐候性を示すことが示されている[40]．Mo のオキソ酸イオン吸着によるカチオン選択透過性と Ni，Cr の効果を同時に考慮した 0.3% Cu-2% Ni-0.5% Cr-0.3% Mo 系鋼材は，従来の耐候性鋼に比べ耐塩分性が著しく向上していることが示されている[41]．また，塩分飛来環境では Cr を添加せず Ti 添加による耐食性向上効果を期待し，1% Cu-1% Ni-0.05% Ti 系の鋼材も開発されている[42]．以上の鋼材について，開発各社が独自に行った暴露試験結果を JIS で規定されている従来の耐候性鋼と比較し図 5.19[43] に示す．このような新耐候性鋼の開発は塩分飛来環境においてもミニマムメンテナンスを実現することにつながるが，将来的には究極のミニマムメンテナンス鋼材すなわちメンテナンスフリー鋼材の開発も活発化するであろう．表 5.4[43] に各種材料の耐候性と価格比を示す．

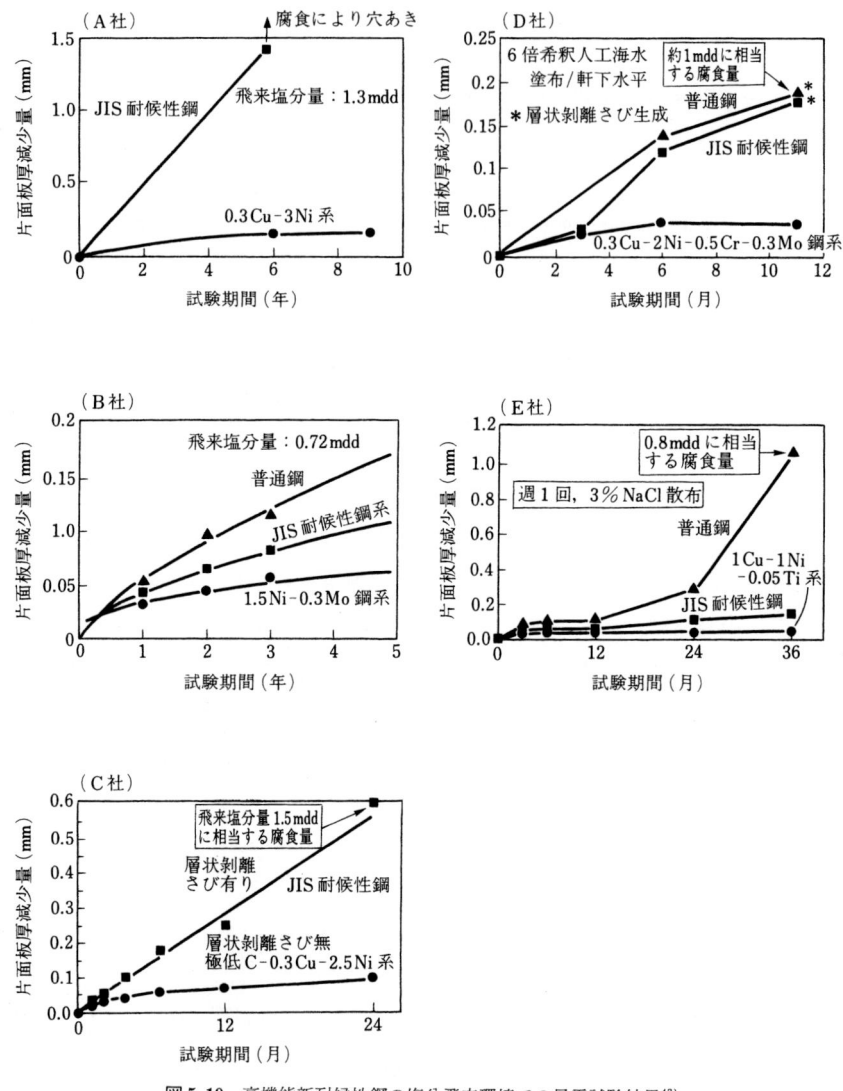

図 5.19　高機能新耐候性鋼の塩分飛来環境での暴露試験結果[43]

表5.4 各種材料の耐候性と価格比（概算）[43]

材料	環境	耐食性	価格比(概算)
JIS耐候性鋼（裸使用）	0.05 mdd 以下	さびるが板厚減少量は少ない	1
新耐候性鋼（裸使用）	橋梁への適用可能環境見極めは進行中	さびるが板厚減少量は少ない	1.4
ステンレス鋼（SUS 316）	海岸地域	赤さび，孔食発生	4
特殊ステンレス（SUS 447 JI）	海岸地域の屋根材	赤さび発生せず	15
625合金，チタン	海水飛沫帯	腐食せず	29

5.7　耐候性鋼の表面処理

　Cr^{3+} および SO_4^{2-} に保護性さび層を構成する Cr ゲーサイトを促進育成する効果があることが明らかとなってきている[32),44]．この知見を基に，Cr ゲーサイトからなる保護性さび層の形成を促進する表面処理技術が実用化されている[45]．この保護性さび層形成促進表面処理技術（図5.20）は，通常の耐候性鋼裸使用の弱点であった赤さび・流れさび抑制を可能にし，従来使用不可とされていた海岸部の飛来塩分量が比較的多い環境下でも使用を可能にした．

　また，耐候性鋼に保護性さびの核として人工的に製造した微細さびを含有させた表面処理を施すことにより，流れさびを発生することなく保護性さびの形成を助長する保護性さび形成促進処理も開発されている．この処理膜（図5.21）は，クロムや鉛の化合物フリー化による環境調和性の向上を図りつつ，モリブデン酸塩を含有することにより，保護性さび形成に悪影響がある塩化物イオンの透過を抑制することが報告されている[46),47]．

　腐食による外観劣化を低減しつつ，時間をかけて確実なさび安定化を目指した熟成型さび安定化表面処理法は従来よりいくつか実用されている．それらの基本的な思想は，リン酸塩の効果による耐候性向上[48),49]，イオン選択透過性を利用したカチオン・アニオン複合型皮膜 (bipolar film)[50]，さび安定化に有効な種々の顔料の添加[51]に大別できる．それらについて，長期大気暴露試験の結果が最近報告されており，長期間にわたり流れさびによる汚染がほとんどないことや腐食減量が小さいことなどが報告[52-54]されている．図5.22は，処理皮膜中の多価陰イオンにより溶出する Fe^{2+} を捕捉し，飛来塩分の侵入を抑制する熟成型さび安定化表面処理[52]であり，景観に配慮したカラー化の試みも

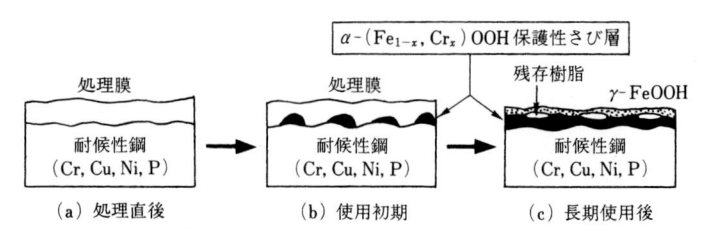

図 5.20 保護性さび層形成促進処理耐候性鋼の Cr ゲーサイト保護性さび層生成プロセス[45]

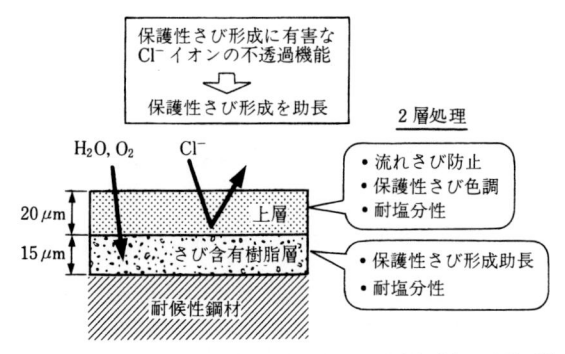

(a) 処理直後 — 処理膜／耐候性鋼 (Cr, Cu, Ni, P)
(b) 使用初期 — 処理膜／耐候性鋼 (Cr, Cu, Ni, P)
(c) 長期使用後 — α-(Fe_{1-x}, Cr_x)OOH 保護性さび層／残存樹脂／γ-FeOOH／耐候性鋼 (Cr, Cu, Ni, P)

図 5.21 人工微細さび物質を含有した保護性さび形成促進処理膜断面模式図 (JFE スチール(株)小森務氏提供)

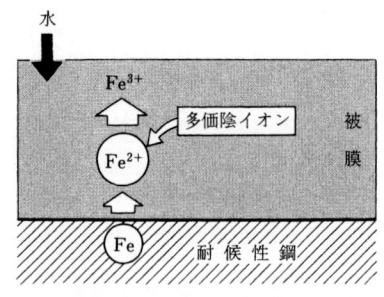

- 保護性さび形成に有害な Cl^- イオンの不透過機能
- 保護性さび形成を助長

2層処理
- 上層 (20 μm)：流れさび防止／保護性さび色調／耐塩分性
- さび含有樹脂層 (15 μm)：保護性さび形成助長／耐塩分性
- 耐候性鋼材

図 5.22 多価陰イオンを捕捉し塩分の侵入を抑制する熟成型さび安定化表面処理 ((株)アール・シイ・アイ提供)

水 → 被膜中で Fe^{3+}、Fe^{2+} を多価陰イオンが捕捉、耐候性鋼より Fe

なされている．カチオン・アニオン複合型皮膜については，多孔質カチオン選択透過性樹脂（porous cation selective resin）と鉄イオンの固定化作用を持つ特殊添加成分を配合した単層処理（図 5.23）による施工性・経済性の改善とクロム，鉛化合物のフリー化による環境調和性の向上がはかられつつ，さび安定化機能が実現できることが最近報告されている[55]．また，塗装技術の分野からは，LCC の低減を狙った耐候性鋼用着色省工程塗装システム[56]が提案されている．

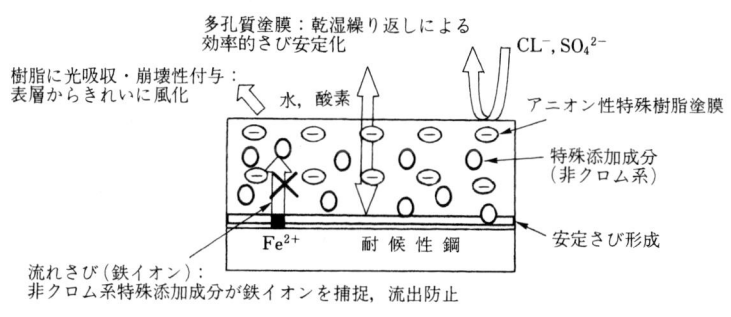

図 5.23 単層型カチオン・アニオン複合塗膜[55]

[参考文献]

1) N.D. Tomashov：Corrosion, **20**, 7, 1964
2) M. Stratmann：Corros. Sci., **27**, 869, 1987
3) 水流　徹：表面技術, **44**, 654, 1993
4) 山下正人，長野博夫：日本金属学会誌, **61**, 721, 1997
5) 山下正人，三沢俊平：表面科学, **20**, 235, 1999
6) 腐食防食協会編：防食技術便覧，日刊工業新聞社, p.224, 1986
7) 松島　厳：低合金耐食鋼（日本鉄鋼協会監修），地人書館, 1995
8) Home Page of American Society for Testing and Materials, http://208.233.211.80/, Technical Committee G 01-Corrosion of Metals, Standard G 101 Calculator, 2001
9) P. Keller：Neues Jahrbuch fur Mineralogie Abhandlungen, **113**, 29, 1970
10) 山下正人，米澤泰輔，内田　仁：日本金属学会誌, **63**, 1332, 1999
11) 山下正人，幸　英昭，長野博夫，三沢俊平：材料と環境, **43**, 26, 1994；M. Yamashita, H. Miyuki, Y. Matsuda, H. Nagano and T. Misawa：Corrosion

Sci., **36**, 283, 1994
12) 山下正人，三澤俊平，H.E. Townsend, D.C. Cook：日本金属学会誌，**64**, 77, 2000
13) T. Kamimura and S. Nasu：Materials Transactions, JIM, **41**, 1208, 2000
14) 幸 英昭，山下正人，藤原幹男，三沢俊平：材料と環境，**47**, 186, 1998
15) M. Yamashita, T. Shimizu, H. Konishi, J. Mizuki and H. Uchida：Corrosion Sci., 45, 381, 2003；M. Yamashita, H. Konishi, M. Takahasi, J. Mizuki and H. Uchida：Materials Science Research International, Special Technical Publication-1, p.398, 2001
16) 山下正人，浅見勝彦，石川達雄，大塚俊明，田村紘基，三澤俊平：材料と環境，**50**, 521, 2001
17) 嵯峨正信，倉本 修，三浦正純，内海 靖，原 修一：材料と環境2002講演集，p.193, 2002
18) 建設省土木研究所・鋼材倶楽部・日本橋梁建設協会：耐候性鋼の橋梁への適用に関する共同研究報告書 (XX)，共同研究報告書第88号，1993
19) 日本道路協会：道路橋示方書 (I共通編・II鋼橋編)・同解説，丸善，2002
20) 日本橋梁建設協会：無塗装橋梁の手引き，1998
21) 鋼材倶楽部・(社)日本橋梁建設協会：耐候性鋼の橋梁への適用，p.4, 2000
22) H.E. Townsend, D.D. Davidson and M.R. Ostermiller：Proc. 4 th Int. Conf. on Zinc and Zinc Alloy Coated Steel Sheet (GALVATECH '98), Iron and Steel Institute of Japan, 659, 1998
23) 西村俊弥，片山英樹，野田和彦，小玉俊明：材料と環境，**49**, 45, 2000
24) 紀平 寛，宇佐見明：材料と環境，**49**, 10, 2000
25) 渡辺祐一：第132回腐食防食シンポジウム資料，p.17, 2001
26) 日本鉄鋼連盟，私信
27) 紀平 寛，三澤俊平，楠 隆，田辺康児，斉藤隆穂：材料と環境，**48**, 727, 1999
28) 鹿島和幸，原 修一，岸川浩史，幸 英昭：材料と環境，**49**, 15, 2000
29) 升田博之：材料と環境'99講演集，p.45, 1999
30) H. Kihira, S. Ito, T. Murata：Corrosion, **45**, 347, 1989
31) 紀平 寛：材料と環境，**48**, 697, 1999
32) 山下正人，幸 英昭，長野博夫：住友金属，**47**, 4, 1995
33) 上村隆之，山下正人，内田 仁，幸 英昭：日本金属学会誌，**65**, 922, 2001
34) 塩谷和彦，中山武典，紀平 寛，幸 英昭，竹村誠洋，川端文丸，安部研吾，楠 隆，渡辺祐一，松井和幸：第132回腐食防食シンポジウム資料，p.73, 2001

参考文献

35) 山下正人, 前田 暁, 内田 仁, 上村隆之, 幸 英昭：日本金属学会誌, **65**, 967, 2001
36) 中山武典, 紀平 寛, 塩谷和彦, 幸 英昭, 竹村誠洋, 山下正人, 西村俊弥：材料とプロセス, **13**, 446, 2000
37) 山本正弘, 紀平 寛, 宇佐見明, 田辺康児, 増田一広, 都築岳史：鉄と鋼, **84**, 194, 1998
38) 宇佐見 明, 山本正弘, 間渕秀里, 久津輪浩一, 都築岳史, 田辺康児, 井上尚志：材料とプロセス, **9**, 482, 1996
39) 田中賢逸, 西村俊弥, 鈴木伸一：材料とプロセス, **10**, 1239, 1997
40) 塩谷和彦, 前田千寿子, 矢埜浩史, 川端文丸, 天野虔一, 宮本一範, 西田俊一：材料とプロセス, **13**, 509, 2000
41) 鹿島和幸, 幸 英昭, 渡辺祐一, 勝本 弘：第48回材料と環境討論会講演集, p.41, 2001
42) http://www.kobelco.co.jp/
43) 加納 勇, 渡辺祐一：土木学会誌, **87**, 5, 2002
44) 岸川浩史, 幸 英昭, 原修一, 神谷光昭, 山下正人：住友金属, **51**, 48, 1998
45) 幸 英昭, 上村隆之, 土井教史, 山下正人, 三澤俊平：まてりあ, **41**, 39, 2002
46) 小森 務, 京野一章, 加藤千昭：材料とプロセス, **15**, 595, 2002
47) 小森 務, 京野一章, 加藤千昭：川崎製鉄技報, **35**, 38, 2003
48) 門 智, 渡辺常安, 加藤忠一, 小笠原 正, 増田一広, 酒井利一：鉄と鋼, **64**, 306, 1978
49) 門 智, 渡辺常安, 増田一広：鉄と鋼, **64**, 328, 1978
50) 武田 孝, 村尾篤彦, 府賀豊文, 松島 巌：日本鋼管技報, 98-102, 1983
51) 今津 司, 栗栖孝雄, 中井陽一, 久野忠一, 石渡正夫, 佐藤忠明：川崎製鉄技報, **16**, 123, 1984
52) 渡辺常安, 伊藤陽一, 川端 昇, 神田 三：表面技術, **47**, 366, 1996
53) 伊藤陽一, 山口伸一, 増田一広, 加藤忠一：材料と環境'98講演集, B 113, 1998
54) 金子雅仁, 宮田志郎, 藤田 栄, 安原充樹：材料とプロセス, **11**, 1111, 1998
55) 宮田志朗, 竹村誠洋, 古田彰彦, 森田健治：第23回鉄構塗装技術討論会発表予稿集, 日本鋼構造協会, p.109, 2000
56) 永井昌憲, 久徳 亘, 多記 徹, 田邊弘住：材料と環境2002講演集, p.197, 2002

6 鋼の海水腐食と耐海水性二相ステンレス鋼

> 流動海水に対する鋼およびその他の金属材料の耐食性について概略を紹介する．次に，従来では海水使用が不可能とされてきたステンレス鋼の欠点である海水により容易に孔食・すき間腐食が生ずる欠点に対して，それらの抵抗性を著しく高めた耐海水性の二相ステンレス鋼の開発経過と実績について紹介する．

6.1　金属の耐海水性

　海水を冷却水として使用する熱交換器管には各種の金属が使用される．鋼は金属材料の中では安価な材料で，海水による腐食速度は大きいけれども，ある程度の腐食を前提に使用される．図6.1[1)]に低合金鋼の流動3% NaCl溶液中の耐食性を示す．流速の高いほど腐食速度が大きいのは，図6.2に示すように腐食速度が酸素の拡散律速にあるためである．一方，鋼に亜鉛メッキした鋼管は海水に対して鋼よりはかなり良好な耐海水性をもつ．これは，亜鉛の表面に亜鉛の水酸化物を生成して，海水による腐食を防止するためである．表6.1に

表6.1　金属の耐食性と表面皮膜

不働態化金属	
ステンレス	Cr_2O_3
アルミニウム	Al_2O_3
銅	Cu_2O, CuO
ニッケル	NiO, Ni_3O_4, Ni_2O_3, NiO_2
チタン	TiO, Ti_2O_3, TiO_2
ジルコニウム	ZrO_2
沈殿皮膜	
鉄	$Fe(OH)_3$
亜鉛	$Zn(OH)_2$ （防食的）

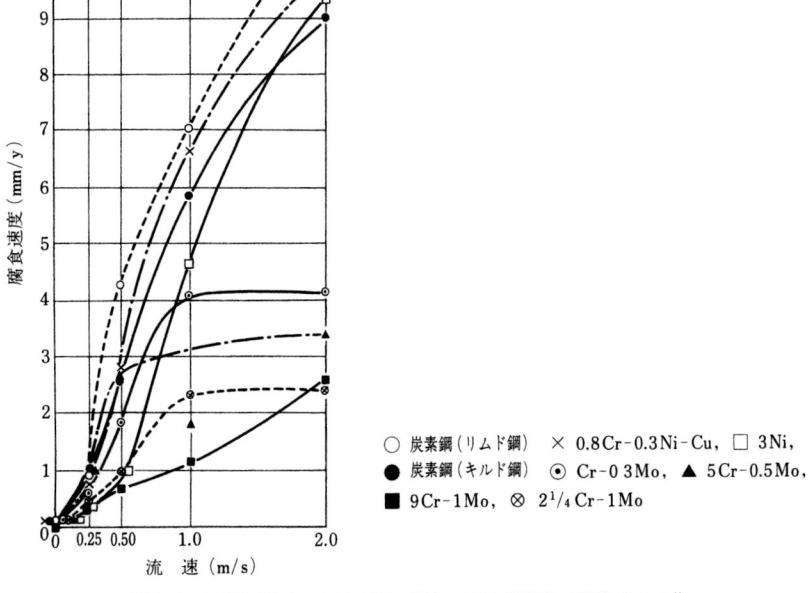

図6.1 3% NaCl 中における鋼の腐食に及ぼす流速の影響 (55°C)[1]

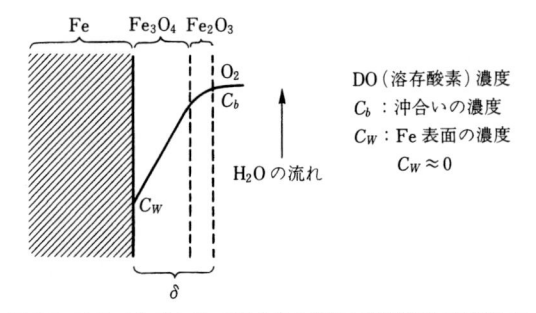

凡例:
○ 炭素鋼（リムド鋼）　× 0.8Cr-0.3Ni-Cu,　□ 3Ni,
● 炭素鋼（キルド鋼）　⊙ Cr-0.3Mo,　▲ 5Cr-0.5Mo,
■ 9Cr-1Mo,　⊗ $2^{1}/_{4}$Cr-1Mo

図6.2 H_2O で生ずる Fe の酸化物の構造と溶存酸素の濃度分布

C_b：沖合いの濃度
C_W：Fe 表面の濃度
$C_W \approx 0$

示すように，ステンレス鋼，アルミニウム，銅，チタン等はその表面に不働態皮膜を生成して，海水に対して優れた耐全面腐食性を示す．しかし，これらの金属では，孔食，すき間腐食等の局部腐食を呈することがしばしばある．図6.3[2]に各種合金の流動海水に対する腐食速度を示す．ステンレス系では，低い流速範囲で深い孔食，銅系材料では，流速が数 m/s 以上でエロージョン・

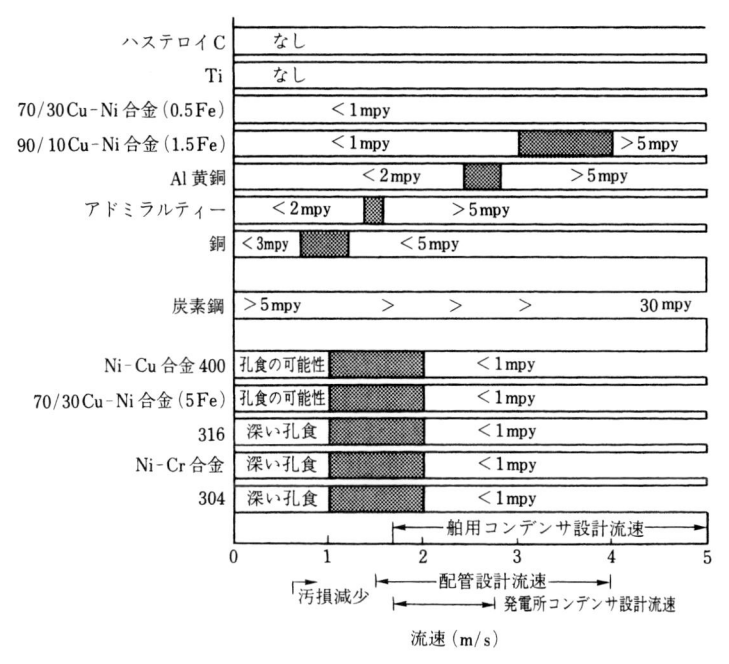

図6.3 海水の流速と腐食 (1 mpy＝1 mil/y＝25.4 μm/y)[2]

コロージョンによって腐食量が増大する．キュプロニッケル，チタニウム，ニッケル-高クロム-モリブデン合金の耐海水性は良好であるが，価格が高くなる．

6.2　二相ステンレス鋼

　ステンレス鋼には，結晶格子が面心立方格子からなるオーステナイト系ステンレス鋼（γ相），体心立方格子からなるフェライト系ステンレス鋼（α相），α相＋γ相の二相組織からなる二相ステンレス鋼，マルテンサイト組織からなるマルテンサイト系ステンレス鋼（α'相）の4種類に分類される．

　表6.2[3]に4種類のステンレス鋼の比較表を示す．二相ステンレス鋼はオーステナイト系とフェライト系ステンレス鋼の両方から長所を引き出し，おのおのの短所を解消したステンレス鋼で，価格も両者の中間にある．二相ステンレス鋼の平衡状態図を図6.4[4]に示す．高温で存在するα相＋γ相の組織が常温になってもそのまま保たれた状態にある．通常，二相ステンレス鋼のミクロ

表6.2 各種ステンレス鋼の特徴[3]

鋼種	物理的性質	実用性能
オーステナイト系	非磁性 熱伝導度が低い	加工性・溶接性が良好 低 Ni では耐 SCC 性が劣る
フェライト系	強磁性 熱伝導度が高い	溶接性がやや劣る 耐 SCC 性が優れる
二相系	強磁性，熱伝導度は上記2者の中間	高強度，加工性・溶接性・耐孔食性および耐 SCC 性が良好
マルテンサイト系	強磁性 熱伝導度が高い	高強度 溶接性が劣る

図6.4 溶着ステンレス鋼の組織図[4]

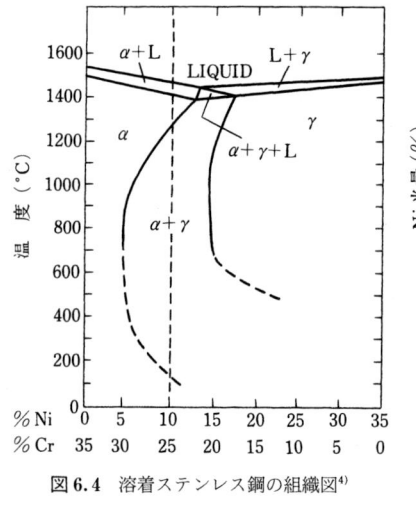

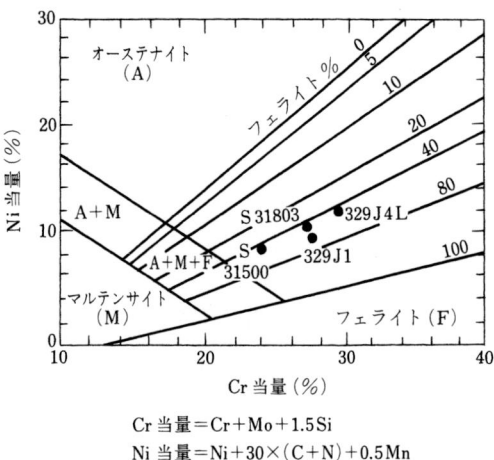

図6.5 65% Fe-Cr-Ni の2元状態図[5]

Cr 当量 $= Cr+Mo+1.5Si$
Ni 当量 $= Ni+30\times(C+N)+0.5Mn$

組織は，加工性，耐食性，特に溶接部の耐食性の観点から，α 相と γ 相の面積比が約1:1になっている．二相組織の合金設計のためには，図6.5[5]に示される Schaefler の溶着金属の状態図が使用される．この図を用いて，二相ステンレス鋼の成分設計がなされる．ただし，二相ステンレス鋼の数少ない欠点の1つとして，高温での σ 相の生成および475℃脆性があり，この条件にならないように製造，加工するように注意が必要である．

6.3　耐海水性評価法

海水中で生ずるステンレス鋼の腐食は局部腐食で，孔食，すき間腐食，応力

6.3 耐海水性評価法

表 6.3 ステンレス鋼の孔食およびすき間腐食試験法[6]

腐食形態	試験法		
	試験の種類	試験片	試験溶液あるいは評価法
孔食	浸漬試験	シングル	1) 3.5% NaCl 2) 5% $K_3Fe(CN)$ +3.5% NaCl 3) 10% $FeCl_3$
	電気化学的測定	シングル	塩化物溶液における孔食電位 V_c' 及び保護電位 V_p' で評価
すき間腐食	浸漬試験	すき間付試験片	1) 3.5% NaCl 2) 10% $FeCl_3$ 3) 流動海水
	電気化学的測定	シングル	1) 塩化物溶液における $V_c'-V_p'$ の電位差で評価
		すき間付電極	2) すき間腐食発生電位 $V'_{crevice}$ 3) すき間腐食の発生しない最高電位 (immunity 電位) で評価

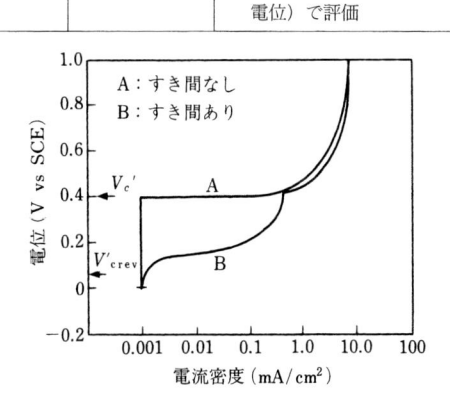

図 6.6 すき間あり，なしの場合のステンレス鋼のアノード分極曲線．V_c'：動電位法で測定した孔食電位，V'_{crev}：動電位法で測定したすき間腐食電位

腐食割れなどが現れるが，冷却海水中では，孔食，すき間腐食が主である．表 6.3[6] に実験室的に用いられる孔食およびすき間腐食試験法を示す．シングル試験片あるいはすき間腐食試験片を食塩水や酸化力の強いフェリシアン化カリウム溶液 ($K_3Fe(CN)$) や塩化第二鉄溶液 ($FeCl_3$) に浸漬する方法と，電気化学的に孔食あるいはすき間腐食を発生させる方法とがある．

図 6.6 は，動電位法で測定したステンレス鋼のアノード分極曲線である．すき間腐食電位 (V'_{crev}, crevice corrosion potential) は孔食電位 (V'_c, pitting potential) よりかなり卑な電位にあり，孔食よりすき間腐食の方が起こ

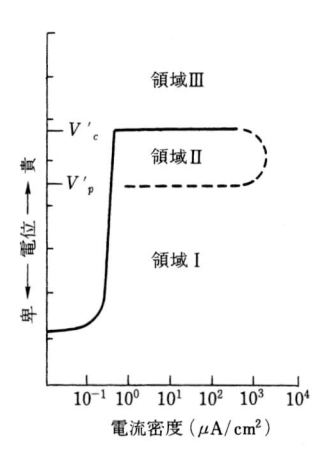

図 6.7 動電位法による往復分極曲線[7]

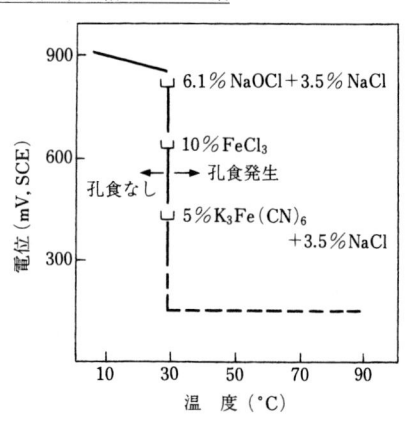

図 6.8 種々の酸化力を有する塩化物溶液中における 317 ステンレス鋼の孔食発生の温度領域（24 時間および 66 時間浸漬）．破線は動電位分極曲線に基づく曲線[8]

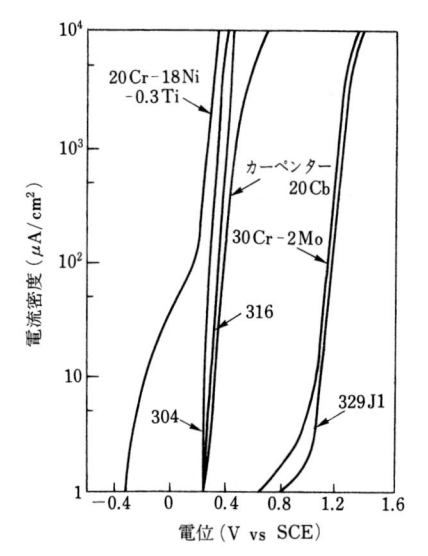

図 6.9 3% NaCl＋1/20 M NaSO₄ 溶液におけるステンレス鋼のアノード分極曲線（35℃）[6]

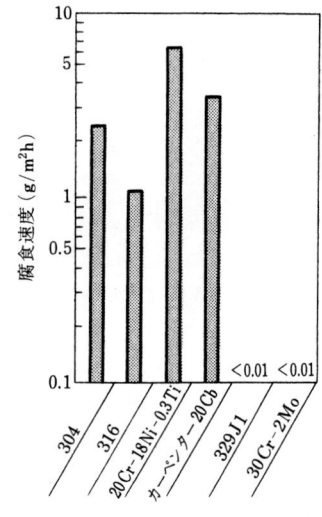

図 6.10 ステンレス鋼の塩化第二鉄溶液浸漬試験結果（FeCl₃・6H₂O 50 g/l＋1/20 N HCl, 35℃）[6]

りやすいことを示している．図 6.7[7] には，ステンレス鋼のアノード分極曲線より求めた V'_c といったん孔食が発生したのち，電位の掃引方向を卑電位方向に逆転して，再不動態化する電位 V'_p を示す．通常，耐孔食性は V'_c で評

6.3 耐海水性評価法

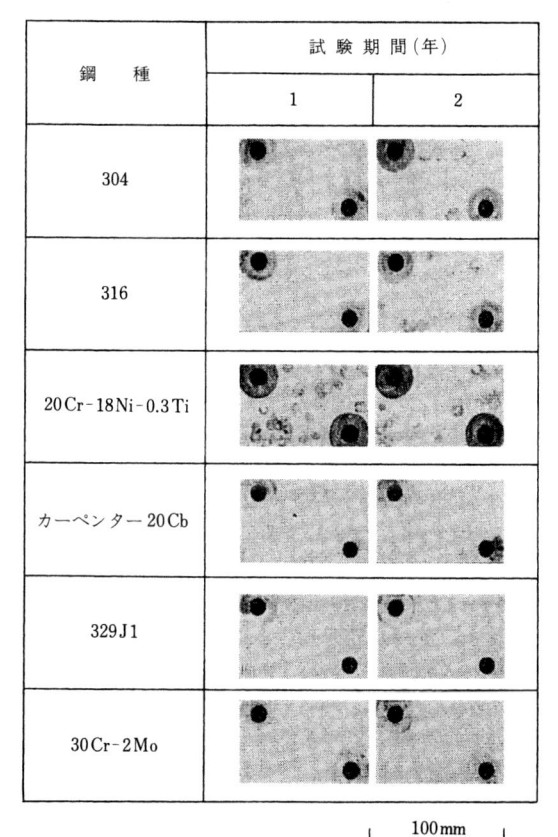

鋼　種	試験期間(年)	
	1	2
304		
316		
20Cr-18Ni-0.3Ti		
カーペンター20Cb		
329J1		
30Cr-2Mo		

|__100mm__|

図6.11　海水実地試験後の試験片の外観状況[6]

価されるが，再不働態化電位（V'_p, repassivation potential）で評価される場合もある．ステンレス鋼の耐孔食性の温度依存性を評価する方法として，図6.8[8]に示すように試験溶液の温度を低い温度から高い温度に順次上げていき，孔食の発生し始める温度をCPT（臨界孔食温度：critical pitting temperature）として表示する．

　上述の実験室的孔食試験法と実際の海水中でのステンレス鋼の孔食，すき間腐食等の局部腐食感受性の関係を検討した結果を次に示す．用いたステンレス鋼は表6.4[6]に示すように，クロム（Cr），ニッケル（Ni），モリブデン（Mo）量の異なる種類である．二相ステンレス鋼のSUS 329 J 1（25 Cr-5 Ni-

表6.4 供試材の化学成分（mass%）[6]

鋼　種	C	Si	Mn	P	S	Cu	Ni	Cr	Mo	その他
14 Cr-19 Ni-3 Mo-0.1 Ti	0.020	0.58	1.54	0.006	0.007		19.03	13.76	3.04	Ti 0.10
20 Cr-18 Ni-0.3 Ti	0.047	0.53	1.60	0.003	0.021	<0.01	18.10	19.88		Ti 0.26
SUS 304	0.08	0.47	1.40	0.026	0.006		9.30	18.40	0.06	
SUS 304 L	0.026	0.60	1.68	0.024	0.008	0.04	12.01	18.41	0.08	
SUS 316	0.06	0.53	1.57	0.023	0.008	0.25	13.63	16.80	2.13	
SUS 316 L	0.019	0.55	1.38	0.030	0.008	0.26	14.35	16.56	2.08	
カーペンター 20 Cb	0.066	0.51	1.59	0.004	0.019	2.96	30.16	20.14	2.00	Cb 0.29
SUS 329 J 1	0.027	0.42	0.99	0.006	0.11		5.71	25.80	1.83	N 0.14
25 Cr-6 Ni-3 Mo	0.016	0.43	0.83	0.006	0.007	0.40	6.12	24.80	3.06	N 0.18
30 Cr-2 Mo	0.013	0.023	0.007	0.003	0.005			30.15	1.95	

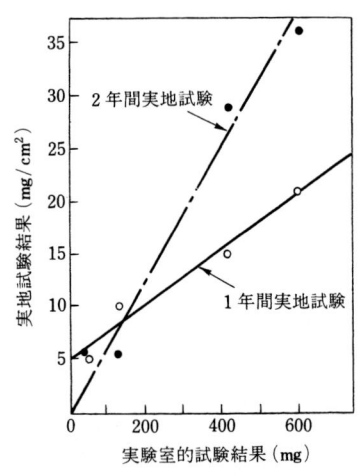

図6.12 ステンレス鋼のすき間腐食における実験室的試験と実地試験の相関性．（実地試験結果：実地海水中暴露試験，実験室的試験結果：3% NaCl+1/20 M Na_2SO_4 活性炭，35℃，酸素吹込み，10日間，すき間腐食試験片）[6]

2 Mo-0.1 N）および高 Cr フェライト系ステンレス鋼 30 Cr-2 Mo は，図6.9[6]に示すように孔食電位は高く，また，図6.10[6]に示すように塩化第二鉄

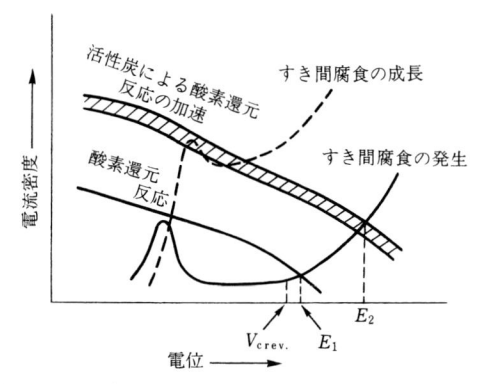

図 6.13 活性炭によるステンレス鋼のすき間腐食の加速機構[6]

溶液中での耐食性も著しく優れることから，実地海水中の耐食性も優れるものと期待された．しかし，予想に反してSUS 329 J 1 および 30 Cr-2 Mo にもかなりの局部腐食が発生したことを図6.11[6]に示す．腐食の大部分はすき間腐食である．すき間腐食は，試験片を実地海水浸漬試験用の暴露台に取り付ける際に用いたベークライトのブッシュと金属間のすき間部で最も激しく，次に貝類の付着部に発生した．

次に，人工海水の中に活性炭を含有させた溶液中で同種類の試験片のすき間腐食試験を行った．活性炭は，その触媒酸化作用に着目した．すなわち，人工海水のpHを変化させることなく，すき間腐食試験片上での酸素還元反応を促進することにより，すき間腐食を加速するものと考えた．図6.12[6]は，実地海水腐食試験と活性炭を含む人工海水中のすき間腐食試験の結果の良好な相関性を示す．活性炭含有人工海水によるすき間腐食の加速機構を図6.13[6]に示す．ステンレス鋼のすき間腐食試験片のすき間外の表面上で局部腐食電池のカソード反応：

$$O_2 + 2 H_2O + 4 e^- = 4 OH^- \tag{6.1}$$

が促進され，その自然電位が著しく上昇するためである．最近になって，図6.14[9]に示すように自然海水中では，ステンレス鋼の自然電位が著しく貴になり，人工海水中ではそのような挙動が見られないことが報告されている．このステンレス鋼の自然電位の貴電位化は，図6.15[9]に示すように，ステンレス鋼の表面に付着したバクテリアの好気的代謝活動（呼吸）によって，海水中の

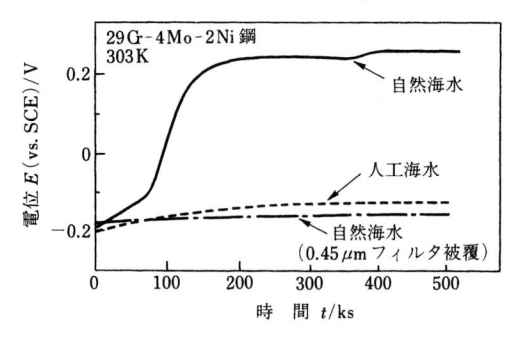

図 6.14 　自然海水中と人工海水中の 29% Cr-4% Mo-2% Ni ステンレス鋼の自然電位[9]

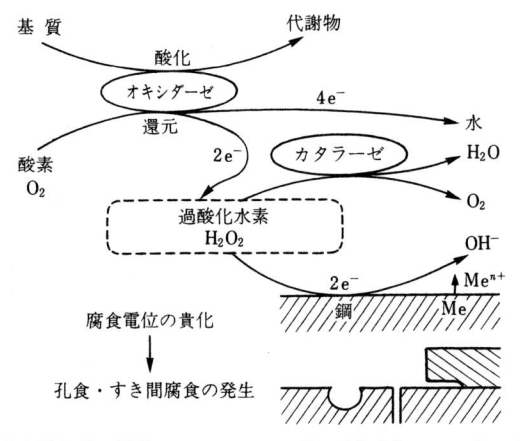

図 6.15 　好気性細菌の影響によるステンレス鋼の電位貴化メカニズム（模式図）[9]

酸素が還元されて生成した過酸化水素の還元作用のためと考えられている．

以上のことより，活性炭含有の海水中のすき間腐食試験が，実際の海水中のステンレス鋼のすき間腐食を短期間で再現するのにふさわしい条件を備えていることが理解できる．これは，海水中で海水の pH を変化させず，また，腐食機構を変えることもなく，自然電位のみを貴化することによりすき間腐食感受性を高めた試験条件での加速試験である．

6.4　耐海水性二相ステンレス鋼の開発

活性炭含有の人工海水を使用して，二相ステンレス鋼の耐すき間腐食性に及ぼす合金元素の影響を検討した．通常の 25 Cr-5 Ni-2 Mo 系の二相ステンレ

6.4 耐海水性二相ステンレス鋼の開発

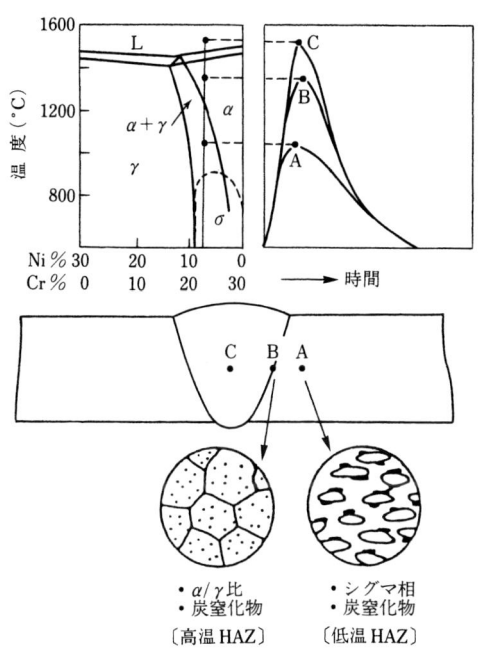

図 6.16 二相ステンレス鋼溶接部のミクロ組織の変化[10]

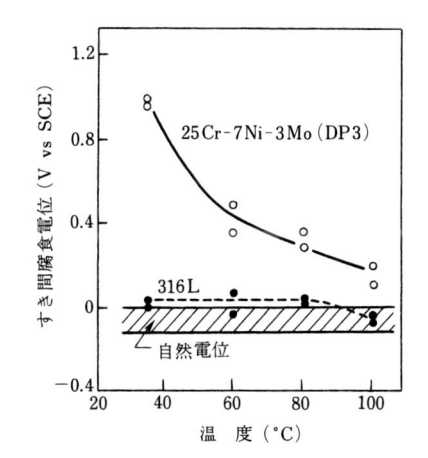

図 6.17 ステンレス鋼におけるすき間腐食が発生しない最高電位の温度依存性 (3% NaCl+1/20 M Na$_2$SO$_4$)[12]

ス鋼の溶接部においては，図 6.16[10] に示すように高温 HAZ（heat affected zone：熱影響部）ではフェライト地リッチの組織とクロム炭窒化物，低温

表6.5 各種の二相ステンレス鋼[11]

合金名	UNS No.	製造メーカー	Cr	Ni	Mo	Cu	N	Other	CRS	HRP	WT	ST	B	C
第1世代														
Type 329, 7-Mo 3 RE 60	S 32900 S 31500*	Car Tech Sandvik, VEW, Mannesmann	26 18	4.5 5	1.5 2.8	— —	— —	— —	× ×	× ×	× ×	×	× ×	
Uranus 50	—	Creusot-Loire	21	7	2.5	1.5	—	—		×	×		×	×
第2世代														
Alloy 2205, SAF 2205, AF 22, Uranus 45 N, 223 FAL	S 31803*	Mannesmann Creusot-Loire Sandvik, VEW, Eastern Stainless	22	5	3	—	0.15	—	×	×	×	×	×	×
44 LN	S 31200*	Uddeholm	25	6	1.7	—	0.15	—		×	×	×	×	
7-Mo Plus	—	Car Tech	26.5	4.8	1.5	—	0.20	—	×	×	×	×	×	
A 905	—	VEW	25	4	2.3	—	0.37	5.8 Mn		×	×	×	×	
Ferralium 255	S 32550*	Cabot, Langley	25	5	3	2	0.20	—	×	×	×	×	×	×
Uranus 47	—	Creusot-Loire	25	7	3	—	0.17	—		×	×	×	×	
Uranus 52	—	Creusot-Loire	25	7	3	1.5	0.17	—		×	×	×	×	
DP-3	S 31260*	住友金属工業(株)	25	7	3	0.5	0.14	0.3 W	×	×	×	×	×	×

*ASTM A 789, A 790 に記載

CRS=cold rolled sheet (冷延鋼板), HRP=hot-rolled plate (熱延鋼板), WT=welded tube (溶接鋼管), ST=seamless tube (継目無し鋼管), B=bar (棒), C=castings (鋳物), ×は製造可能を示す.

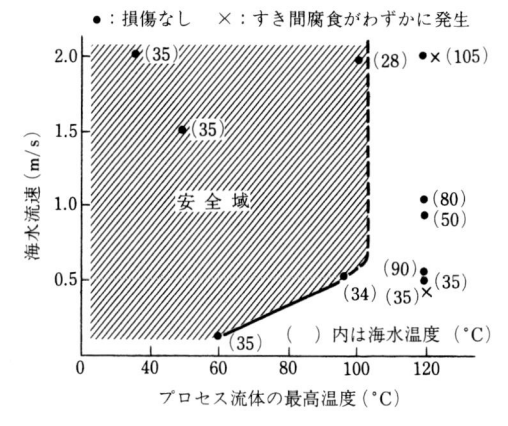

図 6.18　耐海水性二相ステンレス鋼 DP 3（25 Cr-7 Ni-3 Mo-0.3 W-0.5 Cu-0.14 N）の使用可能範囲

HAZ では σ 相，クロム炭窒化物が析出して耐食性を劣化させる．このような溶接部の組織に対する考慮と海水に対する孔食，すき間腐食，応力腐食割れ抵抗性の優れた第 2 世代の二相ステンレス鋼 25 Cr-7 Ni-0.5 Cu-0.3 W-0.14 N（DP 3）が開発された．第 2 世代の二相ステンレス鋼を表 6.5[11]に示す．

図 6.17[12] は，DP 3 の人工海水中のすき間腐食の不感電位（これ以下の電位ではすき間腐食は発生しない）の温度依存性を示す．図 6.18 は，DP 3 の海水熱交換器用鋼管の使用可能条件を示す．図中の括弧内の数字は，鋼管の海水側における金属面温度である．

6.5　耐海水性ステンレス鋼の用途

わが国では表 6.6 に示す各種の耐海水性ステンレス鋼が開発されている．高 Cr，Ni，Mo 含有のフェライト系，二相，およびオーステナイト系ステンレス鋼で，高温海水中で使用可能として推奨されている．

表 6.7[10] は二相ステンレス鋼の主な用途である．最初は海水環境に的が絞られていたが，随時，塩化物環境，酸環境の環境，高強度，耐磨耗性が要求される環境にも使用されるようになった．

第6章 鋼の海水腐食と耐海水性二相ステンレス鋼

表6.6 耐海水性ステンレス鋼

	鋼種名	Cr	Ni	Mo	N	その他	耐孔食性指標*
フェライト系	SUS 447 J 1	30.0	—	2.0	—	—	36.6
	MONIT	25.0	4.0	4.0	—	0.5 Ti	38.2
	SEA-CURE	27.5	1.2	3.5	—	0.5 Ti	39.1
	29-4 C	29.0	0.3	4.0	—	0.5 Ti	42.2
	29-4-2	29.0	2.0	4.0	—	—	42.2
二相系	SUS 329 J 1	25.0	4.5	1.5	—	—	30.0
	SUS 329 J 4 L (DP 3)	25.0	7.0	3.0	0.15	0.3 W	37.8
	SUS 329 J 4 L (DP 3 N)	25.3	7.0	3.0	0.3	0.4 W	41.3
	DP 3 W	25.0	6.7	3.0	0.3	2 W	42.4
	SAF 2507	25.0	7.0	3.8	0.3	—	41.9
オーステナイト系	904 L	20.0	25.0	4.5	—	—	34.9
	HR 8	20.0	25.0	5.0	—	0.4 Ti	36.5
	AL 6 X	20.0	25.0	6.0	—	—	39.8
	AL 6 XN	20.0	25.0	6.0	0.2	—	45.8
	254 SMO	20.0	18.0	6.0	0.2	—	45.8

*: Cr+3.3 Mo (フェライト), Cr+3.3 (Mo+0.5 W)+16 N (二相), Cr+3.3 Mo+30 N (オーステナイト)

表6.7 二相ステンレス鋼の主な用途[10]

環境・用途(要求特性)	用途例
塩化物環境 (耐 SCC 性, 耐孔食性, 耐すき間腐食性)	海水熱交換器, 海水ポンプ, バルブ 海洋開発機器 (海水淡水化装置, 海水揚水発電装置) 地熱発電用機器, 製塩プラント 公害防止装置 (排煙脱硫装置, ゴミ焼却装置, 廃液濃縮装置他) 化学プラント (合成ゴムプラント, 塩化ビニール重合槽, 塩化メチレン熱交, スチレンモノマープラント, 樹脂プリント他) 石油掘削用機器 (油井管, ラインパイプ) 製紙用機器 (パルプ漂白フィルター他) 貯水槽 (ビル屋上タンク他), 石炭乾燥設備 ケミカルタンカー (タンク他), 食品機械, 繊維, 染色機械
酸環境 (耐全面腐食性) (耐粒界腐食性)	希硫酸, 硫安, 燐酸, 蟻酸, 酢酸プラント (塔槽, 熱交, 配管, ポンプ, バルブ他) 硝酸プラント (硝酸濃縮装置, 繊維原料プラント他) 尿素プラント
構造用 (高強度, 耐摩耗性)	各種遠心分離器の回転体, 攪拌機のシャフト, ナットスラリー用バルブ, 抄紙機ロール 水門戸当たり材, クランクアーム 合成繊維紡糸ノズル 車両用部品

[参 考 文 献]

1) 小若正倫, 鮎川光夫, 長野博夫：住友金属, **21**, 185, 1969
2) A.H. Tuthill and C.M. Schillmoller : INCO Information, "Guidelines for Selection of Marine Materials"
3) 東　茂樹, 長野博夫：日本海水学会誌, **52**, 367, 1998
4) ステンレス協会編：ステンレス鋼便覧（第3版）, 日刊工業新聞社, 1994
5) 日刊工業新聞社編：ステンレス鋼便覧, 1973
6) 小若正倫, 長野博夫, 鈴木英次郎：鉄と鋼, **65**, 1953, 1979
7) R. Baboian : Localized Corrosion—Cause of Metal Failure, ASTM STP 516, p.145, 1972
8) P.J. Brigham and E.W. Tozen, Corrosion, **30**, 161, 1974
9) 天谷　尚, 幸　英昭：まてりあ, **35**, 231, 1996
10) 日本材料学会腐食防食部門委員会：二相ステンレス鋼の上手な使い方－その特性と使用実績, 1999
11) R.R. Irving : Iron Age, **Dec.5**, 68, 1983
12) 長野博夫：住友金属, **33**, 15, 1981

7 環境脆化と応力腐食割れ対策

環境脆化とは，金属材料に負荷応力や残留応力がかかり，限界的な条件で使用されるとき，材料に割れが発生，進展してプラント，構造物等に大きな被害をもたらす現象である．応力腐食割れ，水素脆化や腐食疲労などはその代表例であり，環境脆化により被る被害は，単に経済的損失，資源・エネルギーの損失にとどまらず，環境汚染ひいては人的損害にまで至ることもある．ここでは，代表的な環境脆化現象である応力腐食割れと水素脆化に注目し，これらの特徴，損傷事例やその防止法を述べるが，腐食疲労については第9章に譲る．

7.1　環 境 脆 化

材料を取り巻く環境は多種多様であり，とりわけ気体または液体環境の影響を強く受け，プラント，構造物等が異常な低荷重または短寿命で破壊することがある．このような環境脆化（environmental embrittlement）は各種装置材料・構造物の安全・信頼性向上の観点においてきわめて重要な課題であるため，その原因究明と抜本的防止策の確立に腐心しているのが実情である．金属表面ならびに金属内部で進行する環境脆化現象は，図7.1[1),2)]に示すように金属，機械工学，化学，腐食科学のいずれにも深く関わって学際色が強く，議論の対象も原子オーダーのナノメートルから実用部材のメートルオーダーまできわめて広範囲に及ぶ．このように影響因子が複雑に絡む環境脆化現象は，当然のことながらどの影響因子に注目するかによってその防止対策や展望が大きく異なる．

7.2　応力腐食割れ現象

7.2.1　特徴と割れ機構

金属材料は引張応力下で，材料特有の腐食環境に曝されると脆性的に破壊し，このような現象を応力腐食割れ（stress corrosion cracking, SCC）とい

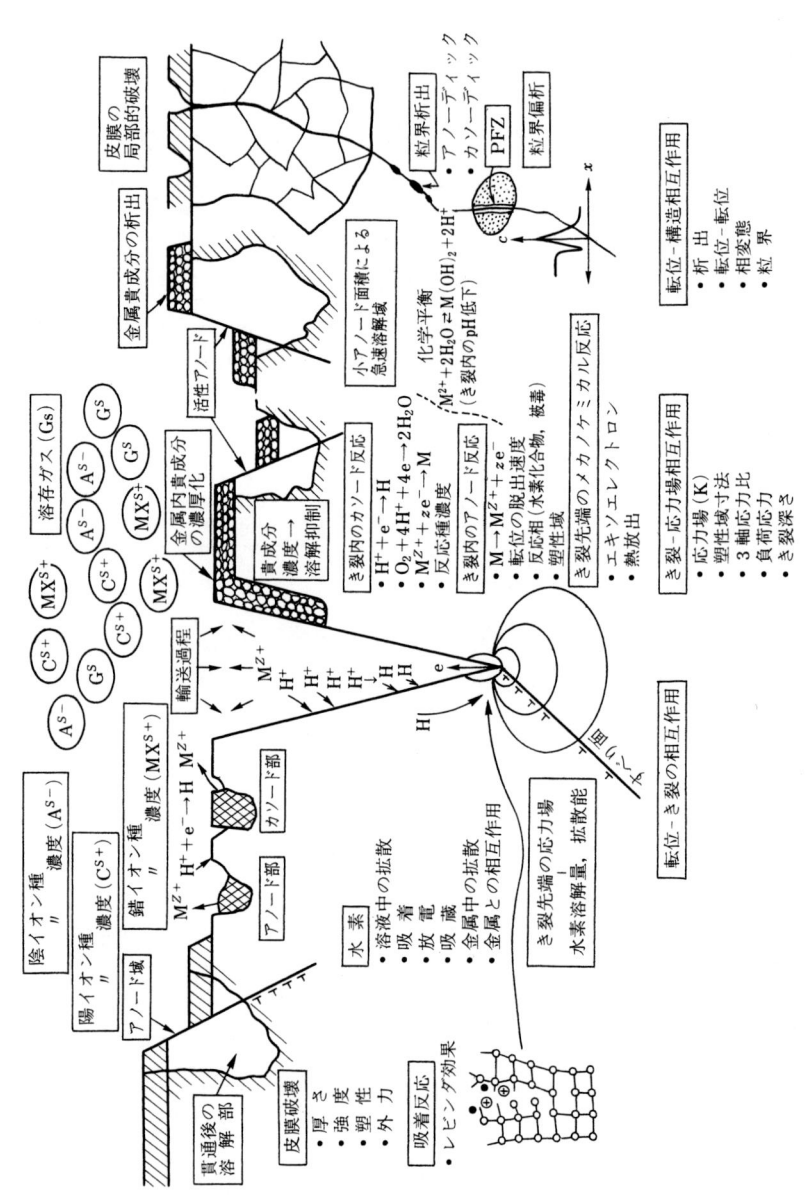

104　第7章　環境脆化と応力腐食割れ対策

図7.1　環境脆化に関与する諸現象[1),2)]

7.2 応力腐食割れ現象

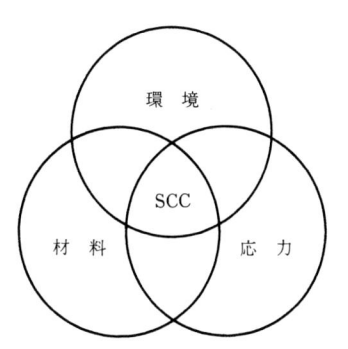

図7.2 応力腐食割れ発生の影響因子

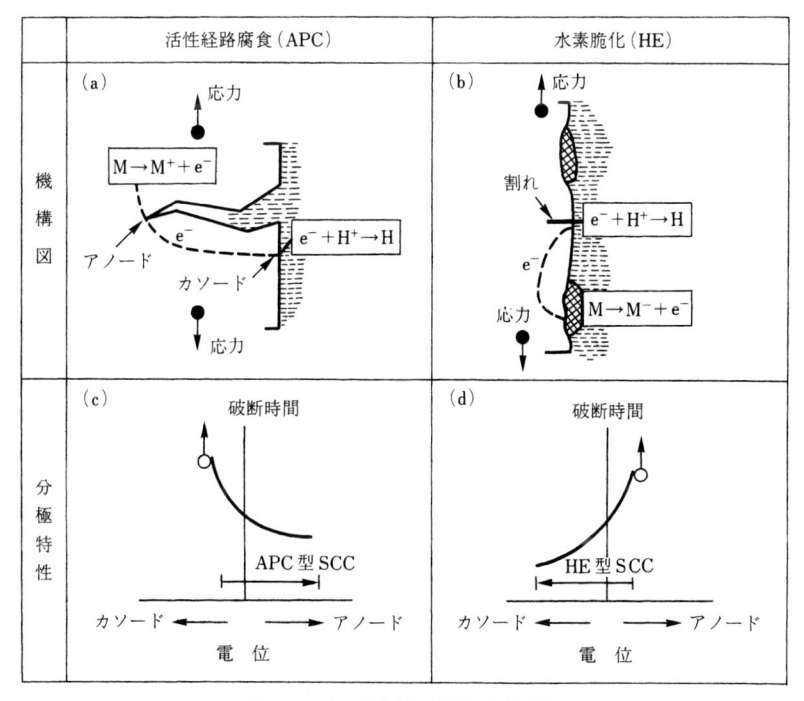

図7.3 応力腐食割れ機構と分極特性

う．図7.2はその影響因子を模式的に示したものであり，SCC は環境因子（化学種，pH，分極，割れ電位域，臨界電位など），材料因子（合金元素，格子欠陥，偏析，析出，熱処理，加工など）および応力因子（塑性すべり，残留応力，破壊様式，き裂進展速度，下限界応力拡大係数など）の3つが同時に作

表7.1 応力腐食割れを生じる材料と環境の組み合わせ[5]

合　金	環　境	合　金	環　境
炭　素　鋼 低　合　金　鋼	NaOH 水溶液 NaOH＋Na_2SiO_3 水溶液 硝酸塩水溶液 HCN 水溶液 $CO＋CO_2＋H_2O$ ガス液（$CO_2＋HCN＋H_2S$ 　＋NH_3） 液体アンモニア H_2S 水溶液 海水 混酸（$H_2SO_4＋HNO_3$） $CO_3^{2-}＋HCO_3^-$	Cu-Zn Cu-Zn-Sn Cu-Zn-Pb Cu-Zn-Ni Cu-Sn Cu-Sn-P Cu-As Cu-Zn-Si Cu-Zn-Sn-Mn	NH_3 蒸気 水溶液アミン NH_3 $NH_3＋CO_2$ 空　気 水，水蒸気
		モ　ネ　ル	沸騰 75% NaOH 水溶液 有機塩化物 Hg 化合物 水蒸気（427℃以上） HF ケイフッ化水素酸
オーステナイト系 ステンレス鋼	塩化物水溶液 海　水 高温水 苛性アルカリ水溶液 ポリチオン酸水溶液 $H_2SO_4＋NaCl$ HCl $H_2SO_4＋CuSO_4$ H_2S 水溶液	Au-Cu Ag-Pt Mg-Sn Mg-Al Mg-Al-Zn-Mn	$FeCl_3$ 水溶液 $FeCl_3$ 水溶液 $NaCl＋K_2CrO_4$ 水溶液 Na_2SO_4 または NaCl＋ 　K_2CrO_4 水溶液 水
マルテンサイト系 ステンレス鋼	海　水 NaCl 水溶液 $NaCl＋H_2O_2$ 水溶液 NaOH 水溶液 NH_3 水溶液 硝　酸 硫　酸 $H_2SO_4＋HNO_3$ 水溶液 H_2S 水溶液 高温高圧水 高温アルカリ	ニ　ッ　ケ　ル	溶融 NaOH HCN＋不純物 硫　黄（260℃以上） 水蒸気（427℃以上）
		イ　ン　コ　ネ　ル	HF ケイフッ化水素酸 NaOH 水溶液 　（260℃〜427℃） 濃縮ボイラー水 　（260℃〜427℃） 水蒸気＋SO_2 濃 Na_2S 水溶液
Al-Zn	空　気 $NaCl＋H_2O_2$ 水溶液	チタン，Ti 合金	赤色硝酸 硫酸ウラニル 塩　酸 溶融 NaCl 有　機　酸 海　水 食　塩　水 トリクロルエチレン
Al-Mg	NaCl 水溶液 空　気		
Al-Mg Al-Cu-Mg Al-Mg-Zn	海　水		
Al-Zn-Cu	NaCl 水溶液 $NaCl＋H_2O_2$ 水溶液		
Al-Zn-Mg-Mn Al-Zn-Mg-Cu-Mn	海　水	鉛	$Pb(CH_3COO)_2＋HNO_3$ 　水溶液 地　中 空　気
Cu-Al	NH_3 水　蒸　気		

7.2 応力腐食割れ現象

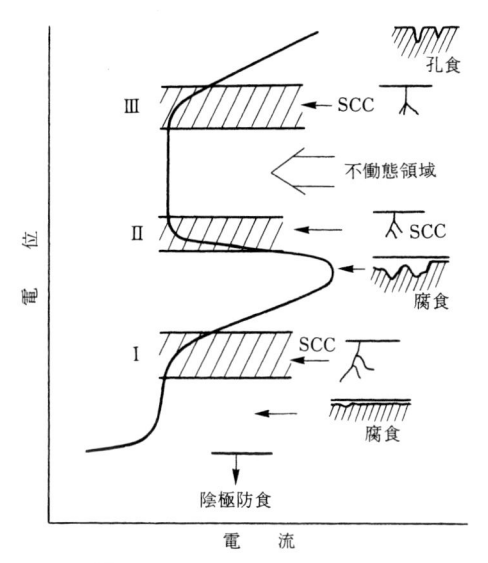

図7.4 応力腐食割れの電位依存性[6]

用したときに発生し,どれか1つの因子が欠けても割れは発生しない.このような広義のSCCは,電気化学的観点から図7.3に示す活性経路腐食（active path corrosion, APC,いわゆる狭義のSCC）と水素脆化（hydrogen embrittlement, HE）に大別される[3),4)].APC-SCCでは金属が局部的にアノード溶解し,腐食が進行して割れの形態をとり,金属をアノード分極することで割れの寿命が短くなる.一方,HE-SCCは水素脆性割れ（hydrogen cracking）と呼ばれ,カソード反応によって発生した水素が金属中に侵入して割れを生じる.電気化学反応は類似しているが,割れの発生,進展する場所が異なり,APC-SCCの主な特徴をあげると以下のようになる.

a) 割れは純金属で起こりにくく,ほとんど全ての合金に認められる.
b) 割れを起こす環境は合金の種類によって特有であり,強酸性環境よりも弱酸性からアルカリ性環境中が多い（表7.1[5)]）.
c) 割れは引張やせん断応力が作用するときにだけ起こり,またすべりが生じる程度の小さな応力条件下でも生じる.
d) 割れは電位の影響を大きく受け,図7.4[6)]に示すように活性態/不働態境界近傍など特定の電位域で起こり,カソード分極によって抑制できる.

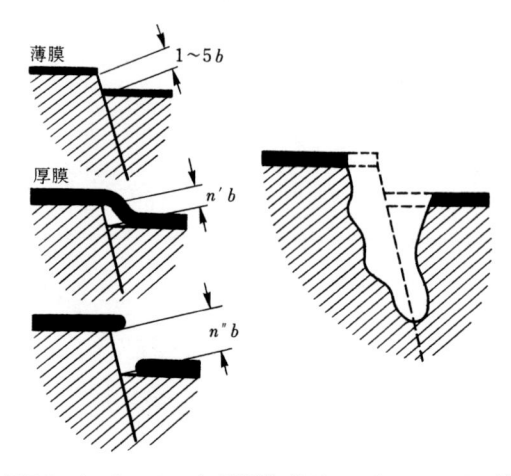

図7.5 すべりステップの溶解説（b はバーガースベクトル）[7]

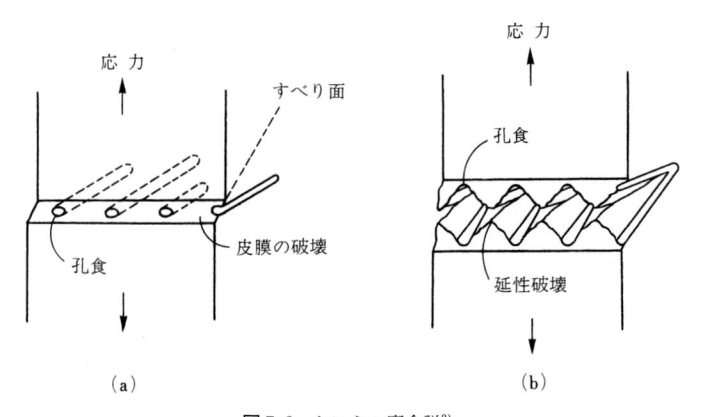

図7.6 トンネル腐食説[8]

e) 割れの形態には粒内割れと粒界割れがあり，材料，環境，応力の相違によって一義的に決まらない．

これまでに提案されたSCC機構[3]について，1段階説では電気化学的溶解によって割れが発生，伝播すると考える．すなわち，塑性変形によって発生した転位や空孔などの格子欠陥，欠陥部への偏析や相変態などが腐食に対して活性経路を提供し，その箇所が大きな溶解速度を示すいわゆるメカノケミカル反応によって割れに至るという説である．応力によるアノード溶解の加速現象に注目する電気化学説，すべりステップによる不働態皮膜の破壊とそれに続く新

生面の活性溶解に注目する皮膜破壊説（図7.5[7]）などは1段階説に属する．これに対して2段階説では，割れの発生，伝播が溶解反応だけではなく機械的破壊を重視する．腐食は食孔（ピット）など機械的破壊を起こすための応力集中源を作る役割を果たし，伝播は主として機械的破壊によると考える．これに関連する現象として図7.6[8]に示すトンネル腐食説が提案されている．この他，特定の化学種が金属表面に吸着し表面エネルギーを低下させて割れやすくなるという応力吸着説，腐食生成物などが割れを開口して伝播させるというくさび効果説などあるが，すべてのSCC現象を矛盾なく説明できるものはない．

7.2.2 試験法

SCC研究は，環境因子や電位の経時変化などに注目する電気化学的研究，材料組成や組織，加工，熱処理などに注目する材料学的研究の両面からなされることが多い．一方，試験法は応力負荷の相違から定歪法，定荷重法，低歪速度法および破壊力学法に分類され，表7.2[3]に示すような特徴がある．

1) 定歪法：試験片に一定の歪を与え，腐食環境に浸漬してSCC発生時間や深さを調べて割れ感受性を評価する方法であり，ベント・ビーム法，U-ベンド法，CBB (creviced bent beam) 法，C-リング法などに大別できる．ベント・ビーム法は短冊試験片に一定の弾性歪を与える方法であり，支点の数により3点，4点支持法がある．すき間付き二重U-ベンド法はCBB法と同様に割れを加速する代表的な試験法である．

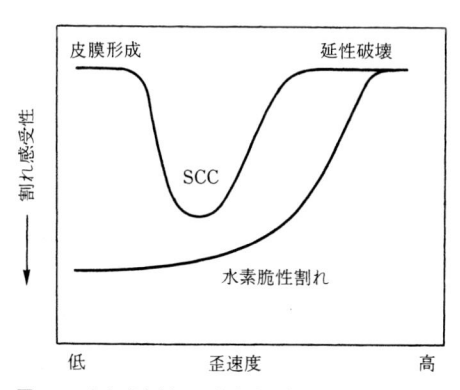

図7.7 応力腐食割れと水素脆性割れの歪速度依存性

表7.2 応力腐食割れ試験法の特徴[3]

試 験 法	評 価 法	利 点	欠 点
定 歪 法	1. 割れ時間（t_i） 2. 割れ深さ	1. スクリーニングテストに便利である 2. 多数の試験片を同時に試験可能である 3. 実環境での試験が容易である	1. 力学条件が不明確である 2. 定量化が困難である 3. 設計データとして使用困難である
定荷重法	1. 破断時間（t_f） 2. 限界応力値（σ_{th}） 3. σ_{th}/σ_y	1. 破断時間で定量的に評価できる 2. 力学的条件が明らかである	1. き裂が入ると歪速度が著しく大きくなり材料の割れ感受性を検出しえない場合がある 2. 装置が高価である
定歪速度法	1. 破断時間 2. 最大応力歪量 $\varepsilon\sigma_{max}$ 3. 最大応力値 σ_{max} 4. 破面率 5. 断面収縮率	1. 短時間で評価できる 2. 伝播に関する知識が得られる	1. き裂発生過程を無視している 2. 多数の試験片を同時に試験できない 3. 装置が高価である
破壊力学法	1. K_{ISCC} 2. da/dt 3. 破面率	1. 伝播に関する知識が得られる 2. 力学的条件が明らかである（K_{ISCC}などの値は強度設計に使える）	1. き裂発生過程について，何ら情報が得られない 2. 試験片の製作費がかさむ

2) 定荷重法：試験初期に所定の荷重を試験片に負荷して破断に至るまでの時間や腐食電位を測定し，SCC感受性は破断時間（t_f）や限界応力値（t_{th}）で評価される．腐食電位の経時変化から破断時間を割れの誘導期間（t_i）と伝播期間（t_p）に分けられる．

3) 低歪速度法：一定歪速度条件下で応力-歪曲線を調べ，非腐食性環境下に対する破断歪比，最大応力比や破壊エネルギー比などによりSCC感受性を評価する．また，本法は図7.7に示すようにSCC感受性の歪速度依存性を調べて割れ機構を評価するには有効である．

4) 破壊力学法：破壊力学はき裂，欠陥，試験片の寸法・形状や荷重条件など力学的境界条件を標準化するもので，力学的条件の相違する実験データの客観的な比較が可能となる．き裂先端の応力状態が平面歪条件を満足する破壊力学試験片を用いて応力拡大係数（K_I）とき裂進展速度（da/dt）の関係を調べ，き裂進展の下限界値（K_{ISCC}）を求めて強度設計基準が得られる．

表7.3 応力腐食割れ損傷事例の環境別分類[9]

材質	環境要因	件数	比率%
炭素鋼 低合金鋼 (22.3%)	硝酸塩水溶液 シアン化物水溶液 液体アンモニア アルカリ	12 12 15 23	4.1 4.1 5.1 7.9
α-ステンレス鋼	高温高圧水	3	1.0
γ-ステンレス鋼 (71.2%)	塩化物水溶液 ポリチオン酸 アルカリ 高温高圧水	178 9 1 20	61.0 3.1 0.3 6.8
チタン	過酸化窒素	1	0.3
銅合金 (6.2%)	淡水 大気	16 2	5.5 0.7
計		292	

7.3　各種実用材の応力腐食割れ

金属材料の環境脆化現象は多岐広範にわたり；とりわけ化学プラントで経験されるステンレス鋼のSCCは代表的な環境脆化の1つである．表7.3[9]は損傷事例の約40%を占めるSCCを環境別に分類したものであり，塩化物水溶液中のオーステナイト系ステンレス鋼が60%にも達し，その重要性がうかがえる．ここでは，ステンレス鋼を始めとして各種実用材のSCCについて述べる．

7.3.1　ステンレス鋼

熱交換器におけるSCC事例を図7.8[10]に示す．割れはCl$^-$イオン濃度が高く，プロセス流体温度が比較的高い範囲において発生する．溶接部では高い残留応力のため低温度，低Cl$^-$イオン濃度においても割れを生じている．SCCは主としてCl$^-$イオンが存在し，溶液温度が高いほど生じやすいことから，オーステナイト系ステンレス鋼のSCC試験液として高濃度沸騰$MgCl_2$溶液を多く用いられる．図7.9[11]はその試験結果であり，溶液濃度（温度）の増加とともに表面の耐食性が失われ，割れ発生までの誘導期間が長くなる．逆に割れ伝播期間は金属の溶解現象に関係しているため短くなり，必ずしも実環境の

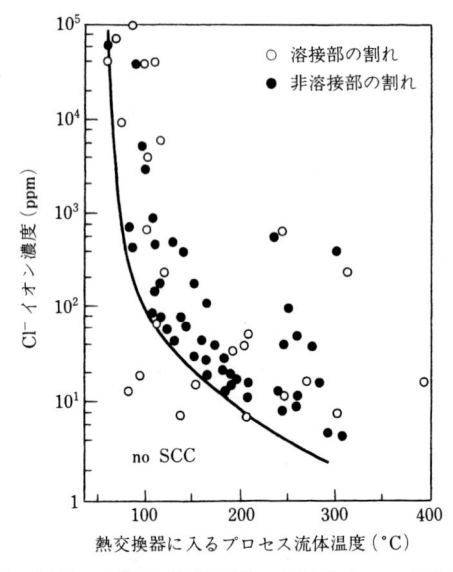

図 7.8 ステンレス鋼の応力腐食割れに及ぼすプロセス流体温度と Cl^- イオン濃度の関係[10]

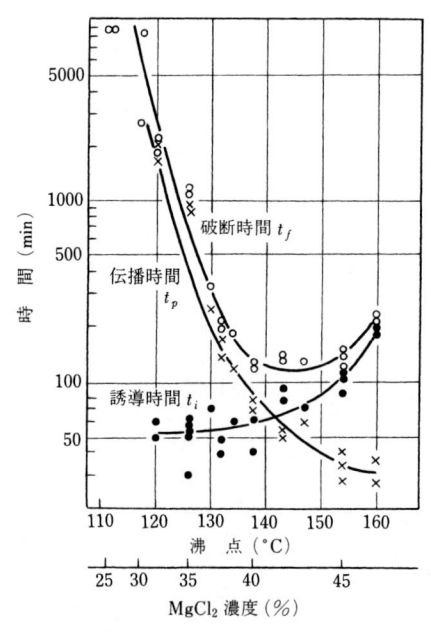

図 7.9 304 ステンレス鋼の $MgCl_2$ 溶液中における応力腐食割れに及ぼす濃度（温度）の影響[11]

7.3 各種実用材の応力腐食割れ

表7.4 各種塩化物溶液における応力腐食割れに及ぼす成分元素の影響[3]

成分元素	成 分 元 素 の 影 響		
	沸騰 45% $MgCl_2$	沸騰 35% $MgCl_2$	沸騰 20% NaCl +1% $Na_2Cr_2O_7$
C	○	○	○*
Si	○	□	□
Cr	×	□	□
Mo	×	○	○
Cu	×	○	○
P	×	×	×
N	×	×	×
Ni	○	○	○

注)○:有効 ×:有害 □:大きい影響なし
 *:粒内割れに対して有効

SCCと対応しない.表7.4[3]に各種塩化物溶液における成分元素の影響を示す.SCCに対してNi,C,Siは有効な元素であり,有害な元素はCr,Mo,Cu,P,Nである.しかし,溶液条件によって割れ感受性に対する合金元素の影響が異なり,特に中性塩化物溶液中の割れは孔食やすき間腐食を起点として成長するので,高CrでMo,Cu,Si,N含有のオーステナイト系ステンレス鋼が耐SCC性に優れる.

一般に,ステンレス鋼のSCCは塑性変形によりすべりステップが形成して不働態皮膜が破壊され,それに続く活性溶解が割れ発生の初期段階であると見なされている.この条件として微細すべりより粗大すべりによる新生面の露出が必要であり,これには積層欠陥エネルギーに大きく影響を及ぼす上述の合金添加元素の寄与が大きい[8].図7.10[12]はステンレス鋼単結晶のSCC発生初期段階を示しており,主すべり面 ($1\bar{1}1$) 面に沿ったすべりステップの箇所には明瞭な腐食溝が観察できる.粒内割れの発生は転位の堆積に基づく活性箇所のアノード溶解機構に関連づけることが多いが,試験条件によっては粒界,孔食からの割れ発生やすき間効果を考慮した検討が必要である.たとえば,硫化物を含む高温環境(約600℃)で生成したFeSなどが常温において空気,水と反応してポリチオン酸を生成し,図7.11[13]に示すように粒界型SCCが発生する.このような割れは粒界のCr欠乏すなわち鋭敏化に基づくことから,極低炭素304L,316L,炭素安定化321,347ステンレス鋼が耐SCC性に優れる.

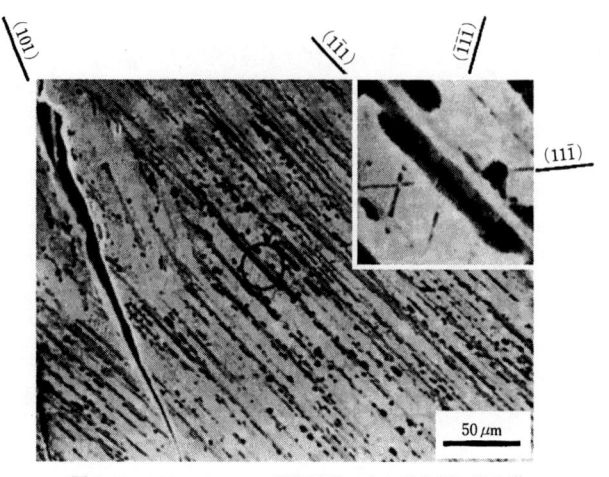

図 7.10 304 ステンレス鋼単結晶の応力腐食割れ発生[12]

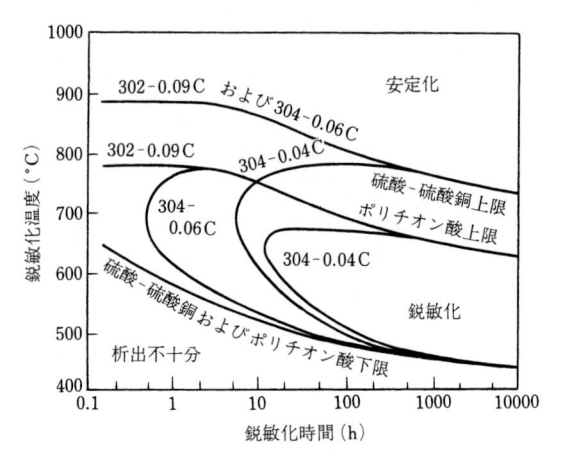

図 7.11 304 ステンレス鋼のポリチオン酸および硫酸
—硫酸銅溶液中における粒界腐食性[13]

　一方，フェライト系ステンレス鋼はオーステナイト鋼が容易に SCC が発生する高濃度塩化物環境において免疫的である．しかし，図 7.12[14] に示すように Ni や Cu を添加すると割れ感受性が現れる．また，オーステナイト組織を冷間加工したり，フェライト形成元素を添加したりしてフェライト相を多くすると割れにくくなる．図 7.13[15] は二相ステンレス鋼の耐 SCC 性を示したものであり，Ni を少量含むフェライト（α）組織が最も割れ感受性が高く，つい

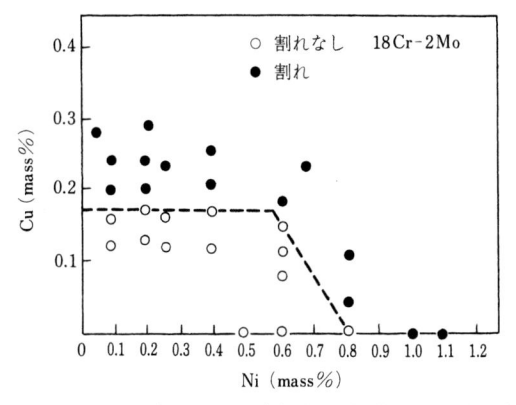

図7.12 18Cr-2Mo鋼のMgCl$_2$溶液（140°C）中における応力腐食割れに及ぼすNi，Cuの影響[14]

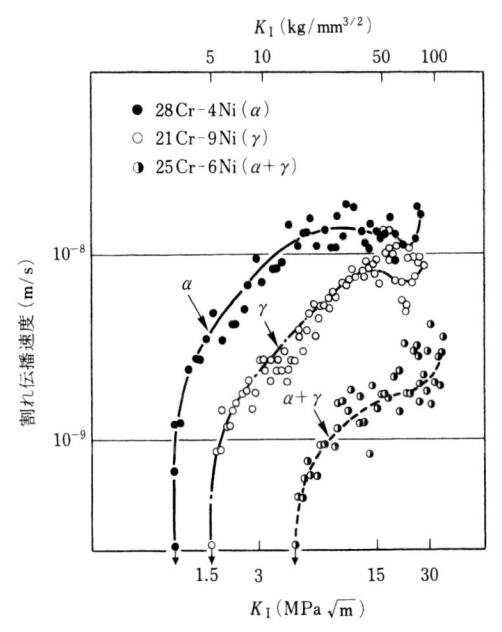

図7.13 二相ステンレス鋼の沸騰45% MgCl$_2$溶液（154°C）中における応力腐食割れ[15]

でオーステナイト（γ）組織，（$\alpha+\gamma$）二相組織の順に割れ感受性が小さくなる．すなわち，二相ステンレス鋼は割れ伝播速度が最も小さく，K_{ISCC}の値も高くなる．

7.3.2 炭素鋼および低合金鋼

炭素鋼のSCCは腐食環境によって異なり，その電位依存性を図7.14[16]に示す．カセイソーダ環境におけるSCCは狭い電位域で発生しているが，硝酸塩や液体アンモニウム溶液中ではかなり広い電位域で割れが発生する．硝酸塩溶液中でのSCCは硝酸アンモニウム製造装置でよく経験される．硝酸塩溶液中では，粒界に偏析するCが原因して応力が付加されない場合に粒界腐食が生じるため，そのSCC感受性は鋼中の炭素量や熱処理条件の影響を強く受け

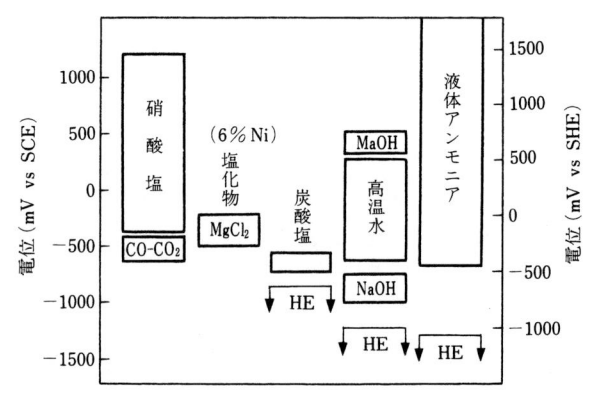

図7.14 炭素鋼の各溶液中における応力腐食割れ電位[16]

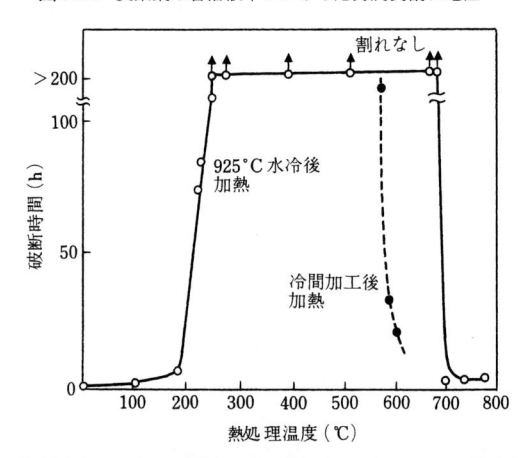

図7.15 炭素鋼（0.06 C）の沸騰60% $Ca(NO_3)_2$ + 3% NH_4NO_3 溶液における応力腐食割れに及ぼす熱処理の影響[16]

7.3 各種実用材の応力腐食割れ

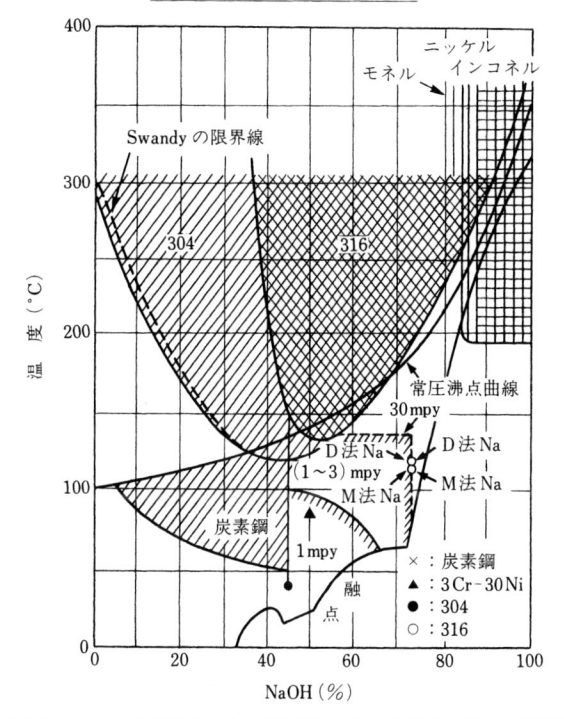

図 7.16 アルカリ溶液中の応力腐食割れに及ぼす温度，濃度の影響[17]

る．焼鈍材では炭素量が多いほど炭化物が形成されて粒界への炭素の偏析が軽減され，割れ感受性が低下する．急冷材の場合は逆に高炭素側で SCC 感受性が高くなるが，$250 \sim 700°C$ で焼戻し処理を行えば図 7.15[16] に示すように耐 SCC 性が増大する．これは低温焼戻し処理で粒界に原子状 C, N が Fe_3C, FeN_4 の形で析出し，割れ抵抗が増加するが，$700°C$ 以上での割れ感受性は析出物が再溶解することに原因する．アルカリ環境での SCC 事例としては，リベットボイラやカセイソーダを使用する装置類がある．この種の SCC 感受性をステンレス鋼や Ni 基合金と比較すると図 7.16[17] のようになる．炭素鋼はステンレス鋼などに比べると割れ感受性が高く，また溶液濃度や温度に大きく依存する．その他の事例として液体アンモニウム貯蔵タンクの SCC がある．純粋のアンモニアでは SCC が発生しないが，溶存酸素や CO_2 が混入すると割れ感受性が現れる．また，H_2O を添加すると SCC を抑制することができる．

7.3.3 銅およびアルミニウム合金

　銅合金のSCCは時期割れ（season cracking）ともいわれ，古くからよく知られている．特にアンモニア環境におけるSCC発生には，共存物質として酸素が必要であり，Cl^-，Br^-などのアニオンは割れの発生を抑制する．黄銅は実用の銅合金において最もSCC感受性の大きい合金であり，pHが変化するとSCC感受性や割れ形態も変化する．図7.17[18]に示す電位-pH図において，pH 7〜10でα黄銅のSCC感受性が高く，これはCu_2Oと可溶性の$Cu(NH_3)_2^+$の遷移点に相当して不働態皮膜が溶解する領域である．割れ経路については強固な変色皮膜（tarnish film）が生成する場合に粒界割れが，それが存在しない場合に粒内割れがそれぞれ生じる．従来，純金属はSCCを生じないといわれていたが，架空電導体の異常断線を契機に，最近では純銅のSCCがアンモニア環境[19]や硝酸塩溶液中[20),21)]で確認されている．

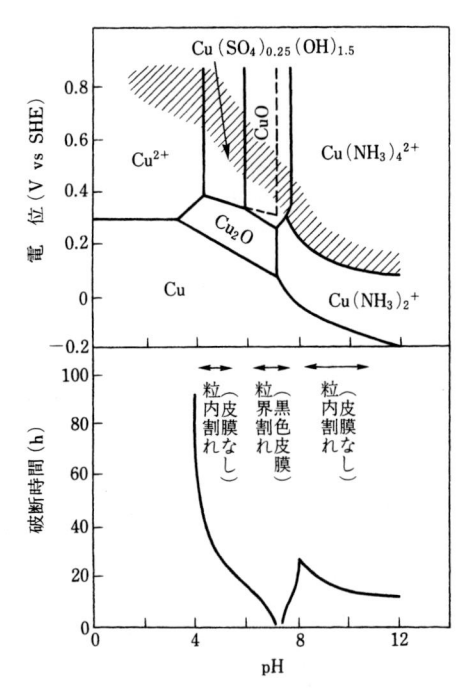

図7.17　Mattsson液（Cuイオンを含む$(NH_4)_2SO_4$溶液）におけるα黄銅の応力腐食割れ破断時間とpHおよび電位-pHの関係[18]

アルミニウム合金はCl^-イオンを含む環境でSCCを起こすが，純アルミニウムでは割れが生じない．アルミニウム合金は水分が存在すれば大気中でもSCCが生じ，水溶液中にCl^-，Br^-，I^-などのハロゲンイオンが存在すれば割れを加速する．また，SCC感受性は時効や加工組織の影響を強く受け，たとえば，板厚方向に応力を付加すると短時間に割れるが，長手方向の応力では割れにくい．ジュラルミンのような高力アルミニウム合金ではSCC感受性が高く，機構的には水素脆性割れである[22]．また，時効性アルミニウム合金では結晶粒界に析出物のない箇所すなわちPFZ (precipitate free zone) が生じ，これが優先的なアノード溶解となって粒界型SCCが発生，伝播するというPFZ関与説[23]の考え方もある．

7.3.4 チタンおよびジルコニウム合金

チタンおよびその合金は，一般に比強度が大きく，耐食性に優れているが，発煙硝酸，有機溶媒，溶融塩や塩化物溶液中においてSCCを起こす．たとえば，メタノール中ではチタン合金に限らず工業用純チタンも容易にSCCを起こすが，通常その割れ形態は粒界割れであり，粒内割れも一部混在することがある．この場合のSCCは不純物として存在するHCl，I_2，Br_2と水分によって生じ，水分が多くなれば割れの発生は抑制される．また，酸素を含むN_2O_4溶液中でTi-6Al-4V合金はSCCを生じるが，脱酸すれば割れは生じない．その反応は

$$N_2O_4 + 1/2\, O_2 + H_2O = 2\, HNO_3 \qquad (7.1)$$

により硝酸が生成するためと考えられている．さらに，無水発煙硝酸溶液中おいても粒界割れを生じ，水を添加すれば割れなくなることはよく知られている．

一方，ジルコニウムは周期律表のIVB族に属し，物理的・化学的性質がチタンと非常に似ているため，SCCも類似の環境で起こる．ジルコニウム合金の一種であるジルカロイ-2は熱中性子吸収断面積が小さいことから主に原子炉用燃料被覆管として用いられるが，塩酸を少量含むメタノール中で容易にSCCが生じる．この場合，粒界腐食反応時に吸蔵された水素により図7.18[24]に示すような擬へき開状の粒内破面（C部）が現れる．これには低エネルギー

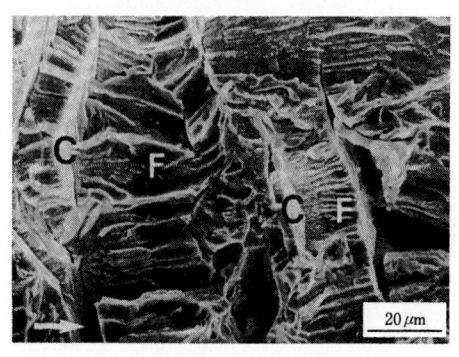

図7.18 ジルカロイ-2のCH$_3$OH/0.4% HCl溶液中の応力腐食割れ破面[24]

延性破壊によって形成された稠密六方晶金属特有のフルーティング（fluting, F部）と呼ばれる管状（あるいはトンネル状）の破面が混在し，Ti-6Al-4V合金の水素脆性割れでも同様に観察される[25]．

7.4 鉄鋼材料の水素脆化

鉄鋼材料の水素との出合いは，製鋼，熱処理，酸洗い，メッキや溶接などの製造過程から水素発生型腐食環境や高温高圧水素環境などの使用過程に至るまでさまざまである．水素脆化は，水素が吸着侵入し，特定の場所で集積してき裂が生じるもので，本質的には水素脆性割れと同様に考えてよい．しかし，厳密には低強度鋼における不可逆的な水素誘起割れ（hydrogen-induced cracking）や高温環境下での水素侵食（hydrogen attack）と区別される．水素脆化の主たる特徴をあげると以下のようになる．

a) 金属に引張強さ以下の応力を作用させると，ある時間経過後に破壊する，いわゆる遅れ破壊（delay fracture）である．
b) 水素濃度が増加すると，破壊応力や伸びが減少する．
c) 機械的強度，合金組織や前処理（予歪，冷間加工，硬化処理等）などに大きく依存し，とりわけ降伏強さの大きいものほど脆化が著しい．
d) 歪速度が遅いほど，また-100〜100℃の温度範囲で脆化しやすく，
e) 圧縮応力では脆化しない．

鉄鋼材料の水素脆化について，図7.19[26]に示すように高強度ほど脆化感受

7.4 鉄鋼材料の水素脆化

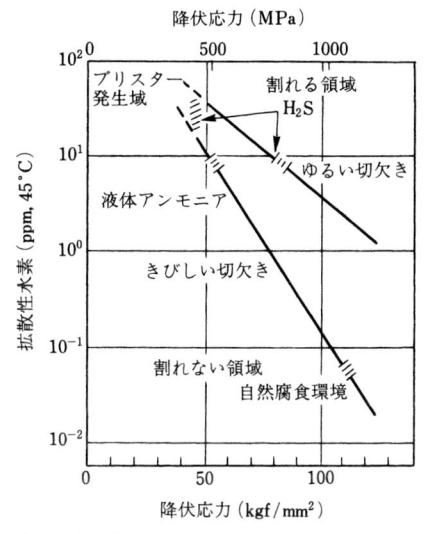

図7.19 高強度鋼の水素脆性割れに及ぼす降伏応力と拡散性水素量の影響[26]

性が高く，微量の水素量でも脆化する．また，水素濃度が高ければ軟鋼のような低強度鋼でも脆化して水素ふくれ（ブリスター）や水素誘起割れが生じる．油井用鋼管や石油精製の湿潤硫化性環境下において鋼表面では腐食反応に伴って水素が発生し，これが鋼中に拡散して高強度材に硫化物 SCC が生じる．

水素侵食は，高温高圧水素環境下において鋼中に水素が侵入し，炭化物や固溶炭素と

$$Fe_3C + 2H_2 = 3Fe + CH_4 \qquad (7.2)$$

のように反応して結晶粒界や非金属介存物周辺にメタン気泡が生成する．これが成長・合体してき裂を形成したり，また脱炭が生じて鋼材の強度と靱性を著しく低下させる現象である．図7.20[27]に示すようなネルソン図（Nelson diagram）は，高温高圧水素を取扱う装置材料の選定指針となっている．

オーステナイト系ステンレス鋼は高強度鋼に比べて水素脆化は起きにくいが，水素の溶解度が小さく，鋼中への拡散速度が速いフェライト系やマルテンサイト系ステンレス鋼では脆化感受性が大きい．オーステナイト系ステンレス鋼でも冷間加工によりマルテンサイト変態を起こす準安定鋼では水素脆化感受性が認められる．図7.21[28]に示すように成分組成上の Ni 当量（= Ni% +

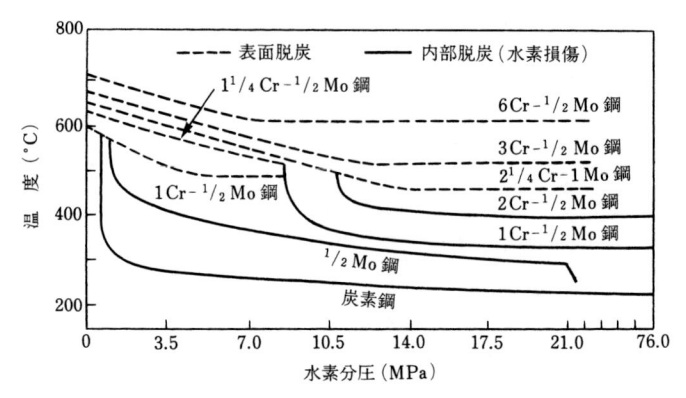

図 7.20 高温高圧水素中における鋼の使用限界[27]

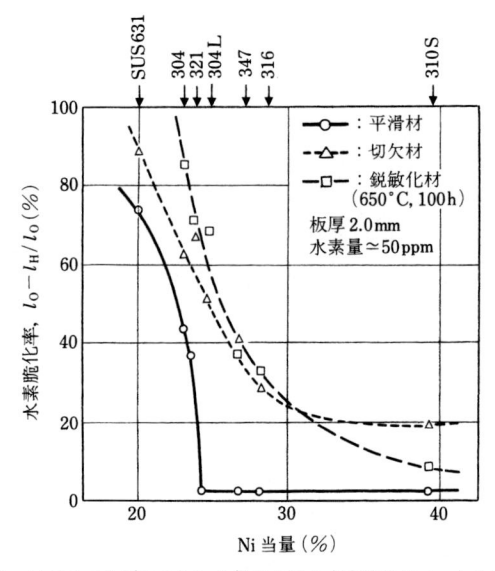

図 7.21 オーステナイト系ステンレス鋼における水素脆化のニッケル当量依存性
(l_0：水素フリー材の伸び，l_H：水素添加剤の伸び)[28]

0.65 Cr％ + 0.98 Mo％ + 1.05 Mn％ + 0.35 Si％ + 12.6 C％）が低く，オーステナイト相が不安定なほど水素脆化感受性が増加する．図7.22[29]は，準安定301ステンレス鋼（Fe-17％ Cr-7％ Ni）の沸騰 $MgCl_2$ 溶液中における SCC 破面である．冷間加工材では水素脆性割れが起こり，マルテンサイト組織に依存したラス状と板状模様の破面形態が観察できる．

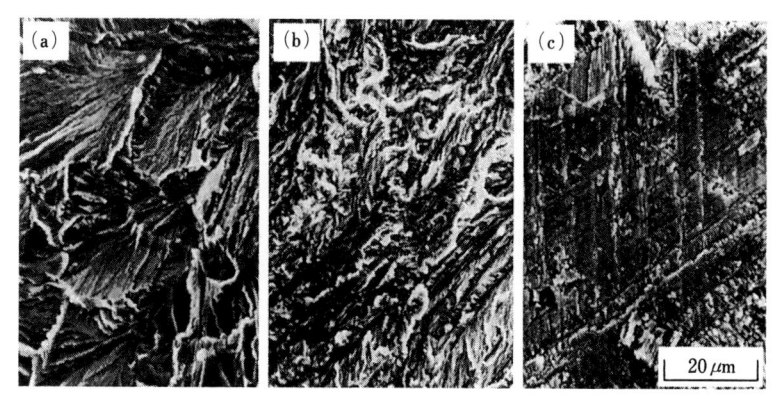

図 7.22 301 ステンレス鋼の沸騰 35% $MgCl_2$ 溶液（125°C）中における応力腐食割れ破面形態[29]
(a) 溶体化処理材，(b), (c) −78°C で 20% 引張加工

7.5　防止対策

　SCC 防止の基本的な考え方は図 7.23[30] のように整理できる．割れが不働態化を必須条件として発生することから，他の腐食防食法と同じように速度論的対策のものが多い．このような対症療法を有効に駆使するためには，SCC の律速要因を十分に把握していることが大切である．陰極防食や腐食環境からの材料の隔離という平衡論的対策もあるが，実施に当たって多くの制約がある．割れ発生の検知も SCC を最小限に止めるためにはこれからの重要な技術分野である．

　1）材料対策：材料面からの防止対策を考える場合には，まず SCC を起こす材料と環境の組合せ（表 7.1 参照）の回避することである．この際，図 7.24[31] のようなデータが材料選定に使用できる．一般には高級材料への代替となるが，別種の防止対策や防食法を併用すれば低級材料の代替も不可能ではない．図 7.25[32] に耐 SCC ステンレス鋼を選ぶ場合の指針を示す．また，残留応力や鋭敏化を押えるための溶接管理，熱処理管理を徹底させることも重要な材料対策である．

　2）環境対策：使用環境中の有害化学種がわかれば，これを減少あるいは除去することはいうまでもない．実際には有害化学種の濃縮によって SCC が加速し，

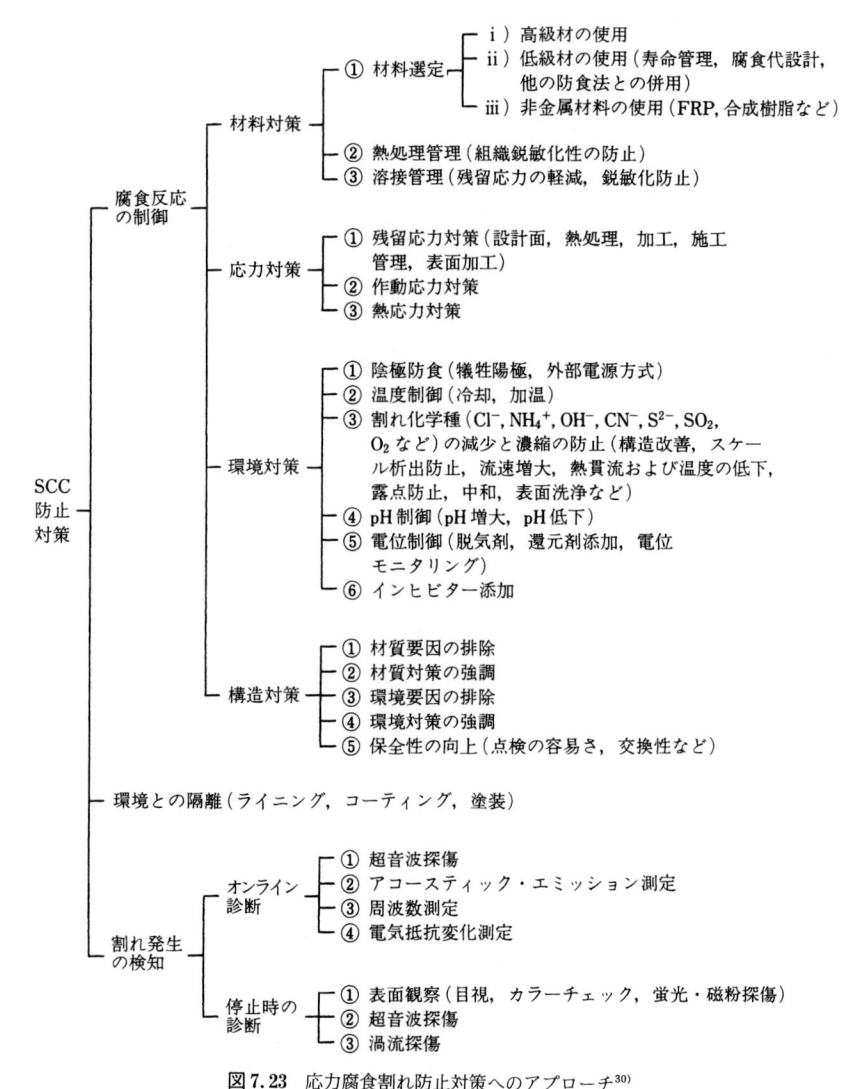

```
                                                    ┌ ⅰ) 高級材の使用
                                    ┌ ① 材料選定 ─┤ ⅱ) 低級材の使用（寿命管理，腐食代設計，
                                    │              │     他の防食法との併用）
                                    │              └ ⅲ) 非金属材料の使用（FRP, 合成樹脂など）
                        ┌ 材料対策 ─┤
                        │           │ ② 熱処理管理（組織鋭敏化性の防止）
                        │           └ ③ 溶接管理（残留応力の軽減，鋭敏化防止）
                        │
                        │           ┌ ① 残留応力対策（設計面，熱処理，加工，施工
            ┌ 腐食反応 ─┤           │     管理，表面加工）
            │ の制御    ├ 応力対策 ─┤ ② 作動応力対策
            │          │           └ ③ 熱応力対策
            │          │
            │          │           ┌ ① 陰極防食（犠牲陽極，外部電源方式）
            │          │           │ ② 温度制御（冷却，加温）
            │          │           │ ③ 割れ化学種（Cl⁻, NH₄⁺, OH⁻, CN⁻, S²⁻, SO₂,
            │          │           │     O₂ など）の減少と濃縮の防止（構造改善，スケー
            │          ├ 環境対策 ─┤     ル析出防止，流速増大，熱貫流および温度の低下，
            │          │           │     露点防止，中和，表面洗浄など）
            │          │           │ ④ pH制御（pH増大，pH低下）
  SCC       │          │           │ ⑤ 電位制御（脱気剤，還元剤添加，電位
  防止 ─────┤          │           │     モニタリング）
  対策       │          │           └ ⑥ インヒビター添加
            │          │
            │          │           ┌ ① 材質要因の排除
            │          │           │ ② 材質対策の強調
            │          ├ 構造対策 ─┤ ③ 環境要因の排除
            │                      │ ④ 環境対策の強調
            │                      └ ⑤ 保全性の向上（点検の容易さ，交換性など）
            │
            ├ 環境との隔離（ライニング，コーティング，塗装）
            │
            │                      ┌ ① 超音波探傷
            │          ┌ オンライン┤ ② アコースティック・エミッション測定
            │          │ 診断      │ ③ 周波数測定
            │          │           └ ④ 電気抵抗変化測定
            └ 割れ発生 ┤
              の検知   │           ┌ ① 表面観察（目視，カラーチェック，蛍光・磁粉探傷）
                       └ 停止時の ─┤ ② 超音波探傷
                         診断      └ ③ 渦流探傷
```

図 7.23　応力腐食割れ防止対策へのアプローチ[30]

a)　加熱面での蒸発による濃縮
b)　多孔質物質の接触部での加熱濃縮
c)　溶媒の蒸発による濃縮
d)　非水溶液/水溶液間の分配による濃縮

7.5 防止対策

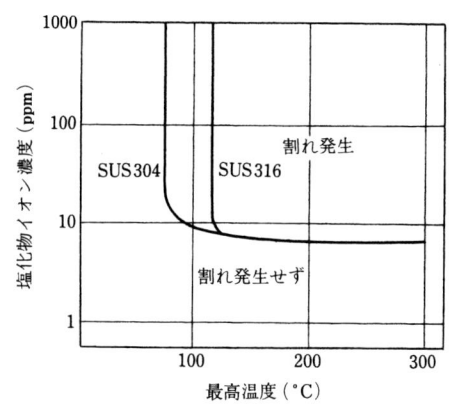

図 7.24 ステンレス鋼製の淡水冷却熱交換器伝熱管に応力腐食割れを生じた塩化物濃度と温度の関係[31]

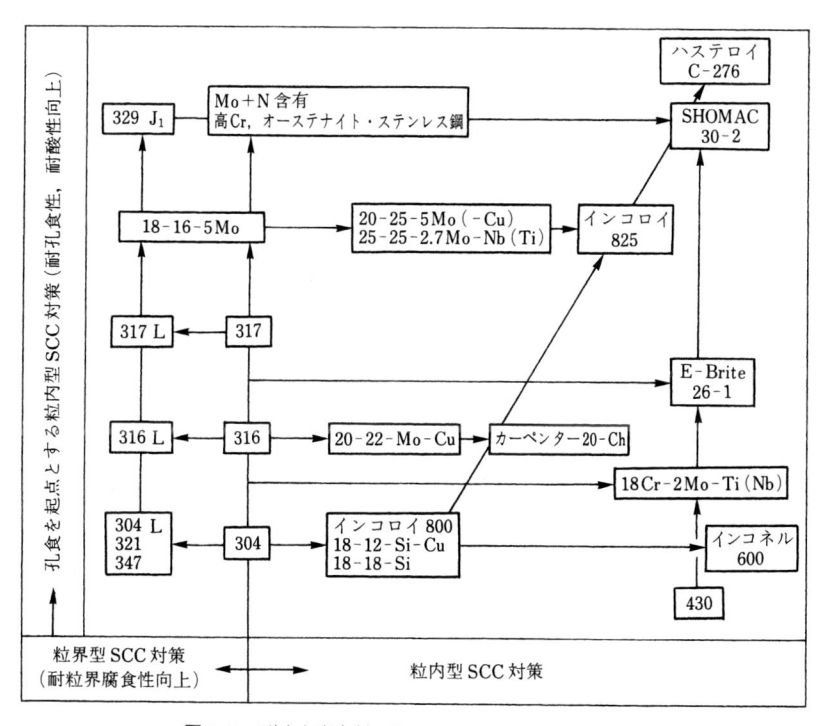

図 7.25 耐応力腐食割れ性ステンレス鋼の選択の指針[32]

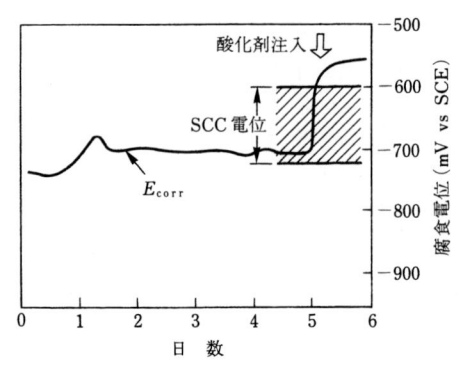

図 7.26 炭酸アルカリ実装置（炭素鋼）の腐食電位[33]

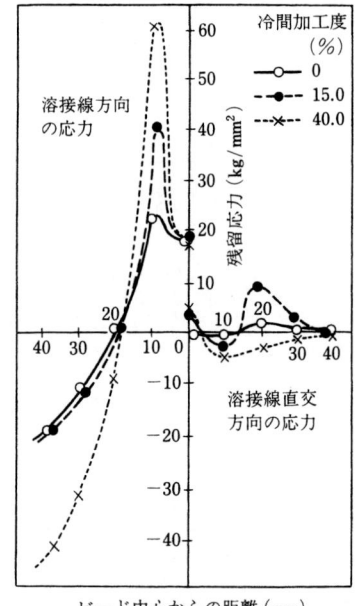

図 7.27 304ステンレス鋼溶接部の残留応力と溶接前の冷間加工の影響[34]

などの濃縮例[30]があり，遭遇する事例も多い．また，温度やpHの制御によってもSCCは抑えられるが，環境条件の変更はプロセスの運転条件の変更であり，必ずしもその制御が可能であるとは限らない．インヒビターの添加や電位を制御する電気化学的手法，脱気や酸化・還元剤の添加なども防止対策である．割れ発生電位が環境によって異なることからそのときの腐食電位を図

7.26[33]のようにモニターし，プロセス流体中に酸化剤を注入して割れ発生を防止できる．また，水素脆化を起す危険性の系でのカソード防食には専門的知見が必要である．

3) 応力対策：引張やせん断応力を除去すればSCCは起こらない．ショットピーニングなどの表面硬化処理により圧縮残留応力を付与するのも有効である．実機の損傷事例において応力源の大半は残留応力が占めており，とりわけステンレス鋼のような加工硬化性の大きい材料では加工により降伏強さが上昇すると，溶接による残留応力もその分高くなる．図7.27[34]によれば，溶接前に40％引張加工すると焼鈍材の3倍近い引張残留応力が発生する．したがって，溶接材や加工材は応力除去処理が行う必要があるが，材料の組織や強度変化と対応させて慎重に検討するがよい．

4) その他の対策：化学装置・機器がいったん事故を起こすと必ずといっていいほど構造面からの再検討が行われる．これらの対策はケース・バイ・ケース的対応も多いが，操業性や経済的にも有効な方法といえよう．たとえば，ごく微量のCl$^-$イオンでもSCCが起こるのはこれの濃縮が原因してしており，構造的には濃縮の起こさせない配慮が必要である．スケールや堆積物のできない流速の設定，温度低下による結露防止のための構造設計があげられる．また，運転・操業条件に対しても十分注意を払う必要があり，運転条件を容易に変更できるものではないが，これでSCCを防止できた事例もある．

［参考文献］

1) R.W. Staehle：Fundamental Aspect of Stress Corrosion Cracking, NACE, p. 7, 1969
2) 駒井謙治郎：構造材料の環境強度設計，養賢堂，p.143, 1993
3) 小若正倫：金属腐食損傷と防食技術，アグネ承風社，p.9, 131, 319, 1995
4) 村田雅人：構造材料の損傷と破壊，日刊工業新聞社，p.53, 1995
5) S.W. Shephard：Corrosion, **17**, 19, 1961
6) R.W. Staehle：The Theory of Stress Corrosion Cracking, NATO, Brussel, p. 223, 1971
7) T.J. Smith and R.W. Staehle：Corrosion, **23**, 117, 1967
8) H.W. Pickering and P.R. Swann：Corrosion, **19**, 373, 1963

9) 武川哲也, 三木正義, 石丸　裕：化学工学, **44**, 128, 1980
10) 西野知良：藤咲　衛：石油学会誌, **13**, 555, 1970
11) 小若正倫, 工藤赳夫：日本金属学会誌, **37**, 1320, 1975
12) H. Uchida and K. Koterazawa：Current Japanese Materials Research—Fractography, eds. R. Koterazawa, R. Ebara and S. Nishida, Elsevier Applied Science Publishers, **6**, 203, 1990
13) C.H. Samans：Corrosion, **20**, 256, 1964
14) R.F. Steigelwald, A.P. Bond, H.J. Dundas and E.A. Lizlov：Corrosion, **33**, 279, 1977
15) 小若正倫, 長野博夫, 工藤赳夫, 山中和夫：防食技術, **30**, 218, 1981
16) H.H. Uhlig and J. Sava：Trans. ASM, **56**, 361, 1963
17) 大久保勝夫, 徳永一弘：化学工学, **40**, 577, 1976
18) E. Mattsson：Electrochimica Acta, **3**, 279, 1961
19) 鈴木揚之助, 久松敏弘：防食技術, **23**, 29, 1974
20) T. Mimaki, Y. Nakazawa, S. Hashimoto and S. Miura：Metall. Trans., **21A**, 2355, 1990
21) 内田　仁, 井上尚三, 小山雅隆, 森井美佳, 小寺澤啓司：材料, **40**, 1073, 1991
22) R.J. Gest and A.R. Troiano：Corrosion, **30**, 274, 1974
23) A.J. Sedriks, P.W. Slattery and E.N. Pugh：Trans. ASM, **62**, 238, 1969
24) 内田　仁, 山田　学, 小寺澤啓司：材料, **37**, 1136, 1988
25) 圓城敏男, 黒田敏雄, 三井貴之：材料, **36**, 495, 1987
26) H. Okada：Proc. Int. Conf. on SCC and HE of Iron Based Alloys, NACE, Houston, p.124, 1977
27) 内藤勝之, 大塚尚武：設備診断予知保全実用事典, 大島栄次監修, フジ・テクノシステム, p.199, 1988
28) 野村茂雄, 長谷川正義：鉄と鋼, **64**, 288, 1978
29) 日本材料学会フラクトグフィ部門委員会編：フラクトグフィ, 丸善, p.91, 2000
30) 大久保勝夫：材料, **30**, 963, 1981
31) 化学工学協会・腐食防食協会・ステンレス協会：多管式熱交の応力腐食割れ—使用実績データ集, p.32, 1979
32) 遅沢浩一郎：防食技術, **27**, 256, 1978
33) 腐食防食協会編：金属の腐食・防食Q&A, 丸善, p.119, 1988
34) W. Watanabe and Y. Mukai：Proc. Fourth Int. Congress on Metalic Corrosion, p.83, 1972

8 疲労と腐食疲労の対策

通常，構造物を設計する場合，作用する応力が材料の強度を十分下回るように寸法・形状が決定される．しかし，最大負荷応力が静的な強度を十分下回っていても，繰返し応力が作用する場合，き裂が発生し構造物が破壊に至る場合がある．このような破壊現象を疲労と呼び，大気や水などが存在する地球環境においては大なり小なり腐食を伴い，腐食が重畳した現象として発現する．ここでは，疲労と腐食疲労およびそれらの対策について述べる．

8.1　疲労とは

疲労とは，静的破壊力より低い繰返し応力によって材料が破壊に至る現象である．すなわち，通常の破断強度よりも低い応力の繰返し負荷によって破壊が生じるため，疲労による破壊は予測し難く構造設計に取り込むことが困難な現象である．しかし，図8.1に示すように，機械・構造物の破損事故例[1]の様式別分類からわかるように，腐食環境などの影響が重畳した場合も含めて，疲労による損傷事例が多数を占めている．したがって，機械や構造物の設計や保守管理において，疲労を考慮することはきわめて重要である．

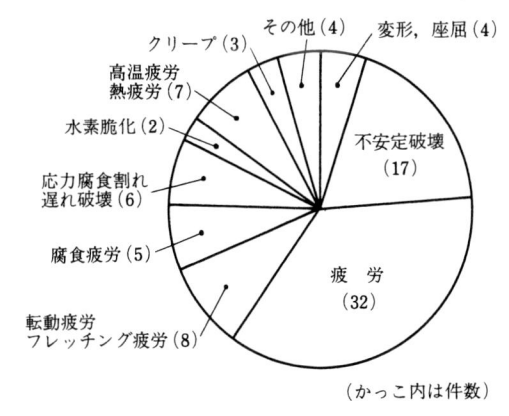

図8.1　機械構造物の破損事例の様式別分類[1]

最近の疲労破壊の重大な事例として,圧力隔壁の疲労に起因する1985年の日本航空機墜落事故や1995年の動力炉・核燃料開発事業団の高速増殖炉もんじゅの2次冷却管の疲労によるナトリウム漏洩事故など,設計上十分な強度を有する部材においても予期することが困難な疲労による事故が後を絶たない.

疲労を考慮して機械や構造物を設計する場合,疲労破壊を起こす危険がないように十分な安全寿命を確保する安全寿命設計(safe life design)と疲労損傷箇所を可能な限り早期に発見し補強や部品交換などで対処することを前提としたフェイル・セイフ設計(fail safe design)に大別できる.前者は安全を保証する立場からオーバースペックになりがちであり,き裂の発生自体が許容できない場合に限定される.2002年に首都高速や阪神高速の橋脚に疲労き裂が多数認められたことが報道されたが,この年に改訂された道路橋示方書[2]において,橋脚の設計に当たっては近年の厳しい重車両の交通実態を考慮して,疲労の影響を考慮するものとしている.

材料の耐疲労特性を評価する一般的な指標として,疲労強度(fatigue strength)が用いられる.この疲労強度は疲労試験で求められる疲労限度(fatigue limit)と時間強度の総称である.疲労限度は耐久限度(endurance limit)とも呼ばれ,無限回の繰返しに耐える応力の上限値である.実験的には無限回繰返し応力を与えるのは不可能なので,10^7回を上限とする場合が一般的である.なお,腐食の影響を受けない鋼の場合を除いては原則的に疲労限

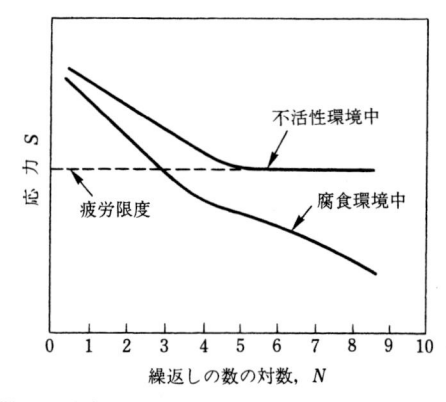

図8.2 腐食環境で繰返し応力を受けたときのS-N曲線

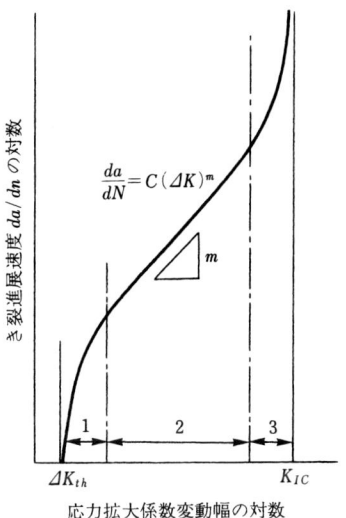

8.1 疲労とは

図8.3 き裂進展速度曲線

度は存在せず，10^n 回時間強度などで疲労強度を表す．

図8.2に示すように，疲労試験において応力（S）と破断に至る繰返し数（N）の関係を表す図をS-N曲線（S-N curve）あるいはウェーラー曲線（Wöhler curve）と呼ぶ．通常は縦軸には応力振幅をとる．N の増加とともにこの曲線は下降するが，鋼では 10^6 回以上で水平になる．このときの応力が疲労限度に相当する．なお，腐食環境の影響を受ける場合は同図に示すように鋼においても疲労限度は明確に現れない．

疲労き裂は，繰返し応力を受けて運動するすべり転位により表面に形成される固執すべり帯（persistent slip band），すなわち表面の特定部分に形成される繰返し塑性変形による突出しと入込みの集中した箇所を起点に，すべり面に沿って発生する．き裂の進展挙動は，図8.3に示すように，応力拡大係数（stress intensity factor）変動幅 ΔK を横軸に，き裂進展速度 da/dn（1サイクル毎のき裂伝ぱ距離）を縦軸にとり整理される場合が多い．左下でき裂進展速度が急激に低下し，進展速度が無視できる限界値がき裂進展の下限界応力拡大係数変動幅 ΔK_{th} である．さらに ΔK が上昇すると第2領域と呼ばれる安定なき裂進展領域が観察され，き裂進展速度は ΔK のべき乗に比例する

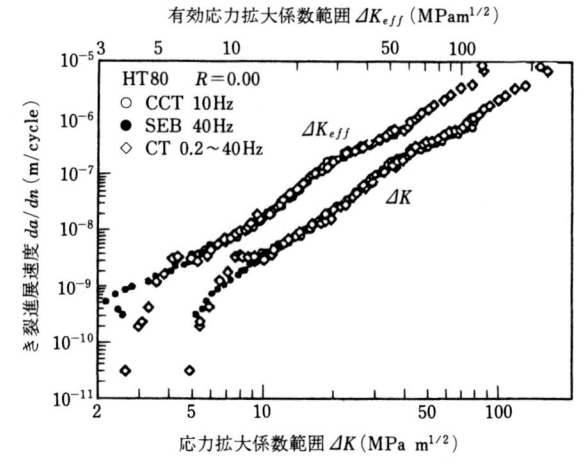

図8.4 高張力鋼 HT60 のき裂進展速度に及ぼす試験片形状の影響[4]

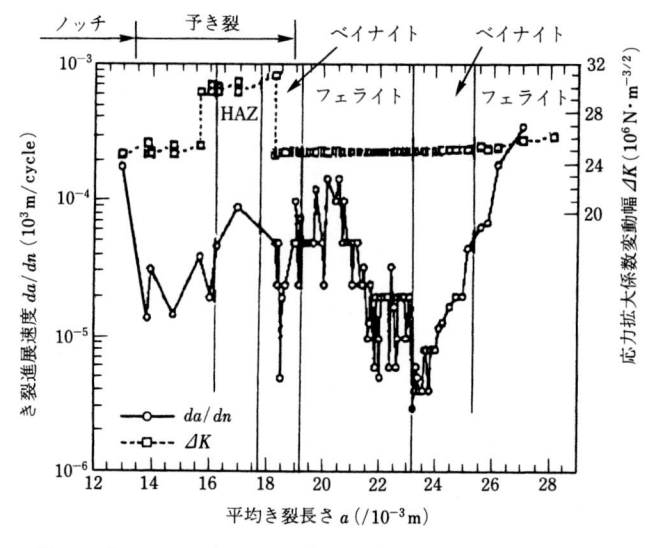

図8.5 ［フェライト/ベイナイト］ハイブリッド鋼中のき裂進展挙動[5]

$$da/dn = C(\varDelta K)^m \qquad (8.1)$$

で示される関係が得られる．ただし，C，m は定数である．この関係を Paris 則（Paris low）と呼び，Paris 則の成り立つ領域を Paris 域と呼ぶ．なお，m の値は材料により2から7程度である．

8.1 疲労とは

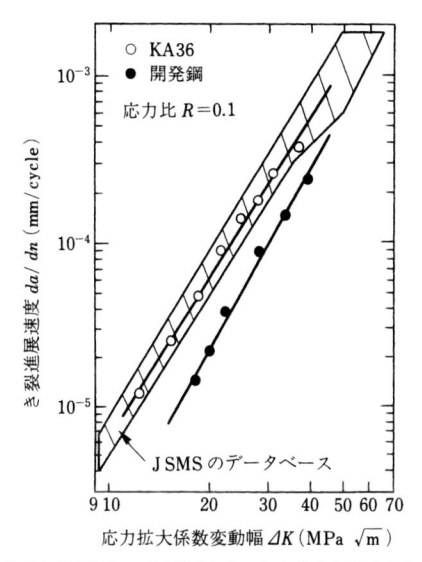

図8.6 複合組織鋼板のき裂進展速度と応力拡大係数変動幅の関係[6]

疲労き裂の進展段階ではき裂が開閉口するが，き裂先端の塑性変形により引張荷重がゼロになる前に閉口する．この場合，き裂を開口させるためにある程度の引張荷重が必要となる．したがって，き裂が閉口している引張荷重範囲はき裂進展に関与しなくなり，実際にき裂が開口している ΔK 範囲を有効応力拡大係数変動幅 ΔK_{eff} としてき裂先端の応力状態の評価に用いることが有用である．図 8.4[4] は，高張力鋼のき裂進展速度と ΔK, ΔK_{eff} の関係を示す．同じき裂進展速度を示す場合，ΔK_{eff} は ΔK より低い値を示している．

鉄鋼材料の場合，Paris 域におけるき裂進展速度は材料組織にほとんど依存せず，材料面からの疲労破壊防止対策には限界があると考えられてきたが，図 8.5[5] のように適切な複合組織が特に相界面近傍において疲労き裂進展速度を低減することが最近の研究で明らかとなっている．さらに，そのような複合組織を利用した疲労破壊に強い高張力鋼板が開発されており，図 8.6[6] に示すように疲労き裂進展速度を従来鋼に比べ 1/2 に低減している．

8.2 腐食環境の影響と腐食疲労

8.2.1 疲労に及ぼす腐食環境の影響

前述したように，疲労破壊は機械・構造物の損傷事例の多数を占めているが，現実に構造用材料が使用される環境は水や酸素および硫黄酸化物や窒素酸化物などの腐食性物質を含んでおり，疲労現象も大なり小なり腐食環境の影響を受ける．真空中や不活性ガス中でない限り，一般大気中でも腐食の影響は無視できない．腐食環境中で繰返し応力を受ける場合，疲労強度は著しく低下し，この現象を特に腐食疲労（corrosion fatigue）と呼ぶ．腐食現象が時間依存現象であるため，繰返し速度が遅いほど一般に腐食の影響を多く受け疲労強度は低下する．図8.7[7]に大気中における高張力鋼の腐食疲労破面の一例を示す．疲労破面にはストライエーション（striation）と呼ばれるほぼ平行なしま模様が観察されるが，この点が応力腐食割れと異なり，腐食により破面が大きな損傷を受けない場合には腐食疲労と応力腐食割れを破面から区別できる．ストライエーションの破面率が50%を超える場合には，ストライエーション間隔は da/dn に対応するとされている[8]．

大気は水蒸気を含んでおり，相対湿度が60%未満の乾燥空気でもき裂内での毛管現象などにより水蒸気が凝縮し腐食を伴う．図8.8[9]に2024系アルミ

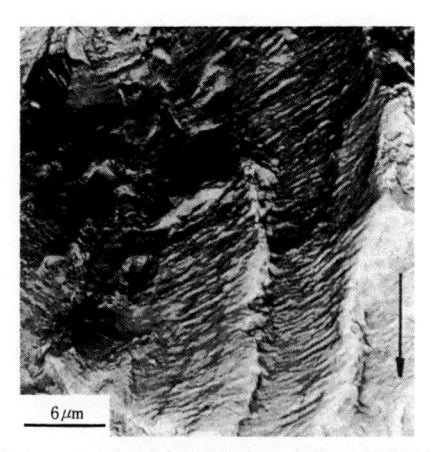

図8.7 大気中における高張力鋼の疲労破面．矢印はき裂進展方向を示す[7]

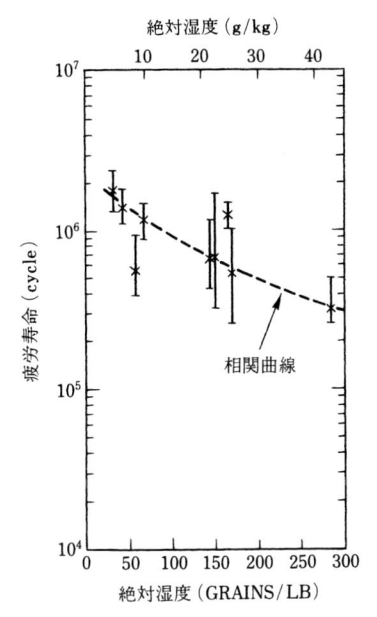

図8.8 疲労寿命に及ぼす絶対湿度の関係[9]

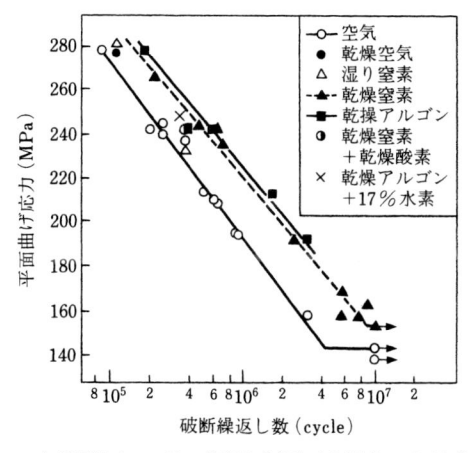

図8.9 各種環境中における軟鋼丸穴切欠き試験片のS-N曲線[10]

ニウム合金の例を示すように，高張力鋼や高強度アルミニウム合金などで特に水蒸気の影響が大きい．また，環境中の酸素や腐食性ガスが表面あるいはき裂内に吸着することでも影響を受ける．種々の気相環境における鋼のS-N曲線

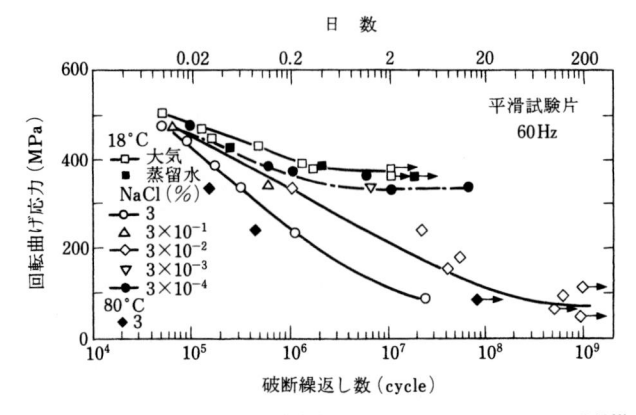

図8.10 種々の濃度の NaCl 水溶液中における SUS 410 J 1 の S-N 曲線[11]

　を図 8.9[10] に示す．時間強度に及ぼす酸素の影響が明らかである．
　一般に腐食現象を大きく加速する塩化物イオンは，腐食疲労の発生・進展にも多大な影響を及ぼす．塩化物イオンは腐食を加速するため後述するような疲労き裂の発生を早めるが，特に不働態皮膜を形成するステンレス鋼では塩化物イオンによる孔食の形成が重要である．図 8.10[11] に示すように，13 Cr ステンレス鋼の S-N 曲線には塩化物イオン濃度の影響が大きい．塩化物イオン濃度の高い場合に時間強度は著しく低下しているが，濃度の低い場合でも疲労強度の低下が認められる．これは，水溶液環境の平均塩化物濃度のみならず，孔食が発生した場合の腐食ピット（corrosion pit）内部での電気的中性条件を満たすための塩化物イオンの濃縮をも考慮すべきことを示唆している．
　また，硫黄酸化物や窒素酸化物あるいは硫化水素など pH を低下させる腐食性物質を含む場合は，水素脆化が重畳することにより腐食疲労強度が著しく低下する場合がある．
　図 8.11[12] は，腐食環境および大気（不活性環境の意味）における鋼材の S-N 曲線を示す．腐食環境では 10^7 回の繰返しを行っても S-N 曲線は水平にならず，このために長期間の時間強度の推定が困難である．また，長期腐食疲労試験により，S-N 曲線は長期間側でも折れ曲がりを生じることも報告されており[11]，このために試験結果を長時間側に外挿することも疑問視されている．すなわち，腐食疲労強度を推定することは非常に困難であり，腐食をいかに抑

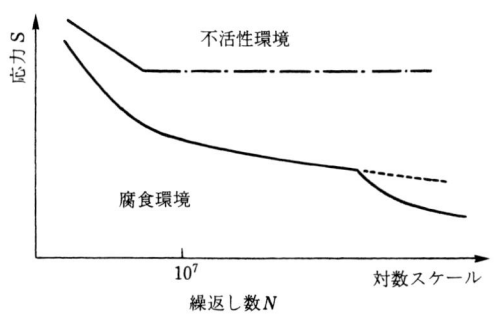

図 8.11　腐食疲労の S-N 曲線[12]

制するかが対策のポイントになる．

8.2.2　腐食疲労の発生と進展

　金属が繰返し応力を受けると，材料中のすべり転位が運動し表面へ抜け出ることによりすべりステップが形成され，表面におけるすべり線の形成として確認される．繰返し数の増加とともにすべり線の数や幅が増加し腐食の優先箇所となりうる．腐食により生成する腐食生成物膜や不働態皮膜などの酸化物皮膜は腐食の進行を遅らせる作用を有するが，繰返し応力下では新たなすべりステップの形成により酸化物皮膜は局所的に破壊し活性な新生面が現れるため継続的に腐食が進行する．

　このような活性なすべりステップや局部腐食による食孔（腐食ピット）が形成されると，そのような箇所がアノードとなり，さらに腐食ピットの形成・成長が助長される．腐食ピット内で生成した金属イオンの加水分解により pH は低下し，また腐食ピットによる通気差電池により腐食は加速し，腐食ピット先端の応力集中により腐食疲労き裂が発生・進展する．このように，腐食疲労き裂は腐食の活性箇所から発生・進展する．図 8.12[13] に 3% NaCl 水溶液中の 13 Cr ステンレス鋼の腐食ピットの最大深さと破断に至る繰返し数 N_f で規格化した繰返し数 N/N_f の関係を示す．腐食ピットは破断直前まで成長しており，ピットの成長過程が腐食疲労寿命を支配していると考えられる．図 8.13 には，溶融硝酸塩中におけるステンレス鋼の腐食疲労破面を示す[14]．腐食ピットを起点にして，き裂が発生・進展している．

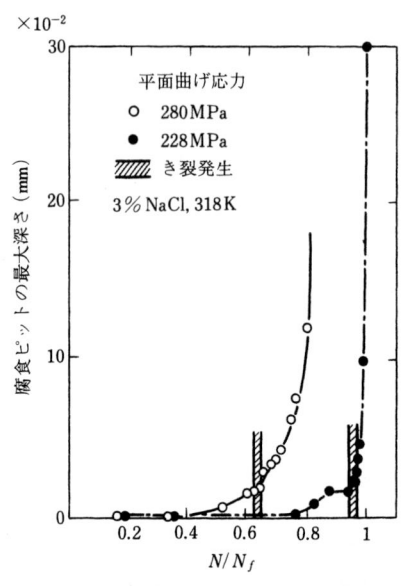

図8.12 腐食ピット深さとN/N_fとの関係[13]

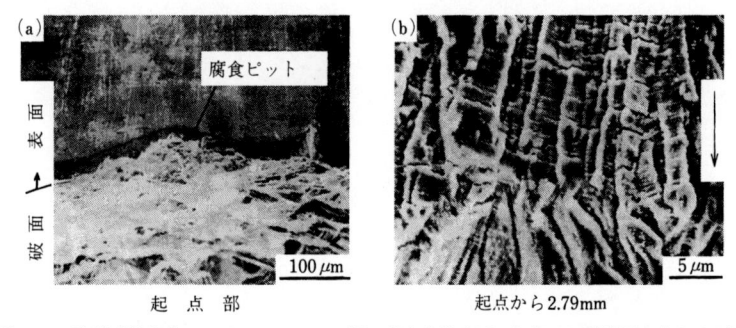

図8.13 溶融硝酸塩中におけるステンレス鋼の腐食疲労破面．矢印はき裂進展方向を示す[14]

腐食疲労き裂進展段階では，腐食の結果生成する腐食生成物がき裂面上に堆積することがある．腐食生成物が堆積すると引張荷重の除荷段階でくさび状にき裂面にはさまるため，き裂開口荷重を上昇させ，ΔK_{eff}を低下させる．図8.14に不活性環境および腐食環境における疲労き裂進展速度と応力拡大係数の関係を示す．繰返し速度が低速の場合，腐食環境の影響を大きく受け不活性環境より高速でき裂が進展する．この場合，腐食疲労進展の下限界応力拡大係数変動幅ΔK_{CF}は非常に小さい値になる．一方，繰返し速度が高速の場合，腐

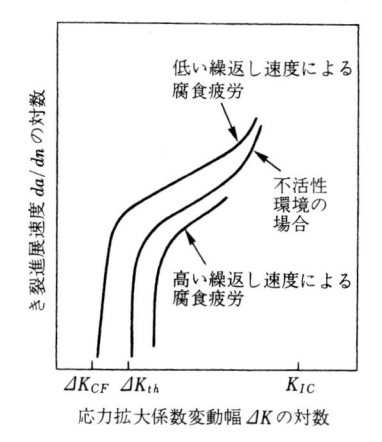

図8.14 腐食疲労き裂進展速度と応力拡大係数変動幅の関係

食環境の影響は小さく，むしろ腐食生成物のくさび効果により ΔK_{CF} が上昇する傾向が見られる．

8.2.3 腐食疲労とその特徴

腐食疲労の特徴は以下のようにまとめられる．

a) 応力腐食割れのように，ある材料に対し特定の環境中で生じるのではなく，腐食現象を伴えばどの材料と環境の組み合わせでも起こる．
b) 疲労限度が明確に現れない．
c) 腐食の進行に与えられる時間が短いほど，すなわち繰返し速度が速い場合やパルス波などの短時間の繰返し波形の場合に，疲労強度は低下しにくい．
d) 腐食の影響が大きい場合には，き裂破面の腐食損傷によりストライエーションなどの疲労特有の破面が認められにくい．

これらのことから，腐食疲労は材料が繰返し荷重を受ける場合にほとんどの環境において生じる可能性があり，低い応力でも長期間のうちには生じることがありうるため，腐食環境において疲労が懸念される場合には十分な注意が必要である．

8.3 腐食疲労の対策

腐食疲労を抑制・防止するためには，より耐食性の高い材料を選定すること

が有効であるが，コストなどの制約条件から使用する腐食環境において十分な耐食性を確保することは必ずしも可能ではない．したがって，種々の防食技術を活用することが必要になる．腐食疲労に関する防食技術を大別すると，金属材料表面に保護性のある皮膜を形成することなどによる表面を改質する方法と，電気的あるいは化学的に腐食条件を制御する方法の2つに分けられる．

8.3.1 表面処理

材料に表面皮膜を形成させることにより腐食環境を遮断する目的で表面処理を施す方法である．

金属皮膜を形成する方法では，耐食性の高い貴な金属を被覆する場合と卑な金属を被覆し犠牲防食効果を期待する場合がある．前者では銅，ニッケル，クロムなどを電気メッキする方法があり，腐食疲労強度の上昇が期待できる．しかし，これらの貴な金属被覆を利用する場合は，皮膜の厚さと界面の密着性に特に注意を払う必要がある．すなわち，皮膜が母材との界面で剥離したり，皮膜が薄く固執すべり帯の形成に伴い亀裂を生じる場合などでは，異種金属接触腐食（galvanic corrosion）が生じガルバニック作用により母材の腐食が加速される場合がある．

一方，卑な金属を被覆する場合は，亜鉛，アルミニウム，スズ，カドミウムおよびそれらの合金が用いられる．たとえば，鋼に亜鉛メッキを施し，さらに重クロム酸処理を施すと，著しい腐食疲労強度の向上効果がある．卑な金属を被覆すると，上述の場合と逆に皮膜に欠陥が生じてもガルバニック作用により犠牲陽極となり，母材の保護効果が継続する．また，金属およびその酸化物を溶射（thermal spray）により被覆する場合，気孔率が小さく母材との密着性の良い WC-Co や ZrO_2 などはきわめて効果的であるが，気孔率が大きくなる被覆材の場合は被覆厚を大きくするなどの注意が必要である．表8.1[15]に金属皮膜形成等による改善例を示す．

非金属を被覆する場合の代表例は樹脂被覆（resin coating）である．エポキシ樹脂は環境遮断性に優れるためよく用いられる．また，その他の塩化ビニルやアクリルなどのプラスチック系皮膜も柔軟性と変形追従性を考慮し用いられる．また，油やテープ類なども簡便で効果を有する．

8.3 腐食疲労の対策

表 8.1 鋼の淡水中の腐食疲労に対する種々の表面保護の効果[15]

供試材料	C (mass%)	R_m (kg/mm²)	疲れ強さ (kg/mm²) a 空気中	b 淡水中	c 淡水中表面保護	表面保護の内容	効率 (%) $\dfrac{c-b}{a-b}\times 100$
炭素鋼, 焼なまし	0.47	74	43	14	31	溶融金属メッキ	159
					43	電気メッキ	100
					32	カドミウムメッキ	62
炭素鋼, 焼なまし	0.70	86	33	21	29	シェラダイジング	67
					29	カドミウムメッキ	67
窒化用鋼		72	55		55	窒化	100
炭素鋼, 焼なまし	0.33	58	26	21	26	合成樹脂被覆	100
炭素鋼, 焼なまし	0.35	57	23	17	23	腐食液中に0.02% Na₂Cr₂O₇添加	100
炭素鋼, 焼なまし	0.33	62	30	20	27	腐食液中に0.5～1%のエマルジョン油剤を添加	70
炭素鋼, 焼なまし	0.44	63	28	18	23		52
炭素鋼, 焼なまし	0.50	70	31	19	25		48
Mn-Si 鋼, 焼なまし	0.50	88	40	21	30		53
Mn-Si 鋼, 焼なまし	0.50	80	40	16	31		62

8.3.2 表面加工

表面を機械的に加工し圧縮の残留応力を付与すると腐食疲労強度の上昇が期待できる. 加工方法としてはショットピーニングが代表的である. 圧縮応力が表面に残存すると, 繰返し荷重下で形成されるすべりステップによる固執すべり帯の形成を防止することができ, 腐食疲労き裂の発生箇所を低減できる. なお, 低応力・高繰返し数領域では, ショットピーニング層が腐食環境に敏感になり腐食疲労強度の改善効果がないとの報告もある[16].

8.3.3 インヒビター

腐食環境の改善のためインヒビター (inhibitor) を利用する方法がある. インヒビターとしては, 炭酸ナトリウム, クロム酸ナトリウム, 重クロム酸ナトリウムやエマルジョン油剤などがある. クロム酸系の化合物は, 金属表面と反応し不働態化する作用を有する. ただし, 近年重視され始めている環境保全の観点から, 6価クロムを含有するクロム酸の使用は見直されているのが現状である.

8.3.4 電気防食

金属材料の自然浸漬電位から 200～400 mV 程度カソード電位を付与すると，腐食の発生を抑制できるため腐食疲労強度は著しく改善される．しかし，カソード電位が大きすぎる場合すなわち過防食電位となると，水素の侵入が加速され水素脆化を招くことになるため，腐食疲労強度は逆に低下する危険性がある．

8.3.5 材料組織の改善

8.1 節で少し触れたが，鉄鋼材料において適切な複合組織を利用することにより，疲労破壊に強い高張力鋼板が開発されており，疲労き裂進展速度を従来鋼に比べ 1/2 に低減している．この例のように，材料組織を改善すると，き裂進展を防止することができないまでも，き裂進展速度を大幅に低減できる可能性がある．疲労あるいは腐食疲労が原因で構造体が破壊に至るまでには，ある程度のき裂進展期間がある．前述のフェイル・セイフ設計は現実的であり実用上大切な設計思想であるが，事故を未然に防ぐためには疲労損傷箇所を破壊に至る前に可能な限り早期に発見することが肝要である．しかし，目視などを含めた一般的な種々の検査方法で発見できるき裂はある程度の長さ以上であり，き裂進展速度が速いほど事故に至る前にき裂を発見しうる期間すなわち破壊に至る前に損傷箇所を発見するチャンスが少なくなる．したがって，材料組織を改善し，き裂進展速度を低減することは，機械や構造物の設計・保守管理を行う上で有効である．

[参 考 文 献]

1) 日本機械学会：技術資料―機械・構造物の破損事例と解析技術，日本機械学会，1984
2) 道路橋示方書（I 共通編・II 鋼橋編）・同解説，（社）日本道路協会，丸善，2002
3) 西川　出：第 13 回疲労講座，疲労の基礎と応用，日本材料学会，p.14, 1993
4) 城野政弘，早　智浩，三上省二，大垣雅由：材料，**33**, 468, 1984
5) 山下正人，東條宏計，内田　仁，有持和茂：日本金属学会誌，**64**, 190, 2000
6) 誉田　登，有持和茂，藤原知哉，永吉明彦，稲見彰則，山下正人，内田　仁，

参考文献

矢島 浩:日本材料学会第51期学術講演会論文集, 65, 2002
7) 日本材料学会フラクトグラフィ部門委員会編:フラクトグラフィー破面と破壊情報解析, 丸善, p.186, 2000
8) 文献7), p.279, 2000
9) J.A. Dunsby and W. Wiebe : Materials Research & Standards, 9, p.15, 1969
10) 益本 功, 上田勝彦, 江原隆一郎:溶接学会誌, **39**, 771, 1970
11) 江原隆一郎, 貝 敏雄, 井上慶之助, 益本 功:材料, **27**, 64, 1978
12) 文献7), p.178, 2000
13) 江原隆一郎, 山田 保, 小林達正, 川野 始:日本機械学会関西支部第63期講演概要集, p.19, 1988
14) 江原隆一郎, 中本英雄, 山田義和, 山田 保:材料, **38**, 1390, 1989
15) R. Cazaud, G. Pomey, P. Rabbe and Ch. Janssen:金属の疲れ, 舟久保熙康, 西島 敏共訳, 丸善, p.420, 1973
16) R. Ebara, Y. Yamada and A. Goto : Ultrasonic Fatigue, ed. J.M. Wells et al., The Mat. Soc. AIME, p.349, 1982

⑨ 鉄筋コンクリートの腐食とその対策

　鉄筋コンクリートは鉄筋で強度を担う構造用材料であり，鉄鋼材料とともに社会資本を構成する重要な素材である．しかし，地球環境中での種々の化学反応，電気化学反応により劣化し機能が低下する．この機能低下を抑制・防止するために，種々の対策がとられている．ここでは，鉄筋コンクリートの腐食劣化とその対策について述べる．

9.1　鉄筋コンクリート

　コンクリートはセメント（cement）・砂・砂利・水を調合し，こねまぜて固まらせた一種の人造石である．製法が簡単で，圧縮に対して抵抗力が強く，耐火・耐水性が大きいので鋼材と併用し，土木建築用構造材料として使用されている．硬化したコンクリートはセメント，骨材および独立気泡から構成され，それぞれの大まかな体積割合は 25%，70%，5% である．セメントの約 20% は $Ca(OH)_2$ である．また，骨材は粒，約 5 mm 程度までの細骨材と粗骨材に分類され，粗骨材を使用しないものをモルタル，骨材を使用しないものをセメントペーストと呼ぶ．鉄筋コンクリート（reinforced concrete）は，圧縮強度に比べて引張強度の低いコンクリートを，鉄筋（reinforced bar）で補強した複合材料であるといえる．

　セメントの硬化は，水和反応により進行し，この反応にはセメント質量の約 40% の水が必要である．実用コンクリートでは，それ以上の水を練り混ぜに使用するため，過剰な水が空隙中に残存する[1]．セメントは，石灰石，けい石と鉄原料を焼成してできるクリンカーを粉砕した粉末であり，$3CaO・SiO_2$（エーライト），$2CaO・SiO_2$（ビーライト），$3CaO・Al_2O_3$（アルミネート），$4CaO・Al_2O_3・Fe_2O_3$（アルミノフェライト）の 4 種の鉱物で構成されている．これらの水和反応により $Ca(OH)_2$ が生成するため，空隙中には 900 ppm 程度の OH^- が含まれ，pH が 12〜13 のアルカリ環境となる．$Ca(OH)_2$ の溶

解度が20℃で0.165と低いため，空隙中の水はpH緩衝能を有する．また，コンクリート中での酸素拡散速度[1]は，表面から20〜30 mmの位置において0.4〜0.2 g/(cm・y)と非常に大きいため，鉄筋への酸素供給が潤沢である．このような高いpHと酸素濃度により，前掲の図3.7に示した鉄の電位-pH図においてFe_3O_4やFe_2O_3が生成する領域となるため，コンクリート中の鉄筋は容易に不働態化し鉄筋の腐食はほとんど進行しない．

コンクリートは古代ローマの水道や運河などの社会資本に用いられていたように，鉄鋼材料とともに人類の社会資本を構成する重要な素材である．現在では，鉄筋で強度を上昇させた鉄筋コンクリートが構造用材料として用いられている．その利点は，自由な形状に成型でき，安価であり，耐久性・耐水性・耐火性に優れていることである．硬化したコンクリートの強度は一般に圧縮強度を指す．構造上コンクリートには圧縮荷重が作用するように設計されるが，引張荷重には弱いため鉄筋で強度を補っている．コンクリートと鉄の熱膨張係数がほぼ等しく，熱膨張係数の違いによる応力の発生は問題にならない．コンクリートの強度レベルは一般に打設後4週間後における圧縮強度を基準とするが，ダム用では13週間後を基準とする．なお，引張強度は圧縮強度の約1/10である．

硬化コンクリートの性質に最も影響を及ぼす因子は水とセメントの質量比

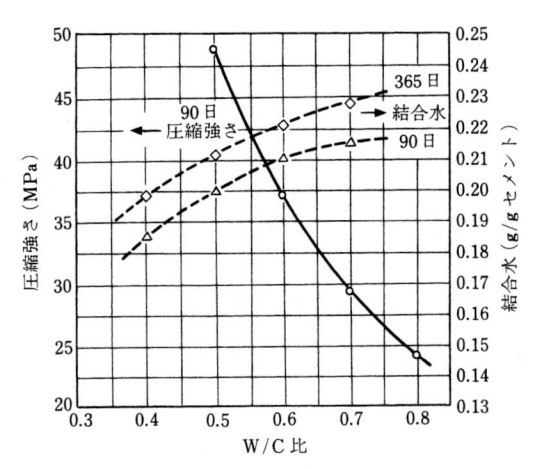

図9.1 コンクリートのW/C比と硬化ペーストの結合水およびコンクリート強度との関係[2]

（水/セメント比）である．セメント硬化に必要な水量は約40％程度であるので水/セメント比が0.4を超えると，過剰な水は乾燥過程で蒸散するものを除いてセメントゲル気孔中に結合水として残存する．このことにより，過剰な水が多いほど空隙率が増大し，低密度・低強度のコンクリートとなる．図9.1に水/セメント比（W/C）と結合水量および強度の関係を示す．

9.2　鉄筋の腐食機構

　主としてコンクリート中の環境が高いpHに保たれるため，コンクリート中の鉄筋は不働態化しほとんど腐食しないはずである．しかし，図9.2に示すような種々の要因により不働態皮膜が破壊し鉄筋の腐食が進行する場合がある．その主な要因を以下に示すが，鉄筋の腐食による強度低下は，鉄筋コンクリート構造物の崩壊にもつながる重要な問題である．

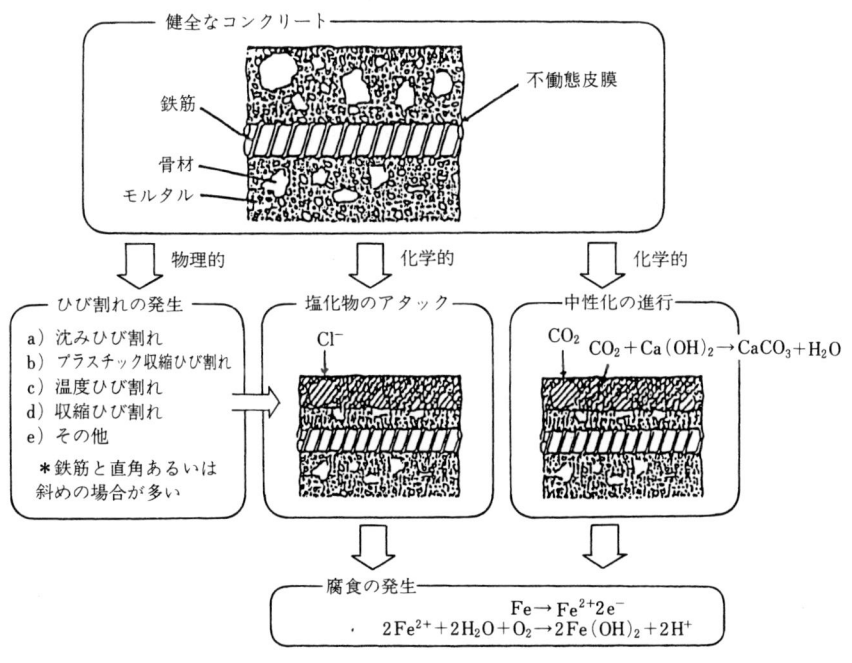

健全なコンクリート
- 鉄筋
- 骨材
- モルタル
- 不働態皮膜

物理的　　化学的　　化学的

ひび割れの発生
a) 沈みひび割れ
b) プラスチック収縮ひび割れ
c) 温度ひび割れ
d) 収縮ひび割れ
e) その他
＊鉄筋と直角あるいは斜めの場合が多い

塩化物のアタック
Cl^-

中性化の進行
CO_2
$CO_2 + Ca(OH)_2 \rightarrow CaCO_3 + H_2O$

腐食の発生
$Fe \rightarrow Fe^{2+} + 2e^-$
$2Fe^{2+} + 2H_2O + O_2 \rightarrow 2Fe(OH)_2 + 2H^+$

図9.2　鉄筋の腐食機構（マクロな原因）

9.2.1 中性化による腐食

セメント水和物が空気中の CO_2 や酸性雨,酸性薬品と反応するとアルカリ性を失い中性化(neutralization)する.なかでも空気中の CO_2 との反応による中性化が一般的で炭酸化とも呼ばれる.中性化は CO_2 等が水分に溶解し炭酸となりコンクリート中へ表面から浸透することにより進行する場合が多く,通常フェノールフタレインの1%エタノール溶液を噴霧したときの紅色呈色反応により中性化の深さが測定される.中性化がコンクリート表面にとどまる場合は大きな問題にはならないが,鉄筋の位置まで中性化すると鉄筋の腐食が始まる.

中性化の深さ C_n (cm) は時間 t (年) に対し次式のように表される.

$$C_n = A \cdot t^{1/2} \tag{9.1}$$

ここで,A は定数であり,式 (9.2),式 (9.3) で計算される[3].

$x \geqq 0.6$ の場合

$$A = \frac{x - 0.25}{\sqrt{0.3(1.15 + 3)}} \tag{9.2}$$

$x \leqq 0.6$ の場合

$$A = \frac{4.6x - 1.76}{2.68} \tag{9.3}$$

ここで,x は水/セメント比(water/cement ratio:W/C とも記す)である.

コンクリートの中性化により,鉄筋の不働態皮膜が維持されなくなると鉄筋の腐食が進行し鉄筋コンクリートの強度が低下することになる.不働態を失うpH(pH_d)は,約11と考えられている.また,腐食により鉄の2~3倍の体積を有するさびが生成するため鉄筋周辺に膨張圧が生じ,鉄筋に沿ってコンクリートのひび割れや剥離が生じる.そのため,外部からの腐食性物質の侵入が助長され,さらに鉄筋の腐食が加速される.これらの現象が繰り返されることが鉄筋コンクリート構造物の崩壊につながる.式 (9.1) の関係に注目すると,コンクリートの中性化や後述する塩化物イオンによる鉄筋の不働態皮膜の喪失や機能低下を可能な限り遅らせるためには,コンクリート表面から鉄筋までの距離,すなわちかぶり厚を適正量確保することが重要である.

9.2.2 塩化物イオンによる腐食

コンクリート中に塩化物イオンが侵入すると，上述の中性化が生じなくても鉄筋の不働態皮膜が破壊し，鉄筋腐食の主要な要因となる．図9.3に示すように，塩化物イオンによる不働態皮膜の破壊は局部的であり，強度部材として問題の大きい孔食などの局部腐食を伴う場合が多い．塩化物イオンの供給源は，外部から飛来し侵入する場合と，コンクリートに使用される材料たとえばかつて骨材として使用されていた海砂などに由来する場合に大別される．後者につ

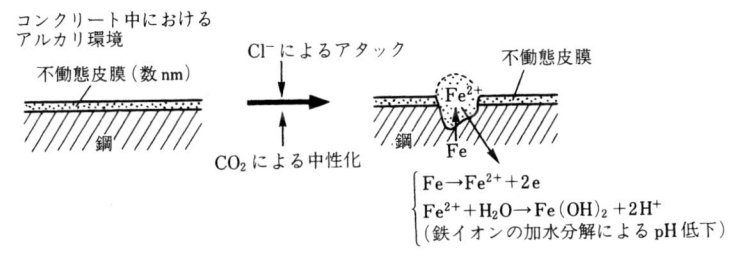

$Fe \rightarrow Fe^{2+} + 2e$
$Fe^{2+} + H_2O \rightarrow Fe(OH)_2 + 2H^+$
（鉄イオンの加水分解によるpH低下）

図9.3 コンクリート中の鉄筋の腐食機構（模式図）

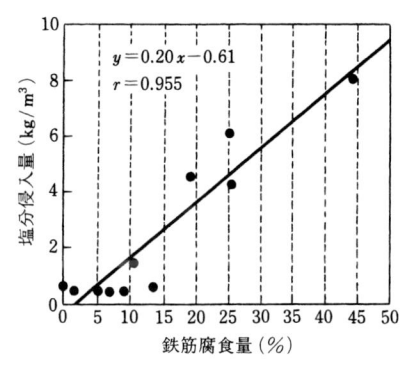

$y = 0.20x - 0.61$
$r = 0.955$

図9.4 鉄筋腐食量と塩分侵入量の関係[4]

表9.1 塩害対策を必要とする地域

地域区分	地域
A	沖縄県全域
B	北海道，東北，中部地方の日本海側地域のうち海岸線から300 mまでの部分
C	上記A，B以外の地域のうち，海岸線から200 mまでの部分．ただし中国，四国地方のうち瀬戸内海に面した地域は海岸線から100 mまでの部分

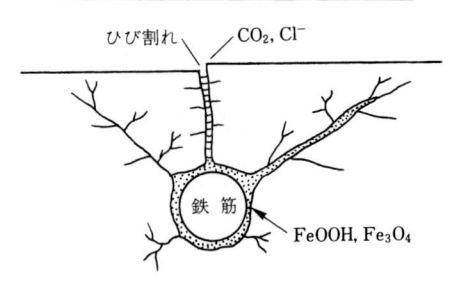

図 9.5 鉄筋周辺のさび

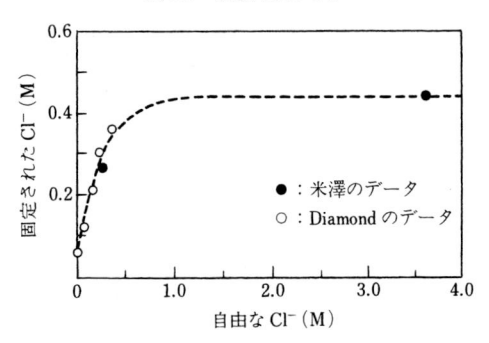

図 9.6 自由な Cl^- と固定された Cl^- の平衡関係[5]

いては，現在厳しく規制されているため，今後は飛来塩分の影響が検討対象となる．表 9.1 に示すように，海塩粒子を考慮した場合わが国において塩害対策を必要とする地域は 3 つに大別できる．

図 9.4 に鉄筋腐食量と塩分侵入量の関係を示すが，塩分の侵入量に比例して鉄筋の腐食が進行することがわかる．また，図 9.5 に示すように，腐食によりコンクリートのひび割れが生じると，さらに塩化物イオンの侵入が加速される．飛来塩分の起源としては海からの海塩粒子のみならず，近年ではスパイクタイヤの使用禁止に伴い道路の凍結防止剤として多量に用いられる岩塩や塩化カルシウムによるものが増加している．

コンクリート中の Cl^- のうち，セメント質量の約 0.4% は $3\,CaO \cdot Al_2O_3 \cdot CaCl_2 \cdot 10\,H_2O$（フリーデル氏塩）として固定される．したがって，腐食に寄与する塩化物イオンは，セメント量を $300\,kg/m^3$ とするとその 0.4% の 1.2 kg/m^3 を超えて存在する量となる．しかし，十分硬化した鉄筋コンクリート構造物に新たに侵入する塩化物イオンはフリーデル氏塩として固定されないこ

9.2 鉄筋の腐食機構

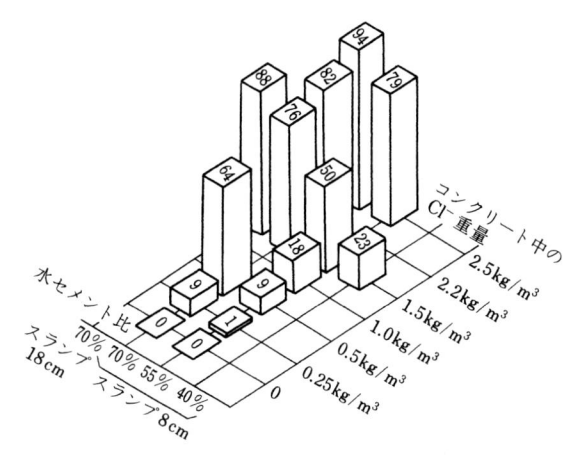

図9.7 コンクリートの水セメント比，Cl⁻量と腐食面積（%）の関係[7]

表9.2 鉄筋の発錆に必要な限界塩化物濃度

研究者	供試体	暴露条件	評価法	限界塩化物濃度($C_{crit.}$) (kg/m³)
大即ら	・モルタル ・かぶり：1.5 cm ・W/C：0.40〜0.65 ・水道水，海水	材令1年まで標準 養生または海水養生	電気化学的 分極曲線の測定	0.75
佐伯ら	・モルタル ・かぶり：3.0 cm ・W/C：0.45〜0.60 ・NaCl添加〜1%	25℃，80% RH 1週間	発錆面積	0.50
宮川ら	・コンクリート ・かぶり：2.0 cm ・W/C：0.50 ・海水 ・ひび割れ付き	20〜60℃ 90% RH 3年	発錆面積	1.2〜2.5
大和ら	・コンクリート ・かぶり：1.5〜5.5 cm ・W/C：0.56 ・NaCl添加〜0.5%	内睦に6年放置	発錆面積	0.8〜2.3

とや，フリーデル氏塩として一旦固定された塩化物イオンが再度イオンとして遊離する可能性があることにも注意が必要である[6]．たとえば図9.6に示すように，コンクリート中の細孔溶液中の自由なCl⁻と固定されたCl⁻の関係で，

固定されたCl⁻が少量であっても自由なCl⁻が存在している．図9.7[7]は，7年間の暴露試験後の腐食面積と水/セメント比および塩化物イオン量の関係を示す．水/セメント比によっても変化するが，Cl⁻が1～1.5 kg/m³に著しい腐食の発生境界が存在する．しかし，腐食発生の限界塩分濃度（$C_{crit.}$）は，構造体の組成や状態により異なることに注意が必要である．表9.2に種々の条件における $C_{crit.}$ の例を示す．

暴露試験結果から塩化物による鉄筋の腐食度 $\varDelta g$ は次式で表される[8]．

$$\varDelta g = \frac{0.1\,d_r}{c^2}\{-0.51 + 7.60\,N + 44.97(W/C)^2 + 67.95(W/C)^2\} \quad (9.4)$$

ここで，d_r：鉄筋の直径，(mm)，c：かぶり厚 (mm)，N：水に対するNaClの質量百分率である．以上のような塩化物イオンによる鉄筋の腐食を抑制するために，コンクリートの混和材として亜硝酸塩防錆剤が用いられることがある[9]．防錆剤の添加量は塩化物イオン濃度に応じて決定される．

9.2.3 アルカリ骨材反応

反応性シリカを含有する骨材がコンクリート中のアルカリ成分と反応しシリカゲルを生じる．このシリカゲルは吸湿剤としても用いられるほど水分を吸湿しやすく，コンクリート中でも水和反応により膨張しコンクリートのひび割れの原因となる．この反応は進行速度が遅いためコンクリートの硬化後数十年を経て現れる場合もある．現在では，骨材やセメントの品質管理でこのアルカリ骨材反応（alkali aggregate reaction）の防止を目指している．

9.3　鉄筋の腐食対策

鉄筋の腐食対策は，表9.3に示すように，コンクリートそのものの品質などを改善する方法と，鉄筋自体の耐食性を向上する方法に大別できる．前者には，コンクリートの組成の改善，かぶり厚の確保やコンクリート構造物表面への塗装などがある．一方，後者には鉄筋への被覆や電気防食法，鉄筋自体の材質を変える方法などが該当する．

9.3 鉄筋の腐食対策

表9.3 鉄筋コンクリートの防食対策

```
防食対策 ─┬─ 1) コンクリートの防食対策
         │     (1) コンクリートの性質の改善
         │         ①かぶり厚さの管理
         │         ②水セメント比の管理
         │         ③塩分混入量の管理
         │         ④ひび割れの制御
         │         ⑤防錆剤の添加
         │     (2) コンクリート表面の塗覆装
         │
         └─ 2) 鉄筋側の防食対策
               (1) 腐食環境から遮断する方法
                   ①亜鉛めっき
                   ②エポキシ樹脂塗装
               (2) 鉄筋自身の材質を変える方法
                   ①ステンレス鉄筋
                   ②耐塩性鉄筋
               (3) 電気化学的な方法
                   ①電気防食
```

9.3.1 コンクリートの組成

鉄筋の腐食に関してコンクリートの組成を改善する点で重要なのは塩化物含有量を極力低減することである．表9.4は日本建築学会，土木学会やJISで

表9.4 塩化物含有量の規制値

項　　目	日本建築学会 鉄筋コンクリート工事 標準仕様書（JASS 5）	土木学会 コンクリート標準仕方書	日本工業規格
総　　量	$0.30\,Cl^--kg/m^3$ $0.60\,Cl^--kg/m^3$ （ただし，防錆対策必要）	$0.30\,Cl^--kg/m^3$	JIS A 5308 $0.30\,Cl^--kg/m^3$ $0.60\,Cl^--kg/m^3$ （購入者の承認必要）
セメント	JIS R 5210 による	JIS R 5210 による	JIS R 5210 $0.02\,Cl^--kg/m^3$
細 骨 材	$0.04\,NaCl-wt.\%$	$0.02\,Cl-wt.\%$	JIS R 5308 $0.04\,NaCl-wt.\%$
化学混和剤	JIS A 6204 による	JIS A 6204 による	JIS A 6204 I 種　$0.02 \geqq Cl^--wt.\%$ II 種　$0.02 < Cl^- \leqq 0.20$ III 種　$0.02 < Cl^- \leqq 0.20$

表9.5 コンクリートの品質の規制値

		一般のコンクリート	高耐久性コンクリート
単位水量		185 kg/m³ 以下	175 kg/m³ 以下
単位セメント量		270 kg/m³ 以上	290 kg/m³ 以上
水セメント比	ポルトランドセメント 高炉セメントA種 シリカセメントA種 フライアッシュセメントA種	65% 以下	60% 以下
	高炉セメントB種 シリカセメントB種 フライアッシュセメントB種	60% 以下	55% 以下

規制している塩化物含有量である．Cl-量でおおむね 0.30 kg/m³ 以下に規制されている．コンクリートの気密性を高めるためにポリマーを含浸させることも外部からの CO_2 や酸性雨の侵入を阻止するためには有効である．また，コンクリートの性能に影響を与える水/セメント比については，表9.5に示す日本建築学会建築工事標準仕様書 JASS 5 で規定されている．水/セメント比を 0.4 以下にすると中性化がほとんど発生しないとの報告もある[10]．

9.3.2 かぶり厚とコンクリートの塗装

コンクリートは飛来する腐食因子が鉄筋の位置まで侵入することを抑制する役割も果たす．したがって，コンクリート表面から鉄筋までの距離であるかぶり厚を確保することはきわめて重要である．表9.6は JASS 5 で規定されてい

表9.6 最小かぶり厚さ

部 位			かぶり厚さ (mm)	
			一般のコンクリート	高耐久コンクリート
土に接しない部分	屋根スラブ 床スラブ 非耐力壁	屋 内	30	40
		屋 外	40	50
	柱 梁 耐 力 壁	屋 内	40	50
		屋 外	50	60
	擁 壁		50	60
土に接する部分	柱・梁・床スラブ・耐力壁		50	50
	基 礎 ・ 擁 壁		70	70

9.3 鉄筋の腐食対策

表 9.7 コンクリートコーティングの例（日本道路協会）

(1) A 種の塗装系

工程		使用材料	塗装条件 目標膜厚 (μm)	塗装条件 標準使用量 (kg/m²)	塗装条件 塗装方法	塗装間隔
前処理	プライマー	エポキシ樹脂プライマー	—	0.10	エアレススプレー (はけ / ローラー)	各工程の間隔は、1日以上10日以内を標準とする
前処理	パテ	エポキシ樹脂パテ	—	0.30	へら	
中塗り		エポキシ樹脂塗料中塗り	60	0.32 (0.26)	エアレススプレー (はけ / ローラー)	
上塗り		ポリウレタン樹脂塗料上塗り	30	0.15 (0.12)	エアレススプレー (はけ)	

(2) B 種の塗装系

工程		使用材料	塗装条件 目標膜厚 (μm)	塗装条件 標準使用量 (kg/m²)	塗装条件 塗装方法	塗装間隔
前処理	プライマー	エポキシ樹脂またはポリウレタン樹脂プライマー	—	0.10	エアレススプレー (はけ / ローラー)	各工程の間隔は、1日以上10日以内を標準とする
前処理	パテ	エポキシ樹脂パテ	—	0.30	へら	
中塗り		柔軟型エポキシ樹脂または柔軟型ポリウレタン樹脂塗料中塗り	60	0.32 (0.26)	エアレススプレー (はけ / ローラー)	
上塗り		柔軟型ポリウレタン樹脂塗料上塗り	30	0.15 (0.12)	エアレススプレー (はけ)	

(3) C 種の塗装系

工程		使用材料	塗装条件 目標膜厚 (μm)	塗装条件 標準使用量 (kg/m²)	塗装条件 塗装方法	塗装間隔
前処理	プライマー	エポキシ樹脂またはポリウレタン樹脂プライマー	—	0.10	エアレススプレー (はけ / ローラー)	各工程の間隔は、1日以上10日以内を標準とする
前処理	パテ	エポキシ樹脂またはビニルエステル樹脂パテ	—	0.30	へら	
中塗り		厚膜型エポキシ樹脂またはビニルエステル樹脂塗料中塗り	350	1.20	エアレススプレー	
上塗り		ポリウレタン樹脂塗料上塗り	30	0.15 (0.12)	エアレススプレー (はけ)	

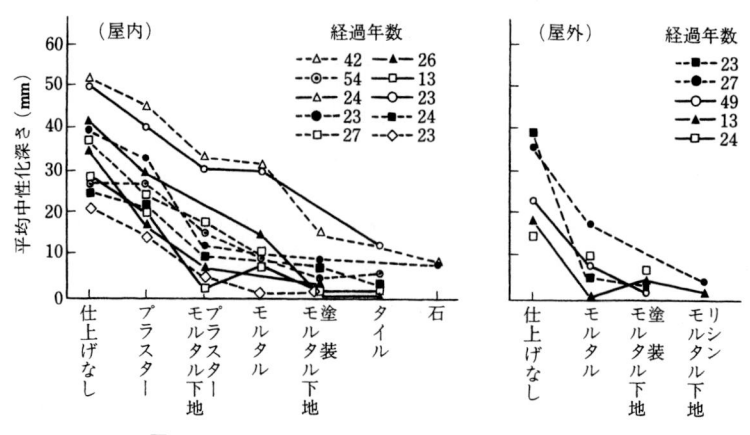

図9.8 コンクリートの表面仕上げの中性化抑制効果[11]

る最小のかぶり厚であり，このかぶり厚を確保することでコンクリートのバリア機能を保証しようとするものである．

また，外部からの腐食性有害物質の侵入を抑制するために，コンクリート表面に塗装を施すことも近年増加している．表9.7は日本道路協会において規定されている3種の塗装系である．A種はコンクリートのひび割れを低減するプレストレスコンクリート（prestressed concrete）等に対し，B種はひび割れの発生が予見できる場合に対し，C種は長期間塗り替えを想定しない場合に適用される．コンクリート用塗料としては，耐アルカリ性，耐水性，コンクリート内部への浸透性，ひび割れによる伸縮追従性などが求められる．具体的には，エポキシやポリウレタンなどの有機系塗料がよく用いられる．モルタルの塗布やタイル・石貼りもバリアー効果とともに外観の改善効果も同時に期待できる方法である．図9.8[11]にコンクリート表面仕上げの中性化抑制効果を示す．なお，すでに塩害が生じている場合は，脱塩工法などにより塩分を除去し塗装する必要がある．

9.3.3 樹脂塗装鉄筋

鉄筋そのものの腐食対策として耐アルカリ性や加工性，コンクリートとの付着性に優れる粉体エポキシ樹脂塗装が海洋環境など厳しい腐食環境において近年増加している．塗装手段としては，鉄筋をブラストしISO 2 1/2（95％以

9.3 鉄筋の腐食対策

表 9.8 樹脂塗装鉄筋に関する基準[12]

区分			名称	道路橋の塩害対策指針(案)・同解説 (1984)	エポキシ樹脂塗装鉄筋を用いる鉄筋コンクリートの設計施工指針（案）(1986)	エポキシ樹脂塗装鉄筋の防せい処理の有効性判定基準 (1989)	Standard Specification EPOXY-COATED REINFORCING STEEL BARS (1984)
制定機関				日本道路協会	土木学会	日本建築センター	ASTM
塗料の種類指定				エポキシ樹脂塗装粉体に限定指定する	エポキシ樹脂塗装粉体に限定指定する	エポキシ樹脂塗装粉体に限定指定する	エポキシ樹脂塗装粉体に限定指定する
塗装方法の指定		素地調査		Near-whit metal 以上表面粗度 40〜80 μm 程度	暗色斑点などの異常部の総合計面積が5%以内で散在していること 表面粗度30〜80 μm	—	Near-whit metal 以上
		塗装方法		静電粉体塗装に限定指定	静電粉体塗装に限定指定	—	静電粉体塗装に限定指定
塗膜の品質管理	検査項目	塗装の外観		均一で割れ，はがれ，きずがないこと	均一で，たれ，突起，異物付着のないこと	均一で，たれ，割れ，はがれが認められないこと	—
		塗膜厚		180±50 μm を標準	測定値の 90% が 200±50 μm の範囲内	測定値の 90% が 180±50 μm の範囲内	測定値の 90% が 130〜300 μm の範囲内
		ピンホール		5 個/m 以内	5 個/m 以内(D 19 以下) 8 個/m 以内(D 22 以下)	5 個/m 以内(D 19 以下) 8 個/m 以内(D 22 以下)	6 個/m 以内
		曲げ加工性		塗膜に割れ，はがれが生じないこと	塗膜に生じた割れ，剥離うきの発生頻度 20% 以下	塗膜の著しい割れ，はがれ，うきなどの発生頻度 20% 以下	塗膜に割れ，はがれが生じないこと
		耐衝撃性		塗膜に割れ，はがれが生じないこと	塗膜に孔が開かない割合が 80% 以上	塗膜に孔が開かない割合が 80% 以上	周囲の塗膜にき裂やはがれが生じないこと
		硬度		硬度 F の鉛筆で塗膜の表層を破損しないこと	—	—	ヌープ硬度番号 16 以上
		硬化度		塗膜が粘着化しないこと	—	—	—
	試験項目	耐食性		腐食促進試験においてさびが生じないこと	平均発錆面積率が 1% 以下	塗膜にふくれ，はがれがなく，平均腐食面積率が1%以下であること	耐電圧試験および塩化物透過試験による
		耐アルカリ性		塗膜にふくれやはがれを生じないこと	塗膜に軟化，膨潤，ふくれ，剥離のないこと	塗膜にふくれ，はがれを生じないこと	塗膜にふくれ，はがれを生じないこと
		付着性		最大付着応力度が非塗装鉄筋の値の 80% 以上	最大付着応力度が非塗装鉄筋の値の 80% 以上	最大付着応力度が非塗装鉄筋の値の 80% 以上	最大付着応力度が非塗装鉄筋の値の 80% 以上
設計上の指示				指示する	指示する	指示する	—

上のさびを除去）まで素地調整し，エポキシ樹脂粉体塗料を静電塗装する．樹脂塗装鉄筋（resin coated reinforcing bar）の運搬・施工時には塗膜に損傷を与えないように配慮することが必要になる．運搬時には鉄素地が露出している一般の鉄筋や固定用のワイヤーロープとこすれることなく塗膜の損傷に注意する．加工時には加工部が高温にならないように配慮し，配筋時の結線には被覆鉄線を用い点溶接は避ける．なお，塗膜が損傷した場合は直ちに補修塗装を行う．日本コンクリート工学協会では表9.8[12]に示す樹脂塗装鉄筋に関する基準を示しておりその有効性が示されている．

9.3.4 ステンレス鉄筋

材料面から鉄筋の耐食性を向上させる方法として，図9.9に示すようにステンレス鋼を用いることが近年開始されている．鉄筋コンクリート構造物に使用される鉄筋は従来普通鋼がほとんどであったが，すでに述べたようにコンクリートにひび割れが生じたり，塩化物イオンの侵入や中性化が進んだりするとコンクリート中の鉄筋が腐食し耐久性が劣るという問題点があった．普通鋼の鉄筋コンクリートバーでは20～30年で腐食によるメンテナンスが必要であり，ライフサイクルコストで考えた場合，多少初期投資が大きくてもステンレス鉄筋（stainless steel reinforcing bar）コンクリートバーの方が経済的である．

ステンレス鋼の特徴である耐食性，非磁性を生かして普通鋼鉄筋では適用が困難であった病院，空港，半導体工場などの建築物にも使用が可能である．さらに表面をヘアーラインや鏡面研磨することによって建築金物材，装飾金物な

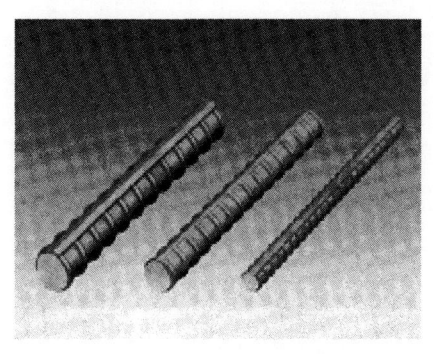

図9.9 ステンレス鉄筋（愛知製鋼(株)提供）

9.3 鉄筋の腐食対策

表9.9 鉄筋の電気防食に関する防食基準[13]

制定機関	指針等の名称	制定年度	適用範囲	防食基準の内容
(財)沿岸開発技術研究センター	港湾コンクリート構造物の劣化防止・補修に関する技術調査報告書―劣化防止・補修マニュアル	1987年9月	常時大気中に暴露される港湾コンクリート構造物	・防食電流遮断後の電位変化量が1.1V以上 ・分極電位が−1.10V(飽和硫酸銅照合電極基準)より卑にならないこと
建設省土木研究所 (財)土木研究センター	コンクリート構造物中の鋼材の電気防食要領(案)	1988年8月	常時大気中に暴露される橋脚・橋床版などのコンクリート中の鋼材	・防食電流遮断後の電位変化量が0.1V以上 ・分極電位が−1.10V(飽和カロメル照合電極基準)より卑にならないこと
(社)日本コンクリート工学協会	JCI-R 1 海洋コンクリート構造物の防食指針(案)	1990年3月	常時海洋中に浸漬される海洋コンクリート構造物	−0.85V(飽和硫酸銅照合電極基準) プレストレスコンクリート構造物は−1.10V(飽和硫酸銅照合電極基準)を超えないこと
			常時大気中に暴露される海洋コンクリート構造物	防食電流遮断後の電位変化量が0.1V以上
NACE(米国) [National Association of Corrosion Engineers]	RP 0290-90 大気環境下コンクリート構造物中の鉄筋電気防食工法	1990年4月	新設または既設の大気暴露環境コンクリート構造物(プレストレストコンクリートは除く)	0.1V以上の分極(復極)量 通電前の自然電位の最卑値を超える電位 E-log$I$試験による電流設定
British Standard(英国)	BS 7361 第5章 コンクリート中の鉄筋 電気防食	1991年	塩害環境にある大気中の鉄筋コンクリート構造物全般	・0.1V以上の分極(復極)量 ・高張力鋼や応力を受ける鋼は、−1.1V(飽和硫酸銅照合電極基準)より貴

ど意匠性を重視した用途も期待される．材質は主としてオーステナイト系ステンレス鋼 SUS 304, SUS 304 L, SUS 316, SUS 316 L が用いられ，呼び径 10～38 mm が市場によく出回っている．

このように，ステンレス鉄筋によりこれまで述べてきた鉄筋の腐食が完全に抑えられるかというと，それほど油断は禁物である．ステンレス鋼の耐食性を担う不働態皮膜は，塩化物イオンにより局部的に破壊する可能性がある．したがって，コンクリート中への塩化物イオンの侵入が懸念される場合に長期耐久性を考えると，コンクリートの組成の改善，かぶり厚の確保やコンクリート構造物表面への塗装などの対策も忘れてはならない．なお，他の材料面からの検討例として，耐候性鋼や亜鉛メッキ鋼の活用も考えられている．

9.3.5 電気防食

鉄筋の腐食は電気化学反応により進行するため，鉄の電位を低下させることにより溶解反応（アノード反応）は著しく減少する．そのために，外部電源あるいは犠牲陽極を用いて鉄筋の電気防食が行われる．表 9.9[13] に種々の機関による電気防食の基準を示す．健全なコンクリートであれば，アルカリ環境にあるため鉄筋は不働態化し電気防食の必要性はない．したがって，腐食が著しく進んでおり，回復手段が容易ではない時に電気防食が活用される場合が多い．

9.3.6 ひび割れ対策

コンクリートのひび割れに対しては，充填材により補強する方法がある．自動式低圧注入工法，機械式注入工法，手動式注入工法がある．注入材料はエポキシ樹脂や無機系微粒子材料，ポリマーセメント等が用いられる．また，シリコーン樹脂や無機質塗料などによる表面塗装も有効な手段である．

[参考文献]
1) 腐食防食協会編：防食技術便覧，日刊工業新聞社, p.286, 1986
2) 荒井康夫：セメント材料科学，大日本図書, p.186, 1984
3) 和泉意登志，喜多達夫，前田照信：中性化，技報堂出版, 1990
4) 安井正宏：防錆管理, **39**, 8, 1995

参考文献

5) T. Yonezawa：Thesis, Victoria University of Manchester, 1988
6) 宮川豊章：鉄と鋼，**76**, 1449, 1990
7) 国土開発技術研究センター，建設省総合技術開発プロジェクト：コンクリートの耐久性向上技術の開発，p.51, 1988
8) 森永　繁：鉄筋の腐食速度式に基づいた鉄筋コンクリート建築物の寿命予測に関する研究，東京大学学位論文，1987
9) ASTM STP 629：Chloride Corrosion of Steel in Concrete, p.88, 1977
10) 岸谷孝一：鉄筋コンクリートの耐久性，鹿島建設技術研究所出版部，p.166, 1998
11) 池田（他）：日本建築学会大会学術講演概要集，p.203, 1983
12) 日本コンクリート工学協会：海洋コンクリート構造物の防食指針，1990
13) 日本コンクリート工学協会：コンクリート構造物の電気防食法研究委員会報告書，1994

10 金属材料の土壌腐食とその対策

現在まで,ガス管,水道管,下水管,地下鉄や高層構造物の基礎などには鉄鋼が土壌中に埋設されて使用されている.また,今後,地下をさらに効率的に使用する計画として,地下の高深度利用が考えられている.土壌中において,鉄鋼が裸で使用されたり,あるいは,防食コーティングが施されていても,一部欠陥ができ,土壌と接するようになると,土壌腐食が発生する.土壌腐食速度は,土壌の抵抗率の低いほど一般に高くなるが,その他の要因にも左右される.土壌腐食により配管からの漏洩が予知できないとき,あるいは構造物の強度劣化が予知できないときは,大きな社会的な事故になる危険性がある.

10.1 土壌腐食の分類

金属材料の土壌中の腐食は一般的に小さいと思われているが,目には見えないことから,その概略について十分理解する必要がある.

図10.1に土壌腐食(soil corrosion)の分類を示す.土壌腐食の分類として,微生物腐食(biological corrosion),マクロセル腐食(macro cell corrosion),電食(stray current corrosion)があげられる.

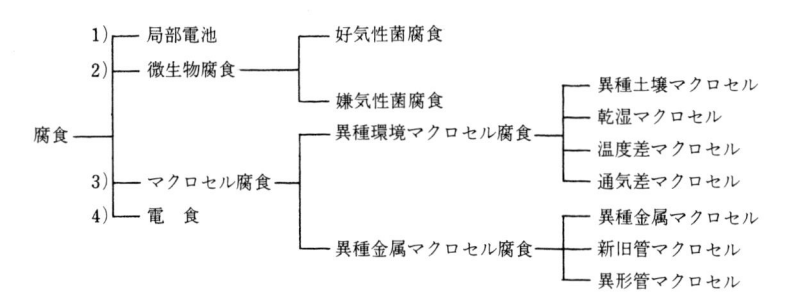

```
腐食 ─┬─ 1) 局部電池
      ├─ 2) 微生物腐食 ─┬─ 好気性菌腐食
      │                └─ 嫌気性菌腐食
      ├─ 3) マクロセル腐食 ─┬─ 異種環境マクロセル腐食 ─┬─ 異種土壌マクロセル
      │                    │                          ├─ 乾湿マクロセル
      │                    │                          ├─ 温度差マクロセル
      │                    │                          └─ 通気差マクロセル
      │                    └─ 異種金属マクロセル腐食 ─┬─ 異種金属マクロセル
      │                                              ├─ 新旧管マクロセル
      │                                              └─ 異形管マクロセル
      └─ 4) 電 食
```

図10.1 土壌腐食の種類

10.1.1　局部電池腐食

水溶液中と同じ腐食機構に従って腐食が進行する．アノード反応は鉄の溶解であり，カソード反応は，酸性土壌中では水素イオンの還元，中性あるいはアルカリ性土壌中では酸素ガスの還元である．

10.1.2　微生物腐食

表10.1[1)]に示すように，微生物には嫌気性細菌と好気性細菌とがある．前者の代表は硫酸塩還元菌（SRB：sulfur reducing bacteria）で，SO_4^{2-}イオンを還元し，H_2S，FeS等を生成して，土壌中の鋼の腐食を加速する．一方，後者の代表は，鉄酸化細菌でFe^{2+}イオンをFe^{3+}イオンに酸化し，かつ，硫酸等を生成することにより，土壌の腐食性を高めて腐食速度を増す．

10.1.3　マクロセル腐食

金属の部位において腐食環境が異なるとき，マクロセル腐食が発生する．図10.2[2)]において，地下水位の深さ2〜2.5 mの所を境にして，上部がマクロカ

表10.1　鉄系材料の土壌腐食に深く関与する微生物の種とその活動[1)]

微生物	硫酸塩還元菌 SRB	メタン生成菌 MPB	鉄酸化細菌 IOB	硫黄酸化細菌 SOB	鉄細菌 IB
分類	嫌気性細菌		好気性細菌		
生息環境	嫌気性の粘土，埋立地，ヘドロ，さびこぶの中で繁殖しやすい．		好気性の硫酸酸性環境で繁殖しやすい．	好気性の土壌，油田，硫黄鉱床，汚水などの中で繁殖しやすい．	鉄，マンガン等を多く含んだ井水，湧水等の地下水で繁殖しやすい．
至適pH	6.5〜7.5	中性域	2.0〜2.5	2.0〜3.5	6〜8
栄養物	SO_4^{2-}，乳酸等	酢酸等	Fe^{2+}	S, FeS	Fe^{2+}, Mn^{2+}, HCO_3^-, CO_3^{2-} 等
生物活動	SO_4^{2-}をS^{2-}に還元する．	メタンを生成する．	Fe^{2+}をFe^{3+}に酸化する．このとき生成する$Fe_2(SO_4)_3$は，加水分解され硫酸を生成する．	元素硫黄あるいは硫化鉄を硫酸にする．	Fe^{2+}をFe^{3+}に酸化する．
生成物	FeS, H_2S	CH_4	$FeSO_4$, $Fe_2(SO_4)_3$ $Fe(OH)_3$, H_2SO_4	H_2SO_4	Fe_3O_4, FeOOH

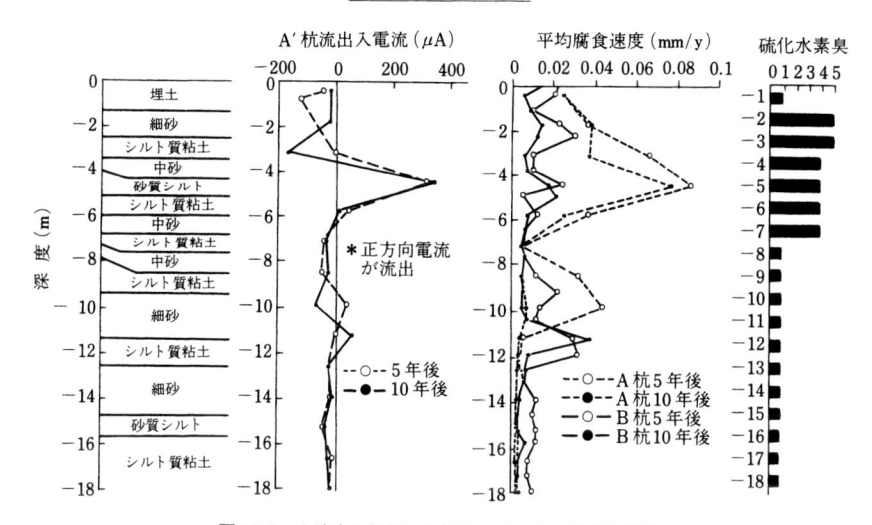

図 10.2　土壌中の鋼杭におけるマクロセル形成と腐食

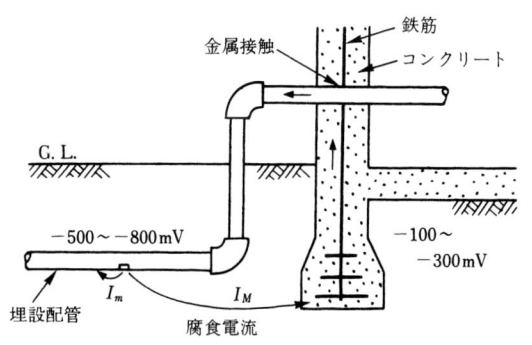

図 10.3　わが国で一般的な埋設配管様式と腐食[3]
(I_m：ミクロセル腐食電流，I_M：マクロセル腐食電流)

ソード，下部がマクロアノードとなる．マクロアノードの箇所の腐食は，通常の腐食より，腐食が加速されている．図 10.3[3]は，埋設配管が鉄筋コンクリートと土壌中でつながっているときに，土壌中の配管の腐食電位が，鉄筋中よりもかなり低くて，土壌中においてマクロセル腐食を呈する例である．

10.1.4　電　食

図 10.4[4]に示すように，鉄道のレールから流れ出た電流が付近の配管に流れ込み，配管から電流が流れ出るところで電食が発生する．迷走電流（stray

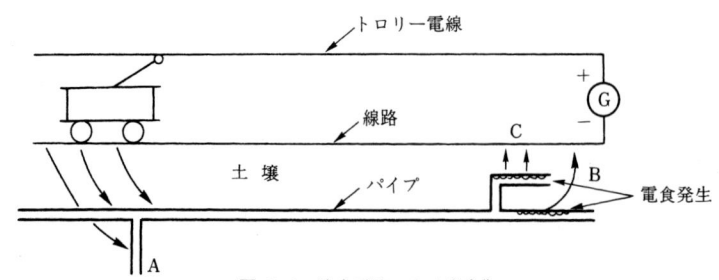

図10.4 迷走電流による腐食[4]

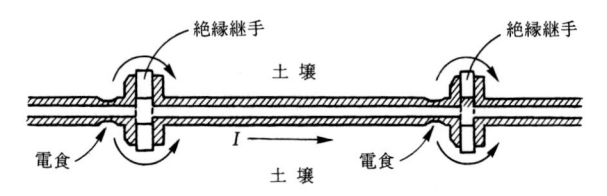

図10.5 絶縁継手の直前における電食[4]

current) による電食が大きい場合は，配管の途中を絶縁継ぎ手等でつないでも，図10.5[4] に示すように，絶縁継ぎ手の直前で電食が発生する．

10.2　腐食速度の支配因子

　土壌中の金属の腐食は電池を形成して進む．その速度は，土壌の抵抗率の r の影響を大きく受ける．

$$r = 2\pi a \Delta\phi/I \qquad (10.1)$$

ただし，r：土壌抵抗率（Ω・cm），π：円周率，a：参照電極間の距離（cm），$\Delta\phi$：参照電極間の電位差（V），I：電流密度（A/cm^2）である．

　図10.6[4] に土壌抵抗率の測定方法を示す．

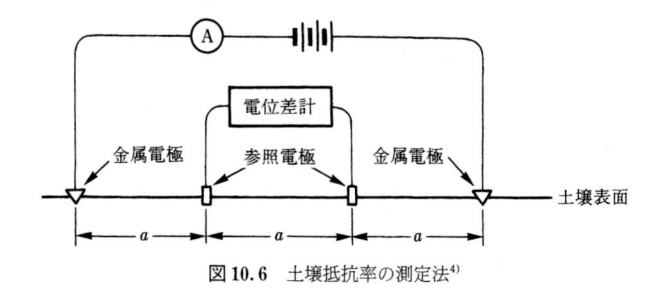

図10.6　土壌抵抗率の測定法[4]

10.2 腐食速度の支配因子

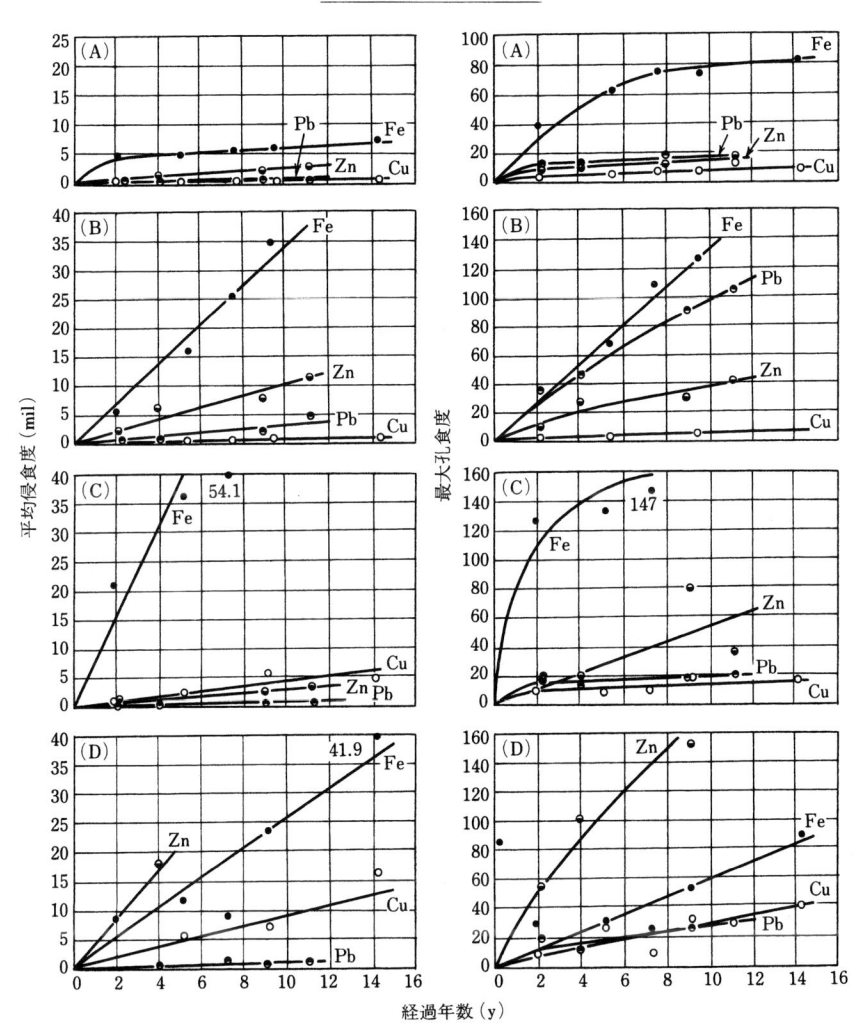

(A) 通気性粘土，pH4.8, 17,800Ω-cm
(B) 不通気性粘土，pH7.1, 406Ω-cm
(C) 通気性粘土，pH7.5, 62Ω-cm
(D) 不通気性泥炭質土，pH2.6, 218Ω-cm

図 10.7 各種土壌中の金属の侵食度[2]

表10.2 土壌中における金属の平均侵食度および最大孔食速度 (NSB 長期埋設試験)[2]

	鉄 鋼	銅	鉛	亜 鉛
平均侵食度 (mm/y)	0.021	0.003	0.002	0.015
最大孔食速度 (mm/y)	0.14	<0.02	>0.07	>0.12
供試土壌種類	44	29	21	12
埋設期間	12	8	12	11

図10.7[2]に各種土壌中のFe(鉄),Zn(亜鉛),Pb(鉛),Cu(銅)の腐食速度を示す.左の列が平均腐食速度,右の列が最大孔食速度を示す.一般に,抵抗率が低いと金属の腐食速度が大きくなる.表10.2[2]は代表的な金属の土壌中の腐食速度,および最大孔食速度をまとめたものである.表10.3[2]は,鋼杭の土壌中の腐食しろに関する建築関係および土木関係の値である.建築関係では,腐食速度を0.02 mm/yとして,50年間の耐用で腐食しろを1 mm,土木関係では,土壌,または水にも接することを仮定して腐食しろに2 mmを決めている.

10.3　腐食診断方法

表10.4[3]に土中埋設管の腐食診断方法を列挙する.ミクロセル腐食,微生

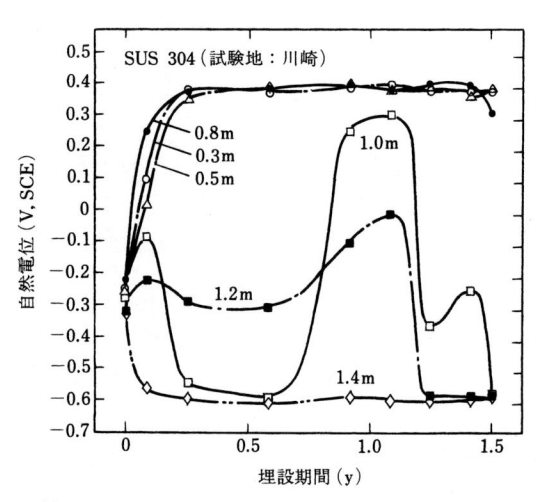

図10.8　種々の深さに土壌埋設されたSUS 304鋼の自然電位の経時変化[2]

10.3 腐食診断方法

表10.3 鋼杭の腐食しろおよび防食法に関する規定[2]

区別	基準名称	腐食しろ
建築関係	建設省住宅局建築指導課長通達392号(昭和59年11月)(建設省住宅局)	防食措置を行わない鋼杭の断面積の算定に当たっては，腐食しろとして1mm以上をとるものとする．ただし，開端杭の内面腐食しろは0.5mm以上をとるものとする．
	建築基礎構造設計指針(昭和63年1月)(日本建築学会)	年間腐食しろ（0.02mm/y×耐用年数）．通常1mmをとれば十分である．
	東京都建築構造設計指針（昭和60年5月）（東京都）	例として，「開端杭の腐食しろとして外側1mm内側0.5mmの場合」を載せている．ただし「閉鎖の場合は内側の腐食しろは見込まないことができる」
	建築用鋼管杭施工指針・同解説（昭和61年9月）（鋼管杭協会）	年間腐食しろ0.02mm/y．通常の場合は鋼管杭の外側のみ1mmの腐食しろを考慮すればよい
土木関係	道路橋示方書・同解説Ⅳ下部構造編（平成2年2月）（日本道路協会）	海水や有害な工場排水などの影響を受けない場合で，環境の腐食性調査を行わず，防食処理も施さないときは，常時，水中および土中にある部分（地下水中部を含む）に対して2mmの腐食しろを考慮する
	設計要領第2集(昭和54年4月)(日本道路公団)	2mm
	設計基準（昭和53年4月）（阪神高速道路公団）	2mmを基準とする
	建造物設計標準解説，基礎構造物および杭土圧構造物他（昭和49年6月）（日本国有鉄道）	杭の周辺土に接する表面2mm，鋼材で囲まれた内側の表面0.5mm，6cm以上の厚さのコンクリートに接する表面は0．これらの値は中程度の腐食性の地盤では80年程度の腐食しろに相当する．
	土木設計（昭和54年4月）（日本下水道事業団）	杭が土または水に接する面2mm，鋼管杭内面については考慮しなくてよい．
治山治水	土地改良事業計画設計基準，設計，頭首工上（昭和53年10月）（農林水産省構造改善局）	杭の周辺土に接する表面2mm，鋼材に囲まれた内側の表面0.6mm，6cm以上の厚さのコンクリートに接する表面0

(1) 腐食しろはJIS Z 0103防錆用語では「使用中の腐食によって失われることを予想してその分だけ増しておく厚さ」と定義され，JIS B 8243圧力容器では「腐れおよび摩耗に対する余裕」と定義されている．

(2) 鋼管杭の場合，腐食しろとは（実際の肉厚）−（支持力上必要な肉厚）である．実際の肉厚は打込み時の打撃力で決まることもある．

(3) 所要腐食しろ (mm)≧平均腐食速度 (mm/y)×耐用年数 (y) であるが，孔食速度は一般に平均腐食速度より数倍大きいので，この配慮を必要とすることがある．

表10.4 土中埋設物の劣化,損傷診断の手法,測定項目[3]

劣化形態	検出手法,測定項目
割れ,腐食減肉	超音波法,渦電流法,静磁場法,電気抵抗法,目視法(TV,ファイバースコープ),寸法計測法(キャリバー,光マイクロメータ),AE
ミクロセル腐食	分極抵抗,腐食電位
マクロセル腐食	管体地電位,土壌比抵抗,腐食電位,ガルバニック電流
微生物腐食	自然電位,酸化還元電位,インピーダンス軌跡
迷走電流腐食	管対地電位(ON電流,OFF電流),流出入電流
被覆陰極剝離	管対地電位,漏洩磁束,インピーダンス軌跡
応力,歪	歪ゲージ法,超音波法,磁気歪法,X線法,局部弾性法,音弾性法,孔あけ法
水素侵入	水素プローブ,AE,超音波減衰法,超音波音速法

鋼管杭:外径318.5mm,長さ6m 土質:表層埋土約-1m,-2mまで従来土および粘土,-6mまでシルト混り細砂 電気防食:流電陽極法,アルミニウム合金陽極,棒状,長さ1m.あらかじめ鋼管杭に取りつけて杭を打ち込む

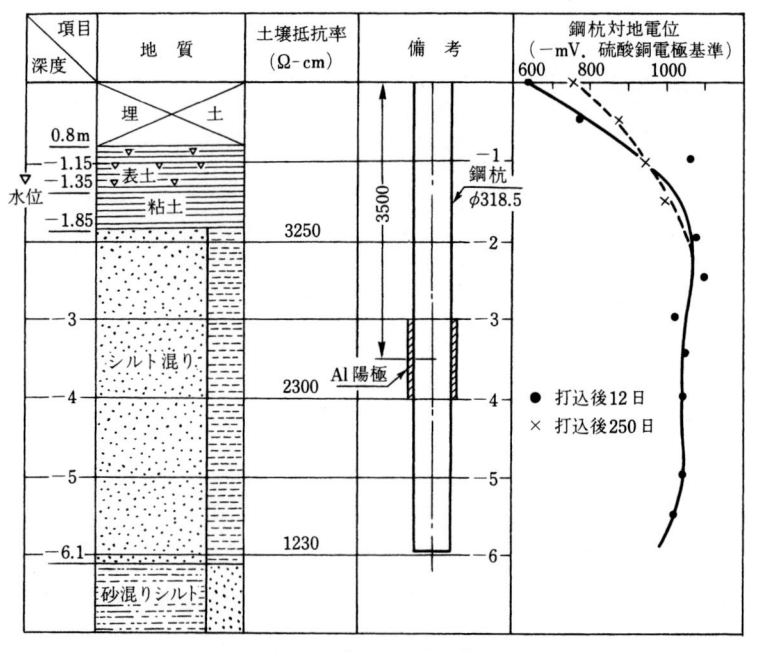

図10.9 鋼杭の電気防食例[2]

物腐食,マクロセル腐食,電食等の腐食診断,あるいは腐食速度の測定には,土壌抵抗率の測定,自然電位および分極抵抗の測定が有効である.

図10.8[2]は土壌中のSUS304ステンレス鋼の自然電位を示す.深さ1m以

10.4 防食法

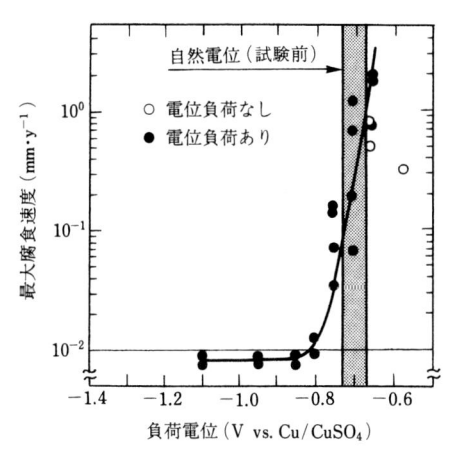

図10.10 鉄酸化バクテリアが棲息する砂中での塗覆装欠陥を模擬した鋼製試験片の最大腐食速度に及ぼす負荷電位の影響[5]

下では自然電位は 400 mV (SCE) と高く，ステンレス鋼が不働態化していることを示すが，深さが 1.0〜1.4 m では低い自然電位を呈している．

10.4　防食法

図10.9[2] に鋼杭の電気防食例を示す．アルミ合金陽極を中心として，地下の深さ 1 m から 6 m のあたりが，自然電位が約 −1000 mV (Cu/CuSO$_4$) となり，電気防食されている．図10.10[5] は，土壌中のバクテリア腐食に及ぼす電位の影響を示す．自然電位は −800 mV であるが，電位をそれ以下にするとバクテリア腐食は大幅に軽減される．

[参考文献]

1) 金属材料活用事典編集委員会：株式会社産業調査会事典出版センター発行，1999
2) 腐食防食協会編：腐食防食データハンドブック，丸善，1995
3) 笠原晃明：日本材料学会腐食部門委員会資料，**26**, 141-14, 1987
4) H.H. Uhlig and R.W. Revie：Corrosion and Corrosion Control, John Wiley and Sons Inc., third edition.
5) 梶山文男：材料と環境，**46**, 491, 1997

11 高温酸化・高温腐食とその対策

　化学プラントや航空機のエンジンを始め各種運輸機器の排気ガス浄化装置などは，しばしば高温酸化・高温腐食によるトラブルが発生する．現代生活に不可欠な石油化学工業，火力発電所，自動車，航空機，都市ごみ焼却炉や各種廃熱回収装置などに使用されている多くの高温部品は苛酷な高温腐食環境に曝されており，高温酸化・高温腐食の発生頻度がきわめて高い．ここでは，高温腐食環境を分類してその特徴を述べるとともに，いくつかの代表的な高温酸化・高温腐食の現象と機構やその対策を述べる．また，今日的課題として注目されているごみ焼却ボイラ伝熱管の腐食機構と防止対策についても触れる．

11.1　高温腐食

　高温で使用される金属材料は，各種燃焼ガス雰囲気に曝されることが多いため，使用環境によっては腐食が重要な問題となる．高温で生じる腐食現象を高温腐食 (high temperature corrosion) と呼ぶ．主な高温腐食環境の分類を表 11.1[1] に示す．高温腐食は O_2, N_2, NH_3, CO, CO_2, H_2O, SO_2, ハロゲン化合物などによる乾食 (dry corrosion) と，低融点の燃焼スラグなどが材料表面に付着して生じる溶融塩腐食（いわゆる狭義の高温腐食, hot corro-

表11.1　主な高温腐食環境の分類[1]

区分	項目		環境
乾食	高温酸化		大気, O_2, CO_2, H_2O
	高温ガス腐食	硫化	H_2S/H_2, SO_2 を含むガス
		浸炭	CO/CO_2, ハイドロカーボン（炭化水素類）を含むガス
		窒化	NH_3/H_2 系ガス
		ハロゲン化	HCl, Cl_2 を含むガス
溶融塩腐食*			硫酸塩, 塩化物などの塩類や V_2O_5, PbO など, 低融点化合物を含む燃焼スラグが酸化性ガス雰囲気中で材料表面に付着する環境

*狭義の高温腐食（hot corrosion）ともいう

表11.2 高温装置と高温腐食現象の代表例[3),4)]

分野		装置	腐食現象	主な耐食材料・表面処理
石油および化学工場関係	一般	加熱炉	高温酸化, 溶融塩腐食, 高温硫化, 浸炭	5～9% Cr 鋼
	石油精製	蒸留塔	高温硫化, 溶融塩腐食	5～9% Cr 鋼
		水素化脱硫装置	高温硫化, 水素浸食	Cr-Mo 鋼（ステンレスクラッド）
	石油化学	エチレン分解炉	炭素析出, 浸炭	HP 系高 Ni 合金
		塩化ビニール製造装置	炭素析出, 浸炭	オーステナイト系ステンレス鋼
	化学工業	水蒸気改質炉	溶融塩腐食, 浸炭, 高温硫化	ステンレス鋼
		アンモニア合成, メタノール合成装置その他	窒化, 水素侵食, ハロゲン化	ステンレス鋼
エネルギー関係	石炭焚・油焚ボイラ	過熱器, 再熱器 火炉蒸発管	溶融塩腐食, 水蒸気酸化 高温硫化	9% Cr 鋼, 12% Cr 鋼, クロマイジング被覆 18-8 オーステナイト系ステンレス用
	石炭ガス化	過熱器, 蒸発管	高温硫化	NCF 800 等のオーステナイト系ステンレス鋼
	PFBC		高温エロージョン, 高温硫化	オーステナイト系ステンレス鋼
	ガスタービン	航空機用動翼	高温酸化, 溶融塩腐食	Ni 基耐熱合金＋表面被覆
		発電用動翼	高温酸化, 溶融塩腐食	Ni 基耐熱合金＋表面被覆
	ごみ発電ボイラ	火炉蒸発管, 過熱器	溶融塩腐食	625 肉盛被覆, 310 オーステナイト系ステンレス鋼
製鉄所	加熱炉	廃熱回収装置(レキュペレーター)	溶融塩腐食	フェライト系ステンレス鋼（シクロマル 13）
輸送機器	自動車	エキゾースト・マニホールド	高温酸化	SUH 409 L, SUS 430 フェライト系ステンレス鋼
		フレキシブルパイプ	融雪塩による高温腐食	SUSXM 15 JI オーステナイト系ステンレス鋼
		触媒担体	高温酸化	200 Cr-5 Al フェライト系ステンレス鋼

11.2 高温酸化の基礎

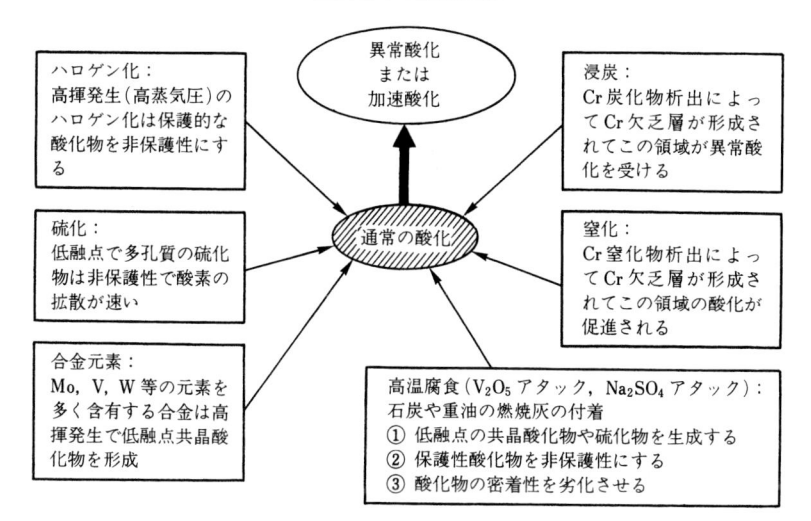

```
           ┌─────────────┐
           │  異常酸化   │
           │   または    │
           │  加速酸化   │
           └─────────────┘
```

ハロゲン化：
高揮発生(高蒸気圧)のハロゲン化は保護的な酸化物を非保護性にする

浸炭：
Cr炭化物析出によってCr欠乏層が形成されてこの領域が異常酸化を受ける

硫化：
低融点で多孔質の硫化物は非保護性で酸素の拡散が速い

通常の酸化

窒化：
Cr窒化物析出によってCr欠乏層が形成されてこの領域の酸化が促進される

合金元素：
Mo, V, W等の元素を多く含有する合金は高揮発生で低融点共晶酸化物を形成

高温腐食(V_2O_5アタック, Na_2SO_4アタック)：
石炭や重油の燃焼灰の付着
① 低融点の共晶酸化物や硫化物を生成する
② 保護性酸化物を非保護性にする
③ 酸化物の密着性を劣化させる

図 11.1 異常酸化発生の模式図[2]

sion) に大別できる．乾食の中でも大気中などの酸化が腐食反応の主体となる現象を高温酸化 (oxidation) といい，他に腐食反応の違いによって硫化，浸炭，窒化，ハロゲン化に分類される．酸化/硫化，酸化/浸炭など2形態が同時に起こる高温腐食は著しく促進され，図11.1[2]に示すような異常腐食（いわゆる異常酸化, break away oxidation) を引き起されることがある．表 11.2[3),4)] は高温腐食が問題となる高温装置の一例をまとめている．

11.2　　　　　　　　　　　　　　高温酸化の基礎

　金属材料の高温酸化特性は，材料表面に均一に生成した酸化スケールの化学的・機械的安定性に依存する．すなわち，図11.2[1)]のように金属材料を空気中あるいはO_2を含むガス雰囲気中で高温に加熱すると材料表面に酸化スケールが生成する．生成した酸化スケールは材料表面を一様に覆い，材料からガス雰囲気を遮断する．環境遮断が達成されると酸化反応はスケール中の金属イオンないしは酸素イオンの拡散に支配される．ここでは，まず金属の酸化反応について簡単に述べたのち，酸化スケールの成長について説明する[1)]．

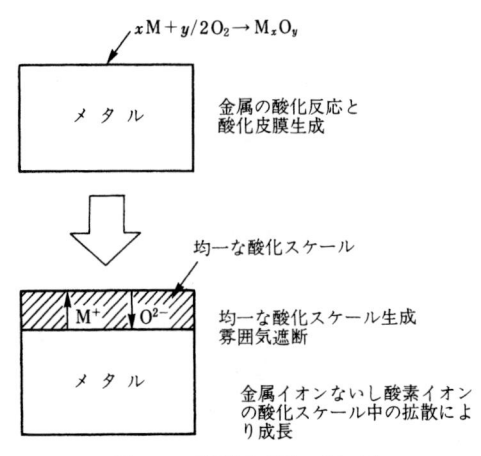

図11.2 高温酸化現象の考え方[1]

11.2.1 高温酸化の熱力学

　金属材料が高温ガス雰囲気中で酸化するか否かは，材料を構成する各種金属酸化物の平衡酸素分圧（$P_{O_2}^*$）をガス雰囲気の酸素分圧と比較することで判別できる．例えば，Ni の酸化反応はその自由エネルギー変化をΔGとすると

$$2\,\mathrm{Ni} + \mathrm{O}_2 = 2\,\mathrm{NiO} \tag{11.1}$$

$$\Delta G = \Delta G° + RT\ln K, \quad K = 1/P_{O_2} \tag{11.2}$$

と表される．ここで，$\Delta G°$は酸化物のギブス標準生成自由エネルギー，Rはガス定数，Tは絶対温度，Kは平衡定数，P_{O_2}は酸素分圧である．ΔGの値が負であれば（11.1）式の反応はスケールが生成する方向（右側）に進み，正の値の場合には酸化物が還元されて金属が得られる方向（左側）に進む．NiとNiOが共存（平衡）する場合には$\Delta G=0$となり，このときの酸素分圧$P_{O_2}^*$は

$$P_{O_2}^* = \exp(-\Delta G°/RT) \tag{11.3}$$

から求まる．いま雰囲気ガスの酸素分圧（P_{O_2}）が$P_{O_2}^*$より大であればNiは酸化され，小であればNiは酸化されず逆にNiOが還元されてNiが得られる．いくつかの金属酸化物の$\Delta G°$を各温度で整理したデータをまとめた図11.3[5]はエリンガム図（Ellingham diagram）と呼ばれ，高温酸化を理解する上で重要である．この図は各種酸化物の安定性，酸素との親和力の大小を示すものと解釈でき，図下に位置する酸化物ほど化学的に安定であり，還元するた

11.2 高温酸化の基礎

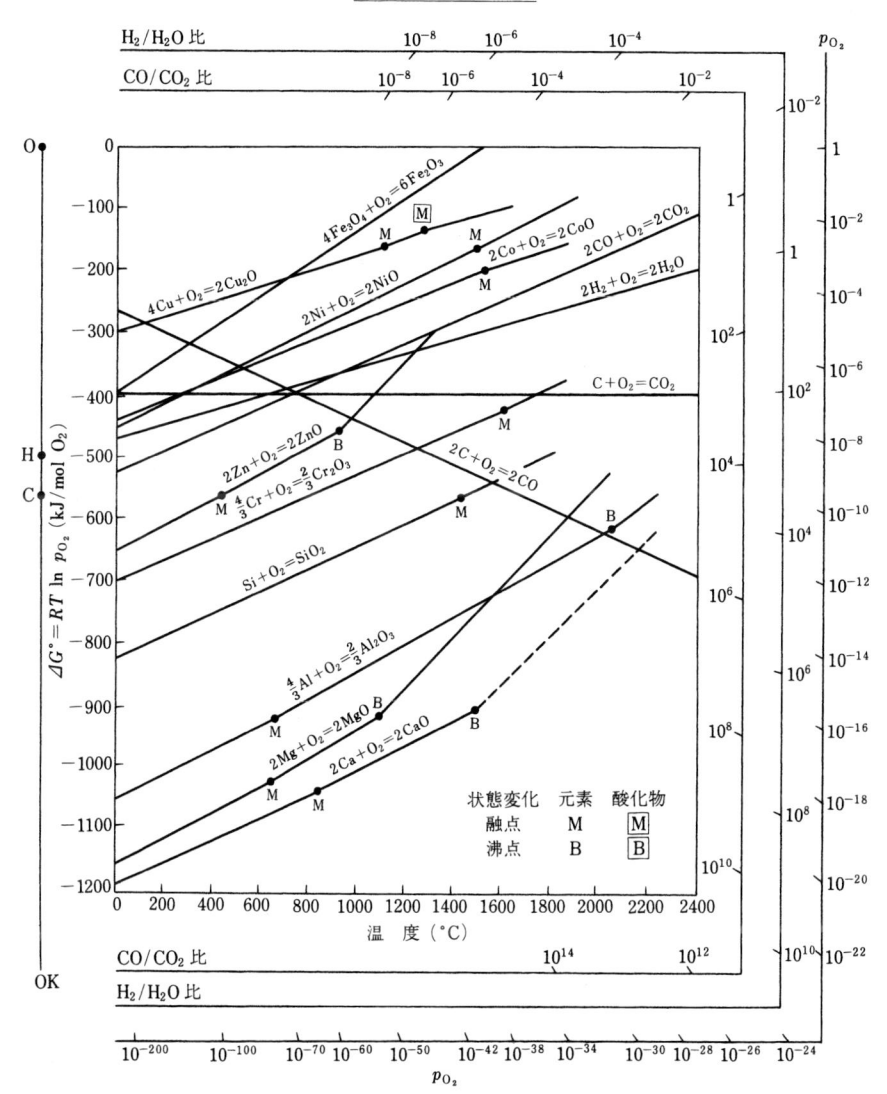

図11.3 酸化物の生成における標準自由エネルギー（エリンガム図）[5]

めには大きなエネルギーを要する．

金属材料を酸化するガス種は O_2 の他に H_2O, CO_2 などある．これらのガス種は Ni を一例にすると，水蒸気の場合には

$$Ni + H_2O = NiO + H_2, \quad K = P_{H_2}/P_{H_2O} \tag{11.4}$$

CO_2 ガスの場合には

$$Ni + CO_2 = NiO + CO, \quad K = P_{CO}/P_{CO_2} \tag{11.5}$$

により金属材料が酸化するので酸化性ガス成分と呼ばれる．O_2 の場合には P_{O_2} がガス雰囲気の酸化性を示す指標となるが，H_2-H_2O 系では H_2/H_2O 比，CO/CO_2 系では CO/CO_2 比がそれぞれガス雰囲気の酸化性を示す指標となる．(11.4) 式，(11.5) 式を逆から見ると H_2，CO により NiO が還元されることから，H_2，CO は還元性ガス成分と呼ぶ．

11.2.2 酸化スケールの成長

金属材料の高温酸化では酸化スケールの成長速度が金属の種類，温度，時間や酸素分圧などの条件によって変化し，図11.4 および表11.3[6] に示すような酸化速度則がある．同一金属でも低温では対数則に従い，高温になると放物線

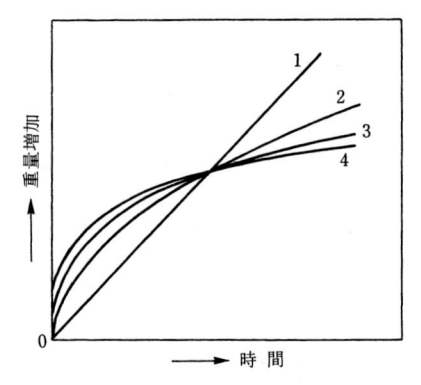

図 11.4 各種酸化挙動の図式表現．
1：直線法則，2：放物線法則，3：三乗根法則，4：対数法則

表 11.3 酸化現象を示す関係式[6]

法則の種類	表現式	備考
直 線 法 則	$x = k_l t$	表面反応律速型
放物線法則	$x^2 = k_p t$	拡散律速型（厚いスケール）
三乗根法則	$x^3 = k_c t$	同上 ($x \sim 1000\text{Å}$)
対 数 法 則	$x = k' \log(t_0 + t) + A$	$x < 100\text{Å}$（電子のトンネル効果律速）
逆対数法則	$1/x = A' - k'' \log t$	$x < 100\text{Å}$（強電場内移動）

注：ここで，x はスケール厚，k_l，k_p，k_c，k' および k'' は各法則式の速度定数，A，A' は定数

11.2 高温酸化の基礎

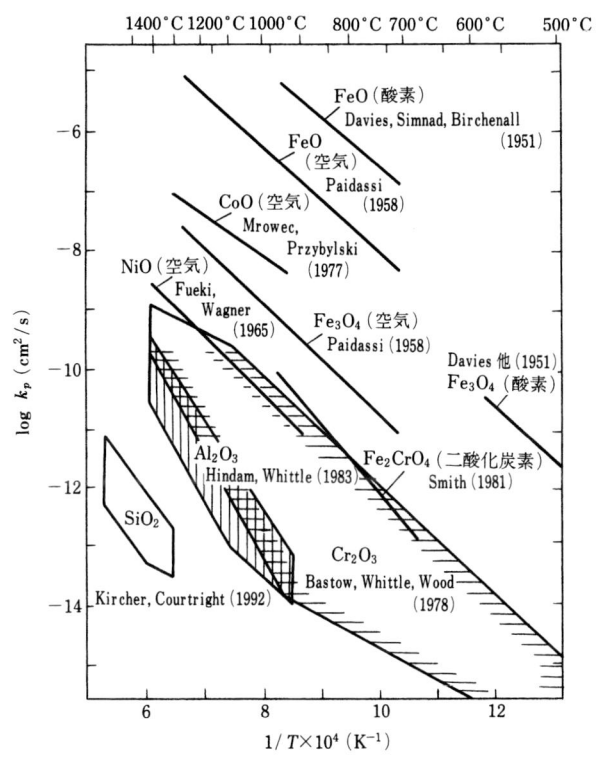

図 11.5 各種酸化スケールの酸化定数[1),7)]

則，直線則に変化することがあり，1つの式で表現することが困難な場合もある．しかし，多くは長時間側で酸化スケールの成長が抑制されて放物線則に従い，材料表面に生成するスケールの厚み d (cm) は酸化時間 t (s) と

$$d^2 = k_p \cdot t \tag{11.6}$$

の関係にある．ここで k_p は放物線速度定数（あるいは酸化定数，cm^2/s）と呼ぶ．放物線則は酸化試験における試料の重量増加 Δw (酸化による酸素吸収分，mg/cm^2) を用いて

$$\Delta w^2 = k_p \cdot t \tag{11.7}$$

と表示することがあり，この場合の k_p の単位は $mg^2/cm^4 s$ となるので注意を要する．酸化定数の大きい酸化スケールはその成長が速いため，材料の耐酸化性の観点から見ると好ましくないスケールとなる．

実用材料に生成する主な酸化スケールの酸化定数を図 11.5[1),7)] に示す。縦軸は酸化定数の対数で示している。Fe系酸化スケール，特にウスタイト（FeO）は成長は速く保護皮膜としてあまり期待できないのに対し，Cr_2O_3, Al_2O_3, SiO_2 スケールは成長速度（酸化定数）が小さく（スケール中のイオンの拡散が遅く），材料の保護皮膜として期待できる。金属材料のうち耐熱用途に開発された材料はこれらの保護酸化スケール，なかでも Cr_2O_3 スケールが材料表面に均一に形成するように成分設計されている。

11.3　耐熱鋼材の高温酸化

実用鋼材の耐酸化性を改善するための添加元素は，表面で選択的に酸化されて保護性酸化スケールが形成する必要があるので，ベース金属より酸素との親和力が大きく，またその酸化物中の金属イオンの拡散係数が小さくなければならない。表 11.4[8)] に各種酸化物の 1000°C における金属イオンの拡散係数を示す。ステンレス鋼に代表される Fe-Cr 合金では酸化温度によらず合金の Cr 含有量が約 20% 以上で Cr_2O_3 が合金表面に均一に生成し，耐酸化性が優れている[9),10)]。高温酸化環境において利用される保護性酸化スケールは，Cr_2O_3 スケールの他に Al_2O_3, SiO_2 スケールがあり，これらは熱力学的に安定でかつ緻密であり，スケールの成長速度も小さいため，材料表面に均一に生成した場合には腐食環境を遮断する極めて有効な保護皮膜となる。

表 11.4　酸化物中の金属イオンの自己拡散係数 (1000°C)[8)]

酸化物	自己拡散係数 ($cm^2 \cdot s^{-1}$)
FeO	9×10^{-8}
Fe_3O_4	2×10^{-9}
α-Fe_2O_3	2×10^{-15}, O : 8×10^{-14}
CoO	3×10^{-9}
NiO	1×10^{-11}
Cr_2O_3	3×10^{-14}
α-Al_2O_3	3×10^{-17}
$CoCr_2O_4$	Co : 1.7×10^{-12}, Cr : 1.9×10^{-12}
$NiCr_2O_4$	Ni : 1.4×10^{-13}, Cr : 2.8×10^{-13}
$NiAl_2O_4$	Ni : 1×10^{-13}
SiO_2	O : 1.3×10^{-18}, Si はこれより小さい。
MnO	1×10^{-10} ($p_{O_2} = 10^{-16}$ atm)

11.3 耐熱鋼材の高温酸化

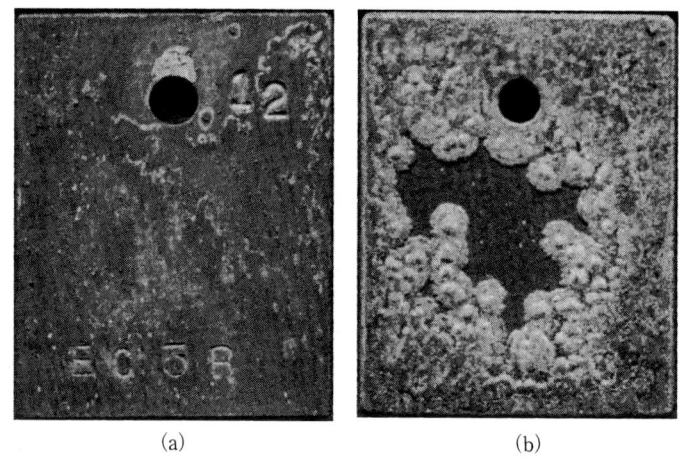

(a) (b)

図 11.6 フェライト系ステンレス鋼の異常酸化例（18/19% Cr 鋼，実験室大気中 950°C，200 h 加熱）[1]．(a) 異常酸化なし，(b) 異常酸化有り

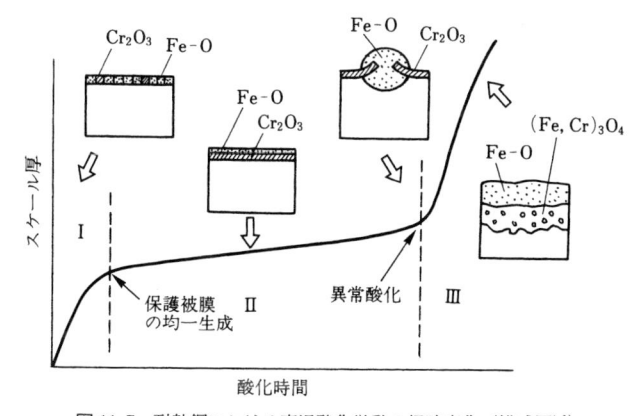

図 11.7 耐熱鋼における高温酸化挙動の経時変化（模式図）[1]

　保護性酸化スケールが均一に生成するような耐熱鋼材では，酸化温度を上昇させると酸化スケールがある耐用温度以上で長時間安定に存在できず，図 11.6[1] に示すような異常酸化を起こす．耐熱鋼における高温酸化挙動の経時変化を図 11.7[1] に示す．酸化初期に形成された保護性 Cr_2O_3 スケールが成長途中で割れや剝離を起こすと，その箇所での保護機能が失われてしまう．合金の Cr 含有量が多いとスケールの割れ部や剝離部で Cr_2O_3 スケールが再生するが，合金の Cr 含有量が少ないと耐用温度以上で Cr_2O_3 スケールが健全に成長でき

表 11.5 大気中におけるステンレス鋼および耐熱鋼の耐用温度[2]

JIS 鋼種	熱サイクル(°C)	等温条件(°C)
SUS 301	840	900
SUS 302 B	970	1050
SUS 304	870	925
SUS 309	980	1095
SUS 310	1035	1150
SUS 316	870	925
SUS 321	870	925
SUS 347	870	925
SUSXM 15 J 1 L	1035	1150
NCF 800	1000	1100
NCF 601	1050	1050
SUS 410 S	815	750
SUS 409 L	900	850
SUS 430	870	815
SUS 436 L	1100	1050
SUS 444	1130	1100
SUS 446	1175	1120
20 Cr-5 Al	1175	1120
SUS 409 J 1 L	980	910

ずに異常酸化が生じる．各種ステンレス鋼および耐熱鋼材の大気中における耐用温度の一例を表 11.5[2] に示す．オーステナイト系ステンレス鋼に生成される酸化物の熱膨張係数はフェライト系に比べて大きいため，熱サイクル下では割れや剝離が生じる．しかし，フェライト系ステンレス鋼ではこのような現象は起こらず，むしろ熱サイクル下では耐用温度が 50〜100°C 高い．いずれにせよ，材料の耐高温酸化性は材料の使用状況や大気中の湿分の影響を受けるため，同表で示した耐用温度はあくまでも目安とされたい．

一般に，耐熱鋼材は高温強度と耐熱性の両性質を満たさなければならないので，高温酸化挙動に及ぼす添加元素の効果を正確に把握しておく必要がある．たとえば，Fe-Cr 合金の酸化挙動に対して 18% 以上の Cr を含むと優れた耐

11.3 耐熱鋼材の高温酸化

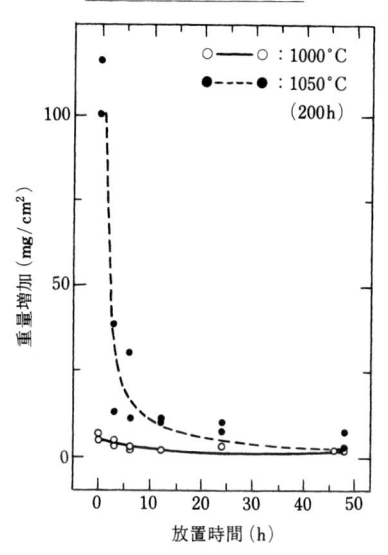

図11.8 18 Cr-1.2 Mo-0.3 Ti (SUS 436 L) ステンレス鋼の酸化速度に及ぼす予備酸化の影響[11]

酸化性が得られるが,他に Al, Si などを適量含むとこれ以下の Cr 量でも十分な耐酸化性が得られる.クリープ強度などの高温強度特性を改善するためには,固溶強化を目的に Mo, W, V が単独または複合で添加されることが多い.しかし,これらの添加元素は,1000℃以上の高温で低融点の揮発性の高い酸化物 (MoO_3, WO_3, V_2O_5) を生成して異常酸化を起こす危険性がある.この他に極低 C, N で安定化元素 Ti, Nb, Zr を含むと耐酸化性は一層改善される.また,金属耐酸化性は初期酸化皮膜の性質に大きく左右される.特にステンレス鋼の場合は不働態皮膜の性能や加工層の有無に大きく依存する.図11.8[11]に高純度フェライト系ステンレス鋼の高温酸化挙動に及ぼす予備酸化の影響を示す.研磨後直ちに酸化雰囲気に曝すと酸化速度は大きいが,大気中での放置時間が長くなるにつれて不働態皮膜が強固になるため酸化速度は小さくなる.ショットピーニングや物理的研磨などの加工を施すと材料表面に格子欠陥が導入され,Cr の拡散が速められてより速く緻密な Cr_2O_3 が生成して耐酸化性が向上する.このような加工層の生成は結晶粒微細化にも役立ち,素地の結晶粒度が細かいほど短時間に金属表面が均一に Cr_2O_3 で被覆されるので耐酸化性が向上する.

11.4　高温実用材の溶融塩腐食

　金属材料が高温の燃焼ガス雰囲気中で溶融塩薄膜に覆われると激しい腐食損傷が生じる．すなわち，材料表面に生成する保護性酸化スケールが溶融塩と反応してスケールを溶解・破壊するためであり，保護性酸化スケールによる環境遮断効果が失われて腐食が加速的に進行する．腐食性溶融塩は環境によって異なり，バナジウムを多く含む重油燃焼ボイラーではV_2O_5などのバナジウム化合物，ガスタービンや石炭焚きボイラーではアルカリ硫酸塩，ごみ焼却炉では塩化物—硫酸塩の混合塩となる．このような溶融塩腐食は図11.9[1]に示すように材料表面に付着した燃焼灰が溶融する条件下でのみ認められ，灰が溶融しない状態では腐食は一般に軽微である．すなわち，酸化性ガス成分（たとえば，O_2）と溶融塩が共存する条件下で激しい腐食損傷が起こる点が溶融塩腐食の特徴である．

11.4.1　バナジウム侵食

　Vを多く含む重油を燃焼した場合，ボイラ管やガスタービン翼等で腐食が見られ，これをバナジウム侵食（vanadium attack）と呼ぶ．燃焼中のVは酸化されて材料表面にV_2O_5として凝縮・付着し，Na酸化物等と反応して表11.6[3]に示す低融点酸化物を形成する．Na_2O-V_2O_5酸化物系で一番低い共晶温度は530℃であり，ボイラ管のメタル温度域に近い．図11.10[12]は，バナジウム侵食を模式的に示したものである．金属表面に接触した溶融状のバナジウ

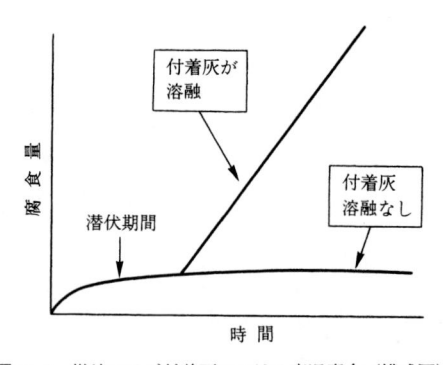

図11.9　燃焼スラグ付着下における高温腐食（模式図）[1]

11.4 高温実用材の溶融塩腐食

表11.6 重油燃焼時に生成されるバナジウム化合物と融点[3]

化 合 物	融点〔℃〕
V_2O_5	690
$3Na_2O \cdot V_2O_5$	850
$2Na_2O \cdot V_2O_5$	640
$10Na_2O \cdot V_2O_5$	574
$Na_2O \cdot V_2O_5$	630
$2Na_2O \cdot 3V_2O_5$	565
$Na_2O \cdot 2V_2O_5$	614
$5Na_2O \cdot V_2O_4 \cdot 11V_2O_5$	535
$Na_2O \cdot 3V_2O_5$	621
$Na_2O \cdot V_2O_4 \cdot 5V_2O_5$	625
$Na_2O \cdot 6V_2O_5$	652
$2NiO \cdot V_2O_5$	>900
$3NiO \cdot V_2O_5$	>900
$Fe_2O_3 \cdot V_2O_5$	860
$Fe_2O_3 \cdot 2V_2O_5$	855
$MgO \cdot V_2O_5$	671
$2MgO \cdot V_2O_5$	835
$3MgO \cdot V_2O_5$	1191
$CaO \cdot V_2O_5$	618
$2CaO \cdot V_2O_5$	778
$3CaO \cdot V_2O_5$	1016

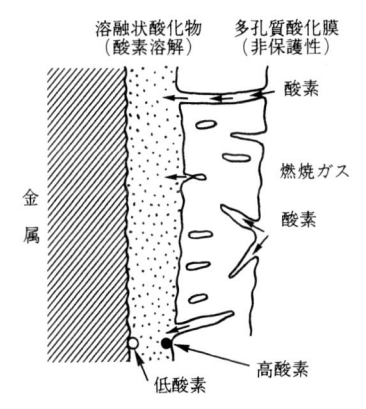

図11.10 バナジウム侵食の機構[12]

ム化合物よって絶えず雰囲気中の酸素が運び込まれるので，この酸素によって金属が酸化されるとともに酸化物が溶融塩によって破壊され，多孔質となって保護皮膜としての効果を失うため加速酸化が進む．また，燃焼灰中にVがほとんど含まれていない場合でも硫酸塩と塩化物が共存する（たとえば，Na_2SO_4＋NaClや$CaSO_4$＋$CaCl_2$）だけで低融点の金属硫化物が生じて高温腐食の原因となることがある．

高温実用材ではCrが多く含まれる鋼の耐食性が一般に優れるが，バナジウム侵食ではガス温度の高い部位においてオーステナイト系ステンレス鋼より高フェライト系耐熱鋼の方が耐食性に優れることもある．バナジウム侵食を防止するため化石燃料にMg化合物等を添加し，付着灰の融点を上昇させる防食法がある．これによれば，$Mg(OH)_2$微粉末を燃料中のVに対しMg/V＝2（原子比）の割合で燃料に注入することにより防食効果が得られる[7]．また，溶融硫酸塩環境における材料の防食対策として，高Cr合金の適用とともに溶

射・肉盛被覆や拡散浸透処理が検討されている．

11.4.2 硫酸塩腐食

溶融塩腐食では塩の溶融開始温度以上で腐食は激しくなるが，硫酸塩の場合のみ腐食速度がある温度域で極大となるいわゆるベル型の腐食挙動を示す．たとえば，海浜部に設置される産業用ガスタービンのタービン翼で見られる硫酸塩腐食（850℃付近で腐食速度大，タイプⅠ腐食）とイオウの多い石炭を燃焼するボイラの高温伝熱部で見られるアルカリ・鉄硫酸塩腐食（650〜700℃で腐食速度大，タイプⅡ腐食）がある．いずれの腐食も鋼材のメタル温度が付着灰の溶融開始温度以上で激しくなるが，高温域では硫酸塩が分解するため腐食はある温度で極大となる．タイプⅡ腐食のアルカリ・鉄硫酸塩腐食では腐食は燃焼ガスのSO_2濃度の影響を受ける．図11.11[13)]に示すようにSO_2濃度が1000 ppmを超えるとアルカリ・鉄硫酸塩が溶融し始めて腐食が生じる．燃焼ガスのSO_2濃度は石炭に含まれるイオウ量に依存することから，イオウ量の低い石炭を燃焼する限りにおいてはボイラ伝熱部のアルカリ・鉄硫酸塩腐食はあまり問題にならない．石炭焚きボイラのような溶融硫酸塩による高温腐食環境下ではCr_2O_3スケールの溶融硫酸塩への溶解度が小さいため，図11.12[14)]に示すようにCrを多く含む材料ほど耐食性に優れる．Al_2O_3やSiO_2スケール

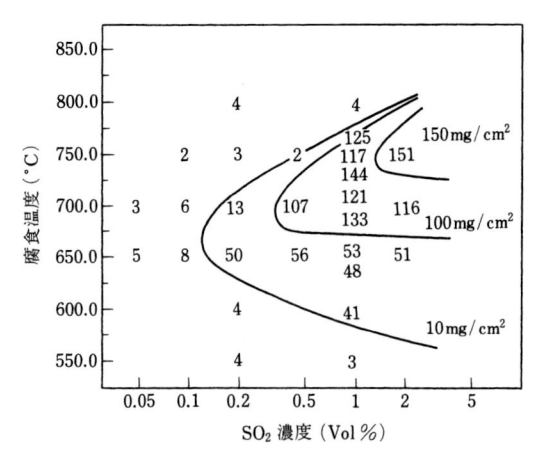

図11.11 321Hステンレス鋼の高温腐食に及ぼすSO_2濃度の影響（ラボ試験，硫酸塩合成灰，20 h）[13)]．図中の数字は腐食減量（mg/cm^2）

11.5 高温硫化・浸炭・窒化・ハロゲン化

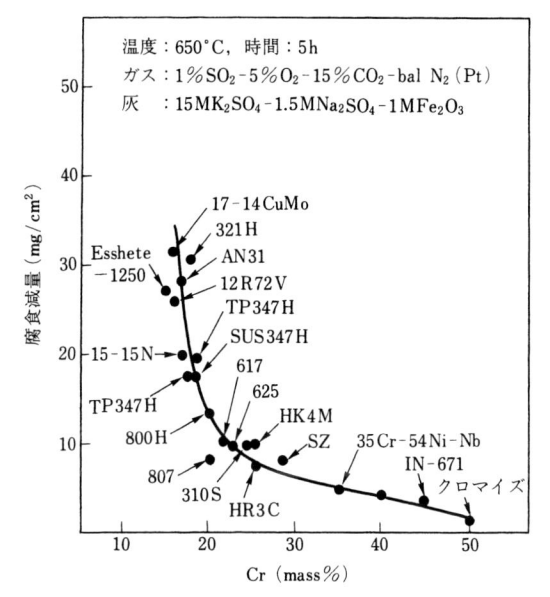

図 11.12 合成石炭灰による既存オーステナイト鋼の耐高温腐食性[14]

も溶融硫酸塩への溶解度が小さく，耐食性に富む被覆として期待される．

11.5 高温硫化・浸炭・窒化・ハロゲン化

高温硫化 (sulfurization) は，化石燃料に含まれている無機・有機硫黄化合物が燃焼したときに生じる SO_2 や H_2S ガス，燃焼灰中の Na_2SO_4 などの溶融アルカリ硫酸塩が合金上で反応することによって起こる．SO_2 は分圧が低いと酸化が優先するが，H_2S の場合はきわめて低い濃度でも高温硫化を引き起こす．生成した硫化物は低融点でかつ多孔質であり，多くの欠陥を有するため保護性に乏しく硫化速度は速い．緻密な酸化物を形成する Cr，Al，Si は耐硫化性改善に最も有効な合金元素であり，さらに希土類元素などを微量に添加することにより硫化を著しく抑制できる．一方，Ni は最も容易に硫化される合金元素であるが，20％以上の Cr を含有すると硫化速度は著しく抑制される．Al は Cr に次いで耐硫化性改善に有効な元素である．最も危険な環境は，硫化/ハロゲン化，酸化/硫化/ハロゲン化が同時に起こる場合である．これはハロゲン化により Cr が欠乏し，Ni が富化した領域が激しく硫化されることに原因

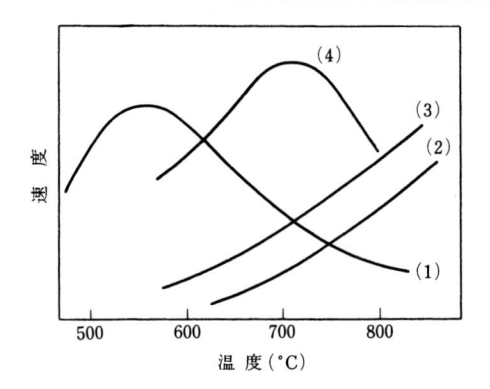

(1) COからCの析出速度（Fe_2O_3を触媒とした場合）
(2) 反応速度
(3) 拡散速度
(4) (1)(2)および(3)の合成から得られる浸炭速度

図11.13　浸炭速度と温度の関係[15]

する．

　浸炭（carburization）はガス雰囲気のC活量が材料のそれよりも大きい場合に生じる現象で，ガス相から材料表面に析出したCが地金内部へ拡散し，その過程でCとの親和力の大きい合金元素（たとえば，CrやTiなど）と結合することで生じる．浸炭によって機械的損傷（硬化と脆化）と化学的損傷（腐食）の2種類の材料劣化を引き起こすのが大きな特徴である．浸炭性ガス成分（COやCH_4など）や固体活性炭素が金属表面に吸着し，原子状のCが金属内部に拡散してCrの炭化物を形成する．したがって，ガスによる浸炭速度はガス側からの活性Cの到達（吸着）速度と反応（拡散）速度の兼ね合いで決定される．図11.13[15]にこれらの関係を示す．浸炭による損傷について，COでは700℃付近で極大となるのに対し，CH_4の場合には800℃を超える高温域で顕著となり，いずれも形態的には粉末化して損耗するメタルダスティング（metal dusting）として知られている．耐浸炭性を改善する最も有効な合金元素は，Ni，Cr，Siである．Niは炭化物を形成しない不活性元素であり，CrとSiは緻密な酸化物Cr_2O_3，SiO_2を形成してCの透過を阻止するためである．一般にSi％＋Cr％≧30を有する合金は，十分な耐浸炭性を有する．安定な炭化物を形成するTi，Nb，Zrなどの添加も侵入してくるCを捕獲するため有効である．

　窒化（nitriding）はNH_3やメラミン樹脂合成などのような高温高圧環境で多くの損傷事例が観察されており，浸炭と同様にN_2，NH_3ガスやその他の窒

11.5 高温硫化・浸炭・窒化・ハロゲン化

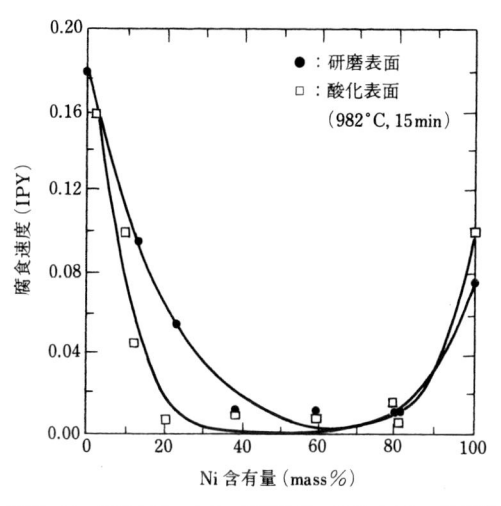

図 11.14 各種金属，合金の耐窒化性に及ぼす Ni の効果[16]

素化合物が金属中に浸透（拡散）して窒化物を形成して材料の機械的損傷や化学的損傷を引き起こす．N_2 ガスは不活性であり，実際の環境でも単純な雰囲気が多いので，材料選定は比較的容易である．Ni は窒化物を生成しないので，耐窒化性改善に最も有効な合金元素である．図 11.14[16] に NH_3 合成コンバーターでの腐食速度と Ni 含有量の関係を示している．Ni 量の増加とともに耐窒化性は向上するが，同一の Ni 量の場合，Cr 量が多いほど耐窒化性は悪くなる．適量の Cr があると保護性窒化物を生成して耐窒化性が改善されるが，10％以上での Cr では窒化物の密着性が悪くなり，逆に窒化速度が大きくなる[17]．Al は容易に窒化されるので Al 含有鋼の使用には十分注意が必要である．

ハロゲン化（chlorination）は塩化ビニールの合成，石炭の液化およびガス化装置，都市ゴミや産業廃棄物の焼却炉などで遭遇する大変厳しい高温腐食である．Cl_2 や HCl などのハロゲンガスは腐食性がきわめて強く，大抵の金属や合金は激しく腐食される．このようなハロゲンガス環境において生成する腐食生成物の金属ハロゲン化物（たとえば，$FeCl_2$，$FeCl_3$，$CrCl_3$ など）は，融点が低い上に蒸気圧が高く，揮発性に富んで容易に昇華する．このため金属ハロゲン化物は保護皮膜として安定に存在できず，材料の腐食速度は大きくなる．

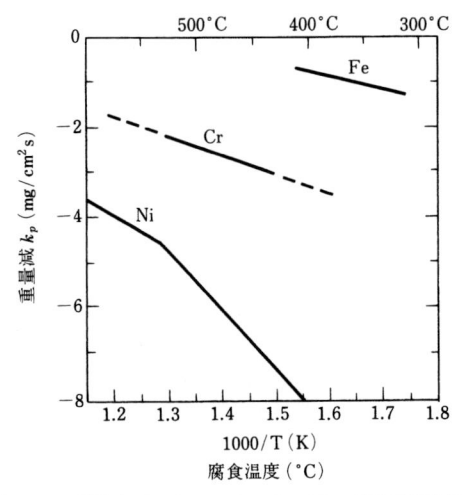

図 11.15 純塩素ガス中での Fe, Cr, Ni の腐食速度定数[18]

図 11.15[18] に純 Fe, Cr および Ni の Cl_2 ガス中での腐食速度を示す．Ni は不活性であるが，Fe, Cr の腐食速度は非常に大きく，耐用温度も低い．このようにハロゲンガス環境では Ni の塩化物が相対的に安定であるため，Ni が材料の耐ハロゲン化を高める合金元素となる．Cr は，Cl_2 を含むガス雰囲気中に O_2 が共存すると蒸気圧の高い CrO_2Cl_2 が生成するため不適である．

11.6　ごみ焼却炉の高温ガス腐食

11.6.1　ごみ焼却炉の構造

近年，ごみのガス化溶融やスーパーごみ発電等の新システムの開発が脚光を浴びているが，多量のごみを安定して焼却可能なストーカ（火格子）炉技術は依然として重要である．都市ごみ焼却プラント（清掃工場）におけるごみ搬入から焼却処理までの流れを図 11.16[19] に示す．このようなストーカ方式の焼却プラントにおいて，燃焼室からボイラ部に至る高温域では構成部材の激しい高温腐食損傷を受ける．発電効率を向上させるためには廃熱ボイラの蒸気条件を高温高圧化する必要があり，ボイラ伝熱管における高温腐食の防止が重要な課題となる．サーマルリサイクルとしての高効率ごみ発電技術を確立するためには，ごみ焼却ボイラの腐食環境を詳しく解析し，材料の腐食機構を明らかにす

11.6 ごみ焼却炉の高温ガス腐食

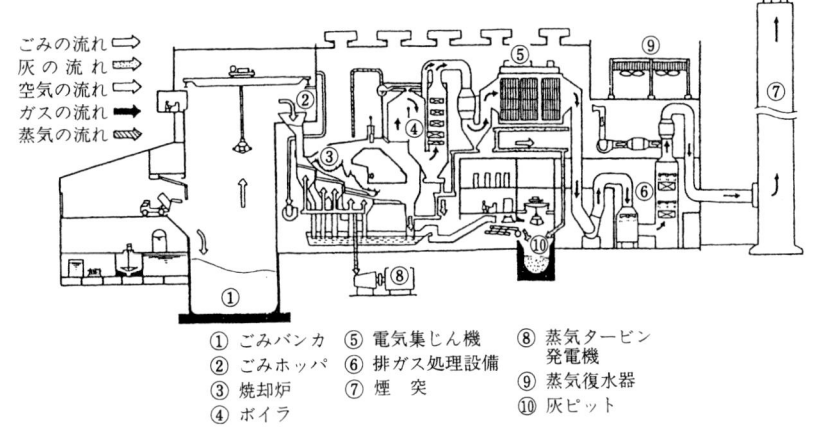

図11.16 都市ごみ消却プラント（清掃工場）におけるフローシート（ストーカー方式）[19]

① ごみバンカ　⑤ 電気集じん機　⑧ 蒸気タービン発電機
② ごみホッパ　⑥ 排ガス処理設備
③ 焼却炉　　　⑦ 煙突　　　　　⑨ 蒸気復水器
④ ボイラ　　　　　　　　　　　　⑩ 灰ピット

ごみの流れ⇨
灰の流れ⇨
空気の流れ⇨
ガスの流れ⇨
蒸気の流れ⇨

るとともにボイラ用材料の耐食限界を把握する必要がある．ここではごみ焼却ボイラ伝熱管に絞り，その腐食機構と対策について述べる．

11.6.2 ごみ焼却伝熱管の腐食機構

ごみ焼却ボイラ環境における炭素鋼伝熱管の腐食速度と管壁温度の関係を図11.17[20]に示す．従来型ごみ焼却ボイラ伝熱管のように管壁温度が320℃程度以下に抑えていれば，炭素鋼クラスであっても高温腐食は基本的に問題ないが，約350℃以上になると管壁への飛灰成分の付着堆積に起因した溶融塩腐食

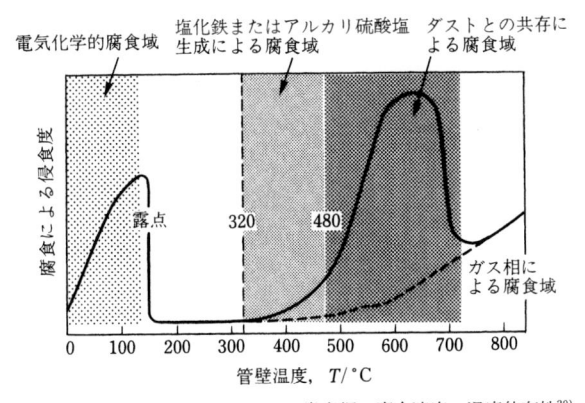

図11.17 ごみ焼却炉環境における炭素鋼の腐食速度の温度依存性[20]

が温度上昇に伴って急激に深刻化する．ごみ焼却ボイラにおける溶融塩腐食はガスタービン環境の硫酸塩腐食と同様にベル型の温度依存性を示すが，腐食が激化する下限界値は 300℃ 程度低い．一方，飛来する燃焼ガス成分自体も 500～1000 ppm 程度の高濃度 HCl を含むために腐食性が相当強く，それゆえに高温化ボイラ過熱器管では溶融塩と流動燃焼ガスとの競合による複合腐食が深刻な問題となる[21]．

　ごみ焼却ボイラ伝熱管の代表的な腐食環境として塩素がある．塩素は HCl 等燃焼ガスに含まれるハロゲンガス，燃焼付着灰に含まれる溶融性塩類（溶融塩）を通じて腐食に関与する．ハロゲンガス腐食（いわゆるハロゲン化）は実炉の燃焼ガス中に通常検出される HCl だけでなく，実炉では検出されない Cl_2 も影響する．最近では，還元性ガス雰囲気も要因の 1 つとなって CO 腐食とも呼ばれるものもあり，以下に伝熱管の腐食機構[2]について説明する．

　1）ハロゲンガス腐食：ボイラ伝熱管の腐食は，当初，塩化ビニール等の燃焼やアルカリ塩化物の加水分解反応により生成する HCl ガスによる腐食と理解された．しかし，炭素鋼の腐食速度は伝熱管の管壁温度（300～500℃）において小さく，実炉の腐食速度と合致しない．そこで，実炉の燃焼ガスには検出されない，より腐食性の強い Cl_2 ガスを腐食媒体とする考えがある．すなわち，燃焼ガス中の HCl が O_2 により酸化され

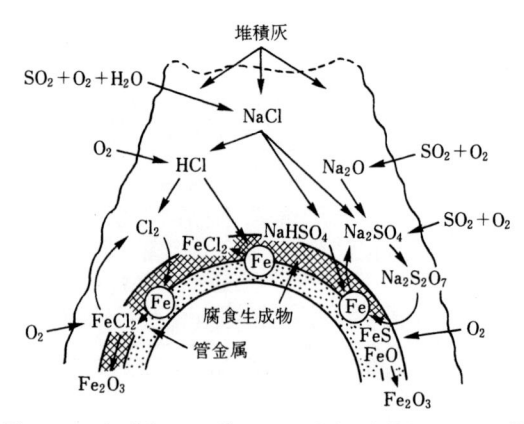

$$4\,HCl + O_2 = 2\,Cl_2 + 2\,H_2O \tag{11.1}$$

図 11.18　ごみ焼却ボイラ管における腐食反応過程と影響因子[22]

11.6 ごみ焼却炉の高温ガス腐食

のような反応で Cl_2 ガスが生成して鋼が腐食される．HCl の酸化反応では管付着灰に含まれる Pb 化合物や Fe_2O_3 などが触媒作用を示す．伝熱管腐食は燃焼ガスの HCl，O_2 濃度が高いほど激しく，水蒸気濃度が高いほど腐食は抑制される．

実炉の管付着灰は塩化物とともに硫酸塩を含む．そこで，上述の Cl_2 ガス腐食に加えて硫酸塩による高温腐食も加味した腐食機構を図 11.18[22]に示す．ごみに含まれるアルカリ金属が塩化物（NaCl）として管表面に付着し，灰中で燃焼ガスの SO_2, O_2, H_2O と反応して

$$2\,NaCl + SO_2 + 1/2\,O_2 + H_2O = Na_2SO_4 + 2\,HCl \qquad (11.2)$$

のように固相の Na_2SO_4 と HCl ガスが生成する．Na_2SO_4 は SO_2, O_2 と反応してピロ硫酸塩を，HCl は O_2 と反応して Cl_2 ガスをそれぞれ生成し，炭素鋼の高温腐食は硫化とハロゲン化の 2 種類の腐食反応が同時に進行する．このような考えでは，ごみに含まれる Na，Cl 成分ならびに燃焼ガス中の SO_2 が腐食の影響因子となる．

2) 溶融塩腐食：ごみ焼却ボイラの伝熱管腐食では，当該部位における管壁温度，燃焼ガス雰囲気とともに付着灰性状が重要である．とりわけ付着灰に含まれる溶融成分（低融点物質）の溶融開始温度以上で顕著となる溶融塩腐食が問題となる．表 11.7[23] に代表的な低融点塩化物共晶系化合物の組成と融点の関係を示す．これらの大部分に Zn，Pb 等の塩化物が関与していることがわかる．一般に灰の溶融量が多い場合，ガス温度と管壁温度の差が大きいほど灰の付着量が増加し，同一管壁温度であっても腐食が促進される．また，高温域で灰の溶融量が著しく増加すると，堆積灰中の通気度がかえって低下するため，

表 11.7 各種塩化物共晶系化合物と融点[23]

共晶系 (mol%)	融点(℃)	共晶系 (mol%)	融点(℃)
25 NaCl-75 $FeCl_3$	156	60 KCl-40 $FeCl_2$	355
37 $PbCl_2$-63 $FeCl_3$	175	58 NaCl-42 $FeCl_2$	370
60 $SnCl_2$-40 KCl	176	70 $PbCl_2$-30 NaCl	410
70 $SnCl_2$-30 NaCl	183	52 $PbCl_2$-48 KCl	411
70 $ZnCl_2$-30 $FeCl_3$	200	72 $PbCl_2$-28 $FeCl_2$	421
20 $ZnCl_2$-80 $SnCl_2$	204	90 $PbCl_2$-10 $MgCl_2$	460
55 $ZnCl_2$-45 KCl	230	80 $PbCl_2$-20 $CaCl_2$	475
70 $ZnCl_2$-30 NaCl	262	49 NaCl-50 $CaCl_2$	500

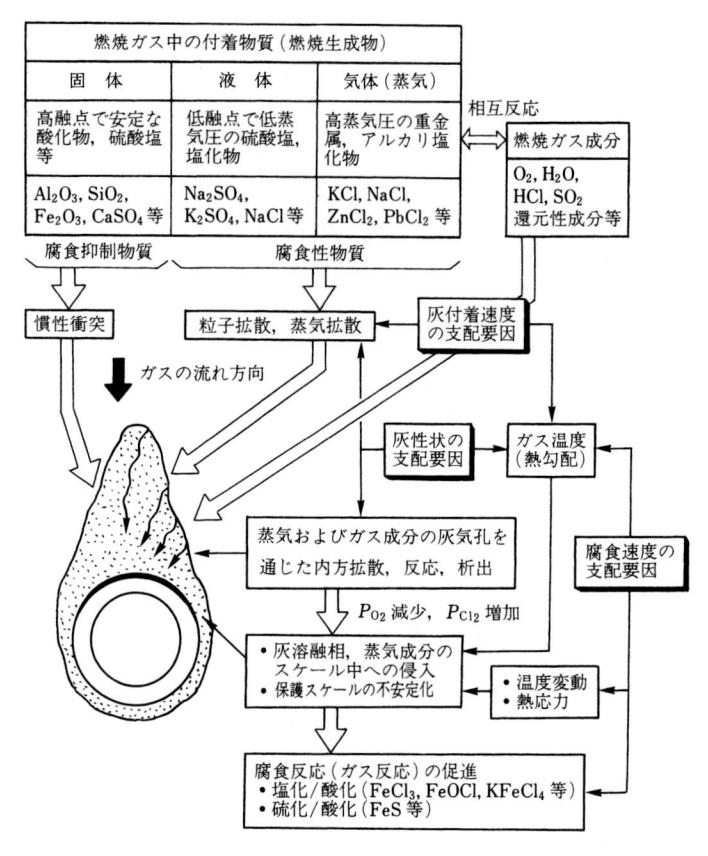

図 11.19 燃焼灰の付着要因と腐食機構[24]

腐食損傷がガス雰囲気の影響を受けにくくなる．このような燃焼灰の付着要因と腐食機構の説明図を図 11.19[24] に示す．付着灰の融点およびその溶融量は付着灰に含まれる Cl, S とともに Na, K に加えて Pb, Zn 等重金属元素の含有量に影響する．したがって，溶融塩腐食では管に付着する塩類の化学組成を知ることが重要となる．

3) 還元性ガス腐食：排ガスの低 NO_x 低減を目的に低酸素燃焼ボイラの一部において，火炉壁を構成する伝熱管の腐食が問題となる．低酸素燃焼は必然的に還元性ガス成分，すなわち CO の生成を促進するため，このタイプの腐食は CO 腐食といわれる．火炉壁管のガス雰囲気は常時還元性というわけではな

く，完全燃焼で酸化性，不完全燃焼で還元性というようにガス雰囲気は複雑に変化する．このようなガス雰囲気や燃焼ガスの温度変動に加え，腐食性溶融塩の管表面への付着等により保護性酸化スケール（鉄スケール）にクラックや剥離が生じて伝熱管が腐食する．

以上のように，実炉における伝熱管の腐食現象は溶融塩腐食で理解できる場合が多いが，ケースによってはハロゲンガス腐食や還元性ガス腐食が生じる場合もあるため，腐食環境の解析に当たってはこの点に注意を要する．

11.6.3 防止対策

ごみ焼却ボイラ伝熱管の高温腐食では，腐食生成物として金属元素の塩化物，すなわち炭素鋼の場合には Fe 塩化物の化学的安定性を考える必要がある．高温実用材の基本構成元素である Fe，Cr，Ni の塩化物は，酸化物に比べるとその蒸気圧が高い．なかでも Fe 塩化物 ($FeCl_3$) は，図 11.20[2)] に示すように Cr，Ni の塩化物に対して比較的低い温度でも蒸気圧が高く，このことは炭素鋼の腐食生成物となる Fe 塩化物が鋼の保護皮膜とはならず，腐食が進行することを示す．また，Cr 塩化物 ($CrCl_3$) についてその蒸気圧は低いが，酸素を共存する環境下では腐食生成物が揮発性の CrO_2Cl_2 に変化するため，Fe と同様に条件によっては激しく腐食する．したがって，ハロゲン (Cl) が

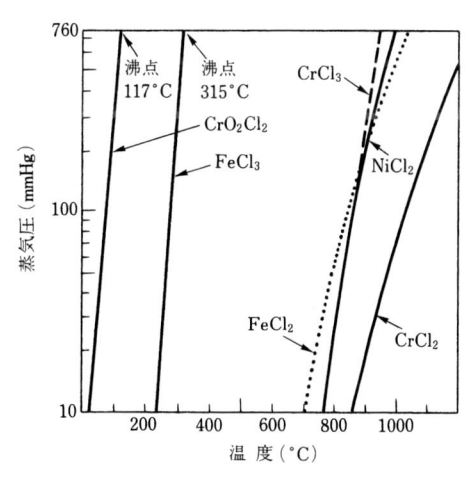

図 11.20 Fe，Cr，Ni 塩化物の蒸気圧[22)]

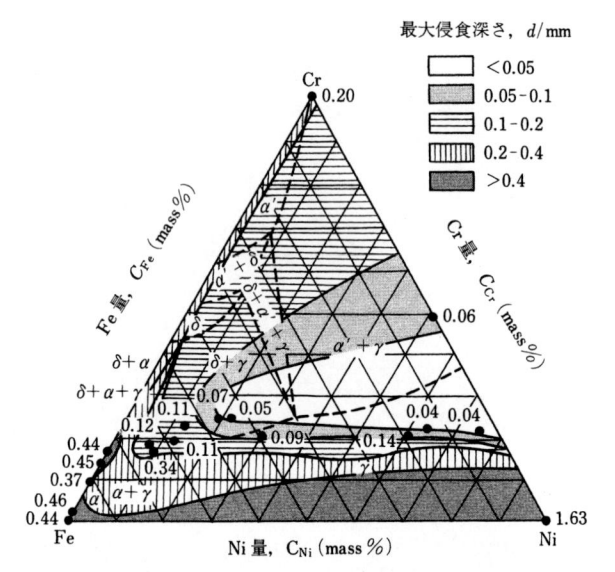

図11.21 実炉ガス中試験データに基づく等侵食深さ線図（平均ガス温度660℃）[25]

関与する高温腐食においてNiが最も耐食性に優れる金属元素となる．図11.21[25]は，実炉ガス中での最大侵食深さデータをFe-Ni-Cr三元系の650℃等温状態図上にプロットして得た等侵食深さ線図である．供試材の状態図上の全化学組成域をカバーしていないので，これのみで即断することは危険であるが，高温域で優れた耐食性を発揮し得る耐熱鋼材としては一応，Cr含有量が20〜40%の範囲にあるNi-リッチ側のγ単相合金（図中の空白領域）と見なすことができる．温度が低下すれば当然，最適組成範囲は拡大する．このような観点から，ごみ焼却炉の過熱器管用耐食材料としてフェライト系ではなく，Niを含むオーステナイト系ステンレス鋼が採用される．特に，Niが20%程度含む310系ステンレス管の耐食性が最も優れ，蒸気温度が450℃では0.6mm/年程度の腐食速度となる．これに対して約500℃以上の高温域ではNi，Crを中心とした相当の高合金化が避けられない．ボイラ管の耐食性は［Cr＋Ni］量の増加はもちろんのこと，Moの適量添加も有効であり，［Cr＋Ni＋Mo］総量の増加に伴い耐食性が相当向上する．その他，ボイラ管への適用を目指した肉盛溶接や溶射等のコーティングによる高温腐食防止法も検討されている．

以上のように,ボイラ環境における伝熱管の腐食現象はまだ不明な点が多く,高効率ごみ発電技術を確立するためには,耐食材料の選定・開発を行うとともに実炉の腐食環境を詳しく解析し,環境を設計面,操業面から制御することも重要な防止対策となる.今後,ごみ処理におけるダイオキシン対策と合わせて高度なサーマルリサイクルに向けた技術研究開発の進展が期待される.

[参考文献]

1) 金属材料活用事典編集委員会編:金属材料活用事典,産業調査会事典出版センター発行,p.626, 2001
2) 増子 昇編:防錆・防食技術総覧,産業技術サービスセンター,p.165, 940, 2000
3) 腐食防食協会編:金属材料の高温酸化と高温腐食,丸善,p.4, 95, 1982
4) 柴田啓一:第18回コロージョン・セミナーテキスト,腐食防食協会,p.108, 1991
5) N. Birks and G.H. Meier:金属の高温酸化入門(西田恵三・成田敏夫共訳),丸善,p.11, 1988
6) 西田恵三:防食技術,**23**, 507, 1974
7) 原田良夫,中森正治:防食技術,**29**, 615, 1980
8) 腐食防食協会編:防食技術便覧,日刊工業新聞社,p.19, 1986
9) 田中良平編:耐熱鋼高温データシート,ステンレス協会,1978
10) 冨士川尚男:鉄と鋼,**70**, 1541, 1984
11) G.W. Guningham and A. des Brasnus:Corrosion, **12**, 398, 1956
12) 福田祐治,佐藤靱彦,浜田幾久,坂口安英:第32回腐食防食討論会予稿集,p.246, 1985
13) 池島俊雄:日本金属学会報,**22**, 389, 1983
14) 雑賀喜規,大友 暁:防食技術,**26**, 515, 1977
15) 小林 裕,藤原最仁,津田正臣,峠 竹弥:材料とプロセス,**5**, 942, 1992
16) J.J. Moran, J.R. Mihalisin and E.N. Skinner:Corrosion, **17**, 191, 1961
17) 横田孝三,加藤正一,根本力男:鉄と鋼,**50**, 1963, 1964
18) 大塚伸夫:第21回コロージョン・セミナーテキスト,腐食防食協会,p.129, 1994
19) 吉葉正行:日本機械学会誌,**96**, 319, 1993
20) V.K. Fassler, H. Leib and H. Spahn:Mitteilungen er VGB, **48**, 126, 1968
21) 吉葉正行:まてりあ,**38**, 203, 1999

22) H.H. Krause : High Temperature Corrosion in Energy Systems, ed. by M.F. Rothman, TMS-AIME, p.83, 1985
23) G.Y. Lai : High-Temperature Corrosion of Engineering Alloys, ASM Int., p. 158, 1990
24) 川原雄三：まてりあ, **41**, 190, 2002
25) 吉葉正行, 高杉信也, 基　昭夫：材料とプロセス, **7**, 698, 1994

12 高温高圧環境における腐食とその対策

> エネルギーおよび廃棄物処理環境として,ボイラ環境,原子力発電軽水炉環境,臨界水環境を取り上げる.ボイラ環境では,ボイラ水壁管,ドラム,蒸発管,過熱器管,再熱器管,給水過熱器管などの腐食が問題となる.
>
> 原子力発電軽水炉環境では,沸騰水型原子炉(BWR)の高温・高圧純水中のステンレス鋼の粒界応力腐食割れの問題,加圧水型原子炉(PWR)のニッケル基クロム-鉄合金伝熱管において,一次系のホウ酸および水素処理の高温・高圧環境下の粒界応力腐食割れ,二次系のオールボラタイル処理環境下の腐食損傷の問題がある.
>
> また,臨界水環境下では,廃棄物の酸化処理のための三重点を超える高温・高圧酸化性環境下での反応容器材料の腐食の問題があり,それらの事象,原因,対策について概説する.

12.1　ボイラ環境

12.1.1　ボイラ水

　ボイラは循環型(ドラム型)と貫流型に大別でき,特に貫流型ボイラ水中の不純物は除去できないので復水脱塩装置が必ず装備されている.ボイラにおけるボイラ水壁管,ドラム,蒸発管,過熱器管,再熱器管,給水過熱器管などの材料には炭素鋼,低合金鋼,ステンレス鋼,Cu-Ni系合金が使用されている.これらの材料の腐食を最小限にするため,まず水環境を調節することが基本である.具体的には,水のpHを調節したり,水中の溶存酸素や腐食性イオンであるCl$^-$イオンやSO$_4^{2-}$イオンの除去および低減が行われている.腐食が溶存酸素によって促進されることを抑制するとともに,図12.1[1]に示すように金属イオンの水中への溶出を押さえるためにpHを溶解度の低い領域に保つことが重要である.酸素は腐食の主要因であるが,他方では腐食により生成した

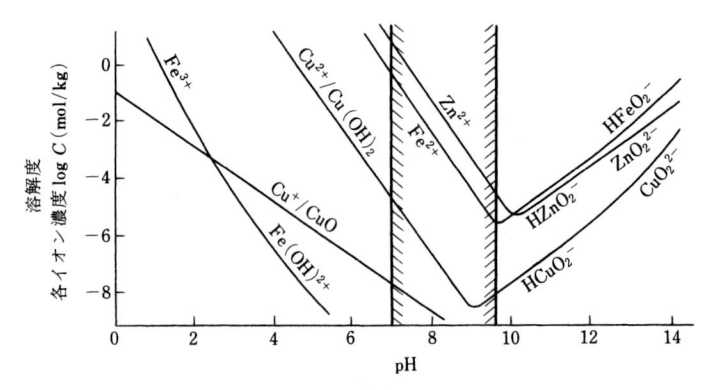

図 12.1　酸化物，水酸化物の溶解度に及ぼす pH の影響（25℃）[1]

表 12.1　ボイラ水の水処理方式[3]

処理方式 項目	苛性アルカリ	リン酸塩	低リン酸塩	ボラタイル
薬　品	NaOH Na_3PO_4	Na_3PO_4	Na_3PO_4 Na_2HPO_4	NH_4OH
pH 範囲	10.0〜11.0	9.5〜10.0 PO_4^{3-} : 5〜15 ppm	9.0〜10.0 PO_4^{3-} : 1〜5 ppm	8.5〜9.4
特　徴	pH 調整，硬度成分 対応容易	硬度成分対応容易	硬度成分対応容易	アルカリ濃縮なし
適用ボイラ	50 kgf/cm² 以下低圧ドラムボイラ	100 kgf/cm² 以下中圧ドラムボイラ	150 kgf/cm² 以下高圧ドラムボイラ	貫流ボイラ 高圧ドラムボイラ

　Fe^{2+} イオンがさらに Fe^{3+} イオンまで酸化されると溶解度は Fe^{2+} イオンの場合より十桁以上も低くなる[2]ことを利用した水処理法もある．表 12.1[3] はボイラの型式および圧力段階に応じて定められた水質基準の概要であり，JIS B 8223（1999）で詳細に規定されている．ボイラ水系における防食法は，ボイラ本体やその周辺機器を構成している金属材料と接する水環境を調節することが基本となる．特に，溶存酸素は構造材料の腐食の最大の原因であり，いずれの水処理方式でも脱酸素剤としてヒドラジン（N_2H_4）が添加されている．pH 調整剤としては，リン酸塩またはアンモニア添加がある．リン酸塩処理の特徴は，pH 調整と同時に海水漏入時の清缶剤として働く利点がある．しかし，リン酸ナトリウムは高温で溶解度が減少し，Na/PO_4 のモル比が 2.8 以上では水中に苛性アルカリ成分が遊離して腐食の原因になることがある[4]．一方，アン

モニアを添加するボラタイル処理ではアルカリの濃縮はまったくなく，ボイラに固形物を残さない特徴があるが，海水の漏入に対しては無防備であり，復水浄化器が必須となる．

12.1.2 ボイラ水壁管の腐食

1) アルカリ腐食：ボイラ蒸発管のような熱負荷の大きいところでは，厚いスケールが生成しやすくかつ不均一なスケールとなりやすい．図12.2[5]は水壁管へのアルカリ濃縮の原理を示している．蒸発管内の表面温度はボイラ水温より2〜3℃高いので，そこにスケール等の付着物が付くと伝熱が阻害され，ホツトスポットと呼ばれる過熱部ができる．この過熱部では水酸化ナトリウムが濃縮し，次のような反応により鋼材を腐食させる．

$$Fe + 2\,NaOH = Na_2FeO_2 + H_2 \tag{12.1}$$

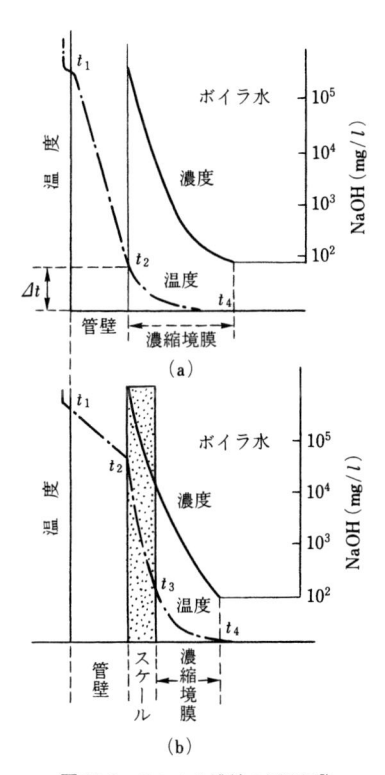

図12.2 アルカリ濃縮の原理図[5]

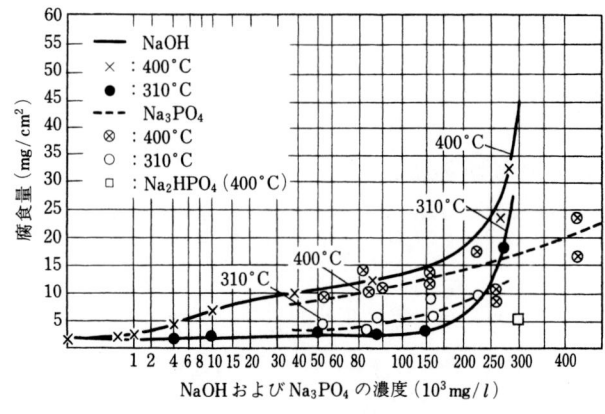

図 12.3 アルカリ濃度と腐食量の関係[6]

$$3\,Na_2FeO_2 + 4\,H_2O = 6\,NaOH + Fe_3O_4 + H_2 \qquad (12.2)$$
$$3\,Na_2FeO_2 + 3\,H_2O + 1/2\,O_2 = 6\,NaOH + Fe_3O_4 \qquad (12.3)$$

このようなアルカリ腐食（caustic alkali corrosion）は水中の Na/PO_4 のモル比を2.8以下にすれば防止できる．ボイラ内のホットスポットをなくすことは困難であるが，プラント運転中の防食はもちろんのこと，定期的な酸洗いを実施する目的の1つはこのためである．

以上のように，ボイラプラントにおける水壁管の腐食は水中に溶存している物質とその濃度に関係している．たとえばアルカリ腐食は，水処理剤として水酸化ナトリウムおよびリン酸ナトリウムを添加し，pHを10～11程度に保持する方式が採用されていた頃に発生した現象である．図12.3[6]はアルカリ濃度と腐食量の関係を示したものであり，NaOH溶液濃度が5%程度からアルカリ腐食が顕著になり，10%以上の濃度になると急激に腐食量が増える．

わが国の火力発電プラントや化学プラントの廃熱回収ボイラの給水処理においては，従来より給水中の溶存酸素をできる限り除去するとともに，アンモニアなどの揮発性薬品を注入してpHを9以上のアルカリ側に保持する全揮発性物質処理（all volatile treatment, AVT）が採用されている．一方，ヨーロッパ諸国ではボイラ給水に微量の酸素（20～200 ppb）を添加し，pHを6.5～9.0に制御する酸素処理（oxygenated treatment）が主流である．これには高純度水中に酸素のみを注入する中性水処理（neutral water treatment,

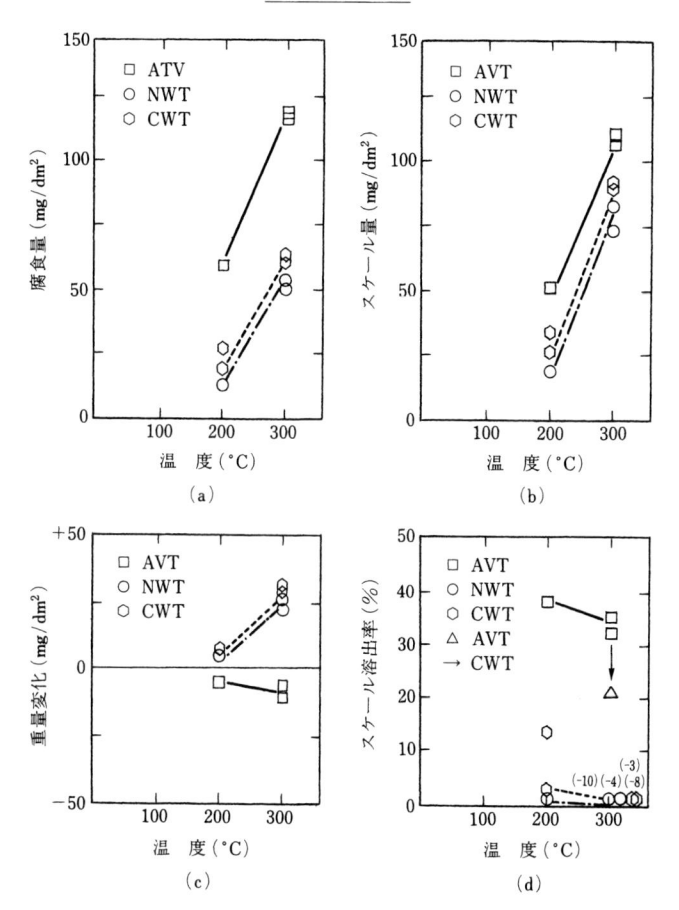

図 12.4 種々のボイラ給水処理条件下における炭素鋼鋼管 (STB 42) の腐食試験結果 (500 hr)[8]

NWT) と微量の酸素とアンモニアを注入して pH をわずかに高める複合水処理 (combined water treatment, CWT) があり, 最近ではわが国でもこの3種類のボイラ給水処理条件下における炭素鋼のアルカリ腐食が比較検討されている[7],[8]. 図 12.4[8] は腐食試験の結果であり, NWT および CWT の酸素処理条件下では AVT 条件下と比較して炭素鋼の腐食およびスケールの溶出率が減少し, 耐食性が向上することがわかる.

2) 孔食:ボイラ水のような高温高圧水と接すると鋼材表面にマグネタイト (Fe_3O_4) が形成される. このマグネタイトの皮膜は, 水中の腐食性イオンに

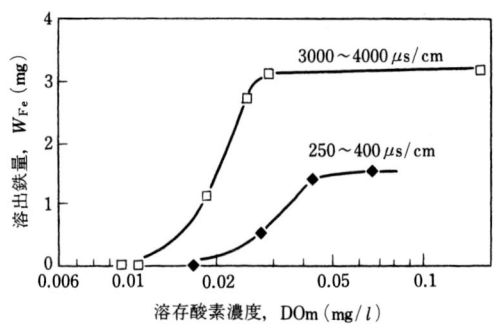

図 12.5 ボイラ水中の溶存酸素濃度と溶出鉄量の関係（215℃, pH 11.7〜11.9）[9]

よる溶解や熱応力などの物理的な力により部分的に破壊され，その結果露出した鋼材表面と保護皮膜面との間に局部電池が構成され，式 (12.4)，式 (12.5) のようにアノード（鋼材面）より鉄が Fe^{2+} として溶出する．この Fe^{2+} はボイラ水の pH が適度に高く，かつ溶存酸素が存在すると式 (12.6)，式 (12.7) を経て水酸化鉄 ($Fe(OH)_3$) となり，腐食生成物としてアノード面上に堆積する．このような状態になると沈殿物内の酸素濃度が周りのマグネタイト（カソード）面の酸素濃度より低くなっているため，酸素濃淡電池が形成され，アノード部である鋼材面よりさらに鉄が溶出し，鋼材面深く腐食が進行して孔食が形成する．

$$Fe = Fe^{2+} + 2\,e^- \qquad (12.4)$$

$$H_2O + 1/2\,O_2 + 2\,e^- = 2\,OH^- \qquad (12.5)$$

$$Fe^{2+} + 2\,OH^- = Fe(OH)_2 \qquad (12.6)$$

$$Fe(OH)_2 + 1/4\,O_2 + 1/2\,H_2O = Fe(OH)_3 \qquad (12.7)$$

ボイラの溶存酸素による腐食は pH や塩類濃度にも影響される．一例として，図 12.5[9] にボイラ水中の溶存酸素濃度と溶出鉄量の関係を示す．溶出鉄量は溶存酸素がある限界値（10 $\mu g/l$ 程度）まではゼロであり，それを超えると酸素濃度とともに増加して一定値となる．また，この溶存酸素の限界値はボイラ水の濃縮度が進み電気伝導率が大きくなるほど減少して上述の一定値も増加する．

3) エロージョン・コロージョン：エロージョン・コロージョンは水の流速の機械的摩擦によって管内表面に生成していた腐食生成物皮膜が取り除かれて

12.1 ボイラ環境

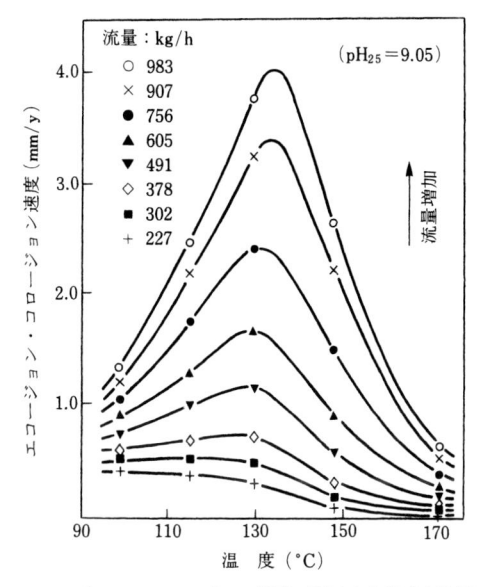

図12.6 エロージョン・コロージョン速度に及ぼす水温度と流速の影響[10]

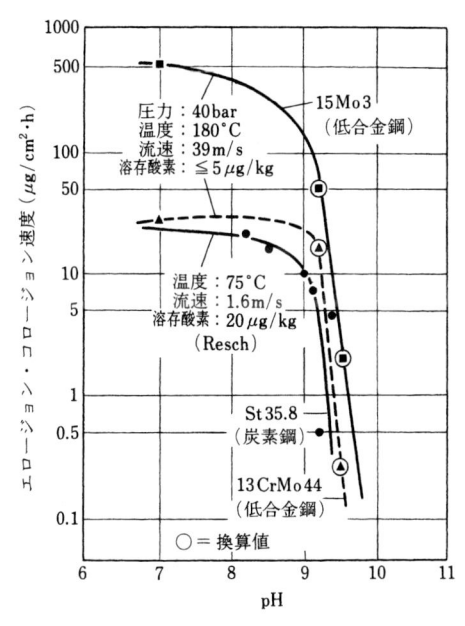

図12.7 エロージョン・コロージョン速度に及ぼす pH の影響[10]

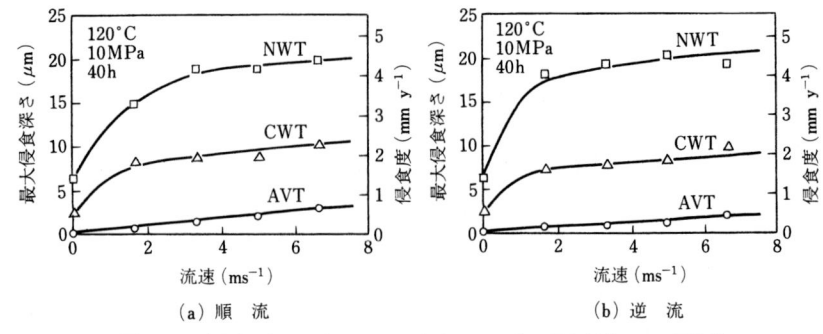

図12.8 炭素鋼（S25C）における流速と40h後の最大侵食深さの関係[7]

腐食が進行するものである．ボイラプラント水系では特に給水配管系，エコノマイザー（節炭器）でよく起こる腐食の1つである．図12.6[10]は，炭素鋼のエロージョン・コロージョンに及ぼす水温度と流速の影響を示している．炭素鋼のエロージョン・コロージョン速度が極大を示す温度域は，pH 9.05の脱気水の場合に130～140℃である．これは当然水の流速の影響を最も受けるが，pHの影響も特にアルカリ側で受ける．たとえば，図12.7[10]のように鋼材の場合はpHを9以上に上げることによりエロージョン・コロージョン速度が急激に減少する．最近，ボイラ給水配管において流速や流動状態が局所的に異なる場所で腐食が異常に高い速度（1mm/y以上）で進行し，深い減肉や破裂に至った事例が少なからず報告されている．図12.8[7]は，炭素鋼の腐食現象に及ぼす流動条件の影響をAVT，NWTおよびCWTのボイラ給水中で調べた結果である．NWTにおいては3種の処理法の中で最も最大侵食深さが大きく，いわゆるエロージョン・コロージョンの影響が幾分か現れる．

12.2 原子力環境

12.2.1 BWR環境下の腐食

1) BWRの構造と水質：純水が核分裂の反応熱によって熱せられて約280℃，70気圧の高温高圧水となる．図12.9はBWRシステムで気液分離された蒸気がタービンを回して発電する．

2) IGSCC事例：高温純水の環境ではステンレス鋼は耐食的と考えられたが，再循環系に使用された304ステンレス鋼の配管の溶接部に図12.10に示す

12.2 原子力環境

BWRの水質

	不純物濃度 (ppb)				電 導 度	
	Fe	Cu	Cl⁻	O₂	μS/cm at 25°C	pH at 25°C
炉 水	10−50	<20	<20	100−300	0.2−0.5	~7

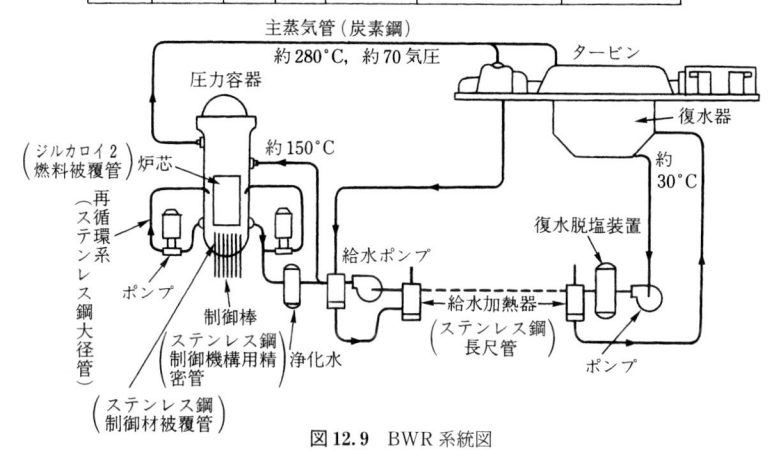

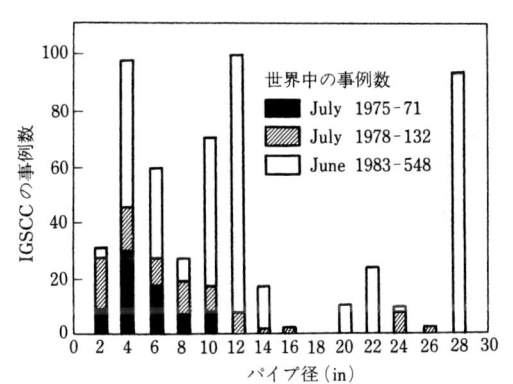

図 12.9 BWR 系統図

図 12.10 BWR プラントにおけるステンレス配管の SCC 事例
(General Electric 社データ)

ように応力腐食割れが多数発生した．この割れは，図 12.11 に示すようにステンレス鋼配管の溶接熱影響部でのクロム炭化物の粒界析出（鋭敏化），溶接残留応力および放射線分解によって生ずる溶存酸素の3つの要因が重なるときに発生する．典型的な割れの写真を前出の図 2.13 に示す．割れは粒界を走っており，粒界応力腐食割れ（IGSCC）と呼ばれる．

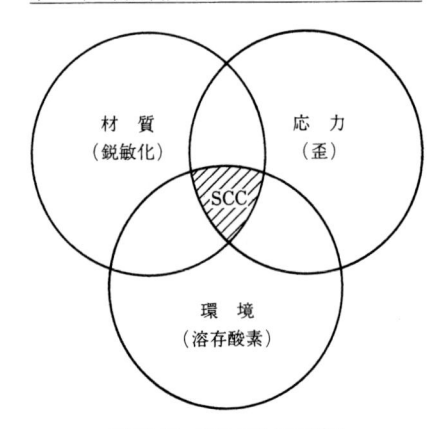

図 12.11 割れに及ぼす要因

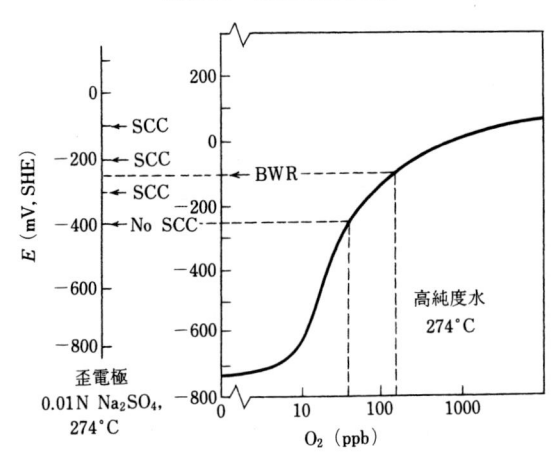

図 12.12 304ステンレス鋼の自然電位に及ぼす溶存酸素濃度の影響とひずみ電極法による応力腐食割れ試験[11]

3) IGSCC機構：IGSCCの発生する自然電位は，図12.12[11]に示すように約−300 mV（SHE）以上である．BWRの高温純水は約200 ppbの酸素を含有するので，ステンレス鋼の自然電位はこの危険電位に到達する．

4) 耐SCC性材料：IGSCCを防止するためには，上述の3つの要因のうちのいずれかを取り除けばよいことになる．鋭敏化防止のために，炭素（C）を減少させ，窒素（N）を少し添加する．図12.13[12]において，C+N量が点線の枠内であれば，IGSCCは発生しない．図12.14[12]に示すように，常温およ

12.2 原子力環境

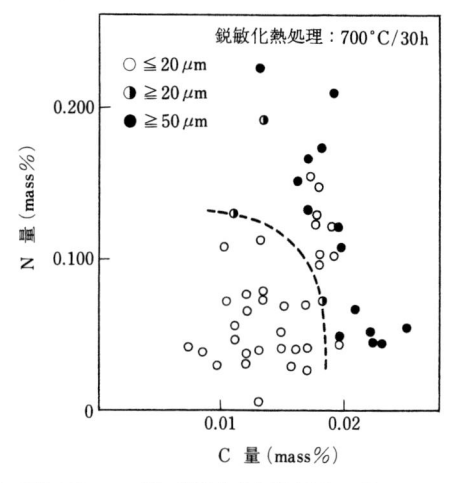

図12.13 316ステンレス鋼の高温水応力腐食割れに及ぼすC，Nの影響（ダブルUベンド法：250℃, D.O.8 ppm, 500 h）[12]

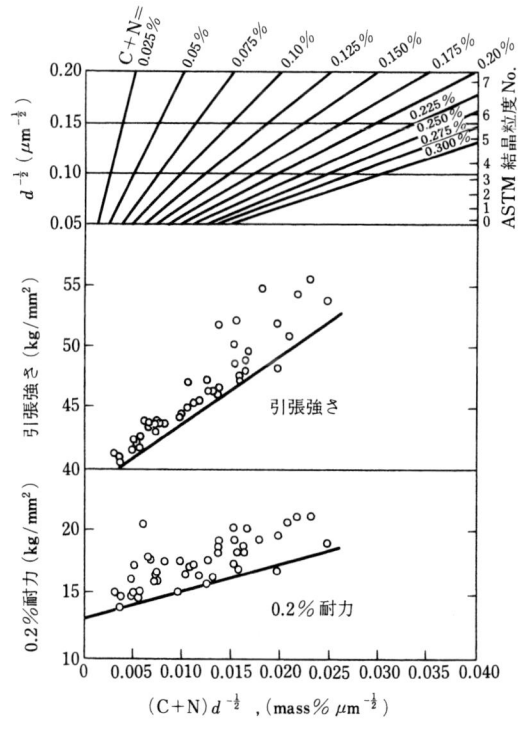

図12.14 316ステンレス鋼の300℃引張特性と$(C+N)d^{-1/2}$との関係[12]

図12.15 耐SCC材料の開発[12]

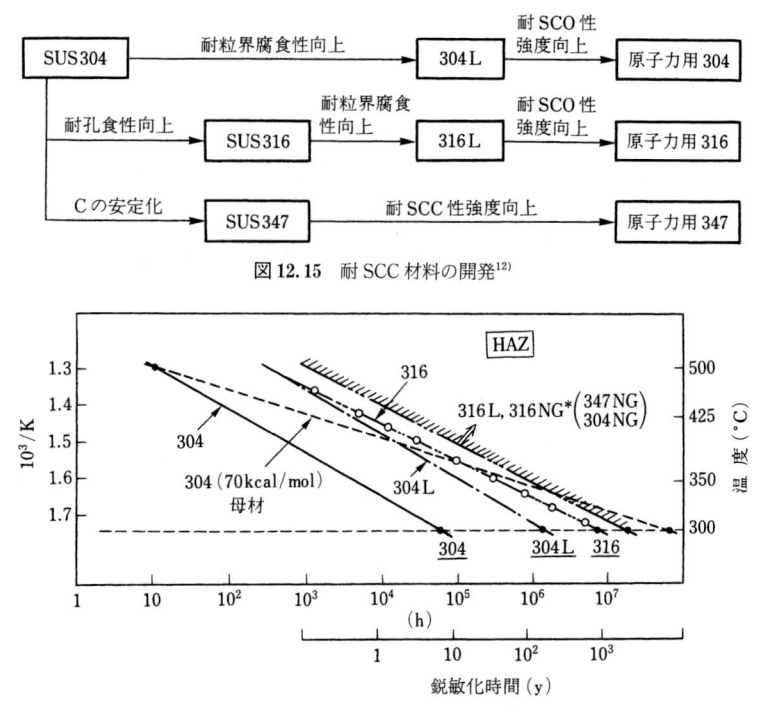

図12.16 各種オーステナイトステンレス鋼の溶接HAZの低温鋭敏化挙動（低温鋭敏化度はシュトラウス試験で評価した）[13]．＊NG：nuclear grade（原子力用）

び高温の強度はC＋N量と粒度の平方根の逆数の積に比例することから，材料の設計，熱処理を決定する．図12.15[12]は，耐応力腐食割れ性と強度を満足する原子力用304，316，347ステンレス鋼の開発経緯を示し，Cの極低化，N添加，粒度調整によって初めて原子力プラント用に製造可能になった．

　5）低温鋭敏化挙動：溶接時にクロム炭化物の核が存在していると，BWRの環境（300℃）でその部分が鋭敏化する危険性がある．この挙動を低温鋭敏化（low temperature sensitization, LTS）と呼ぶ．各種ステンレス鋼について，アレニウスプロットによりその挙動を予測した結果を図12.16[13]に示す．SCC感受性の評価試験として，粒界腐食試験法のシュトラウス試験を用いた．304ステンレス鋼は10年以内で低温鋭敏化の危険性があるが，その他のステンレス鋼は低温鋭敏化まで100年以上の年数を要することが予想される．

12.2 原子力環境

PWRにおける水質例（AVT処理）

一 次 側 水 質		二 次 側 水 質	
電導度（μS/cm）	1～40	電導度（μS/cm）	≤2
pH	4.2～10.5	pH	8.5～9.5
溶存水素（cm^3 STD/kg H_2O）	25～35	Na^+	≤0.04
Cl^- （ppm）	≤0.05	Cl^-	≤0.1
ボロン（ppm）	0～4,000	Na/Cl	≤0.7

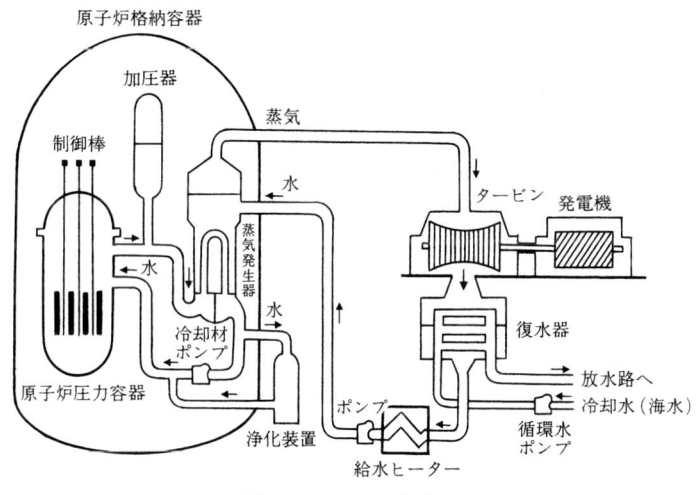

図12.17 PWRの概略図

12.2.2 PWR環境下の腐食

1) PWRの構造と水質：PWRは，BWRと異なり，図12.17に示すように燃料棒が入っていて加熱される一次系と蒸気を発生する二次系とが分離されている．一次系は核分裂反応を制御するためにほう酸を含有し，二次系はオールボラタイル処理（all volatile treatment，AVT処理）でpHは9前後に制御される．

2) 腐食事例：一次系の熱を二次系に伝達するのに伝熱管材料として600合金（75% Ni-15% Cr-10% Fe）が使用されてきた．その結果，図12.18[14]に示すように管内面の一次系水において応力腐食割れ（PWSCC：primary water stress corrosion cracking），二次系水において粒界損傷（IGA：intergranular attack）が発生した．国内のPWRにおいて，定期検査時に補修が

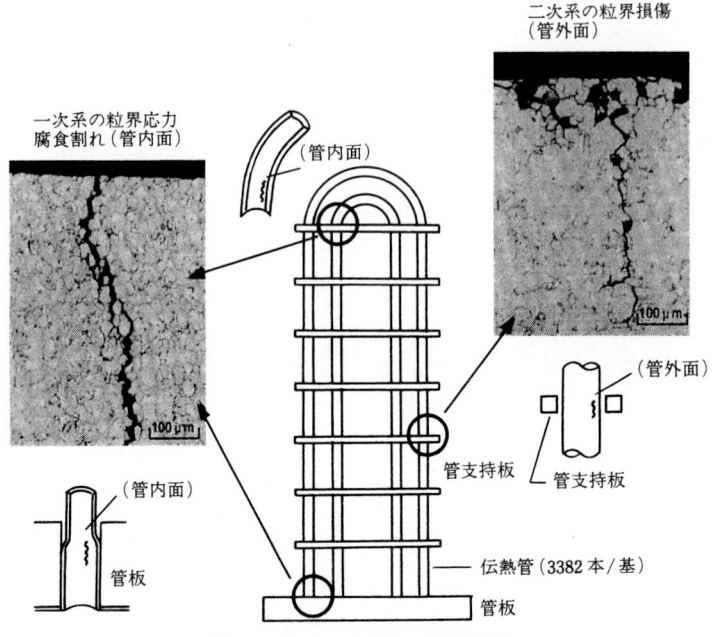

図12.18 PWR伝熱管の損傷形態[14]

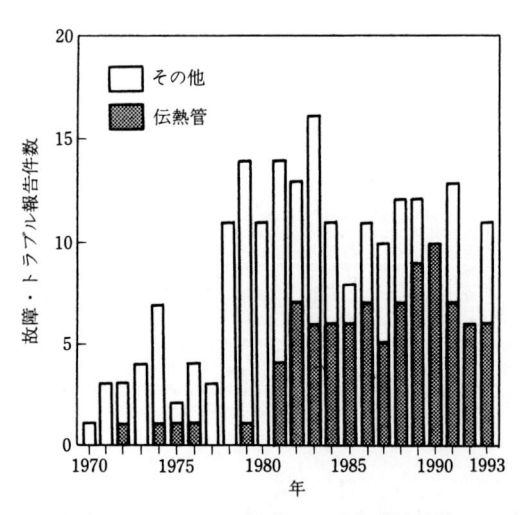

図12.19 わが国におけるPWRの故障・トラブル報告件数とその内訳[14]

12.2 原子力環境

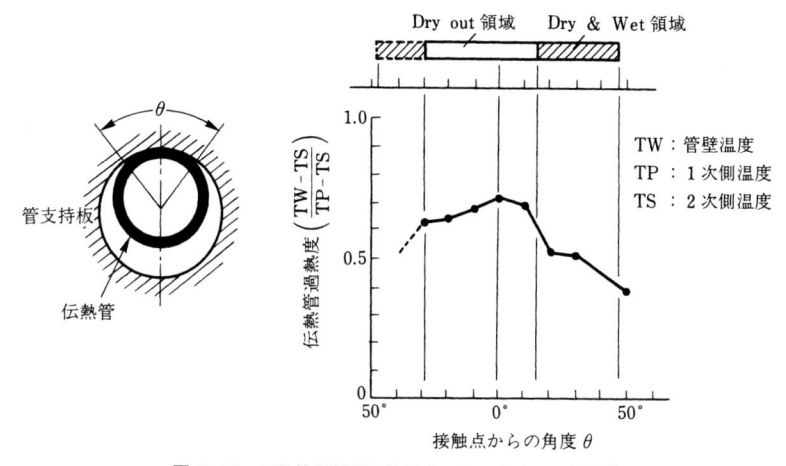

図12.20 伝熱管過熱度と接触点からの角度との関係[14]

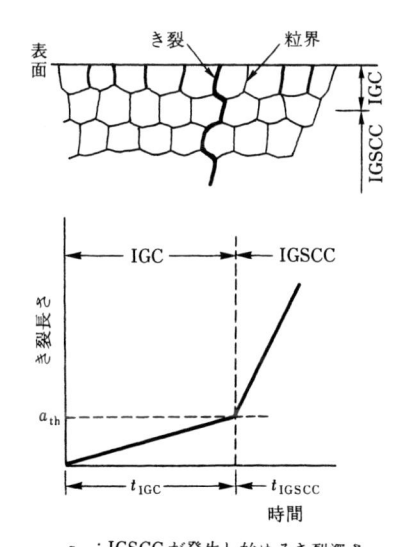

a_{th}：IGSCC が発生し始めるき裂深さ
図12.21 粒界き裂の発生および進展模式図[15]

必要とされた故障・トラブルの報告件数を図12.19[14]に示す．

3) IGA 機構：IGA は，外径 20 mm，肉厚 1 mm の 600 合金伝熱管と 200 mm 厚の鋼製の管支持板の間のすき間にアルカリが濃縮した起こる特異な腐食現象である．図12.20[14] に示すように，伝熱管と管支持板の接触するところ

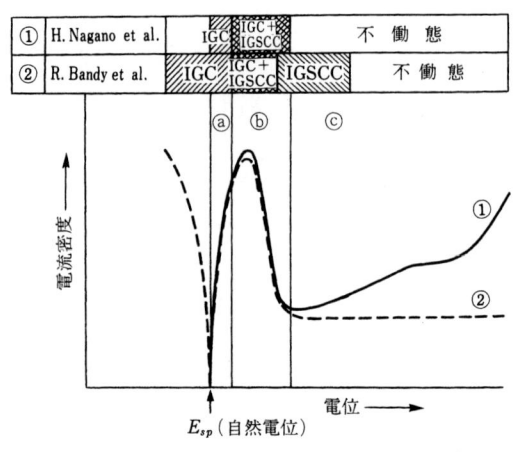

図 12.22　600 合金における IGA の発生電位域[15]

に dry out および dry & wet の箇所が生ずる．ここでは伝熱管の過熱度が上昇する．管/管支持板のすき間には，過熱度によって高濃度の苛性ソーダ (NaOH) が生成する．その理屈は，NaOH の生成による沸点上昇現象である．すなわち，式 (12.8) に従い溶質が水に溶解すると，溶液の沸点が上昇する．式 (12.9) に従い ΔT の温度差が管/管支持板とバルク溶液の間に生ずると，ΔT に対応する濃度の NaOH が管/管支持板のすき間に生成する．

$$\Delta T_b = K_b m_b \tag{12.8}$$
$$\Delta T = T_{NaOH} - T_{H_2O} \tag{12.9}$$
$$\Delta T_b = \Delta T \tag{12.10}$$

ただし，ΔT_b：沸点上昇度，K_b：沸点上昇定数，m_b：溶質の重量モル濃度，T_{NaOH}：管/管支持板が接触して加熱され，高濃度の NaOH が生成する温度，T_{H_2O}：二次系水の温度である．

IGA は，図 12.21[15] のように破壊力学的に説明される．まず，粒界腐食 (IGC) が高温 NaOH 環境下で発生し，次に限界き裂深さ a_{th} に達して IGSCC に成長する．図 12.22[15] に示すように，IGA は自然電位が活性態/不働態の遷移領域にあるときに発生，成長する．耐 IGA 性に関しては，粒界にクロム炭化物が析出したミクロ組織が優れた耐 IGA 性を発揮する．たとえば，図 12.23 に示す 1,150°C の溶体化処理よりも溶体化処理後 700°C のクロム炭化

12.2 原子力環境

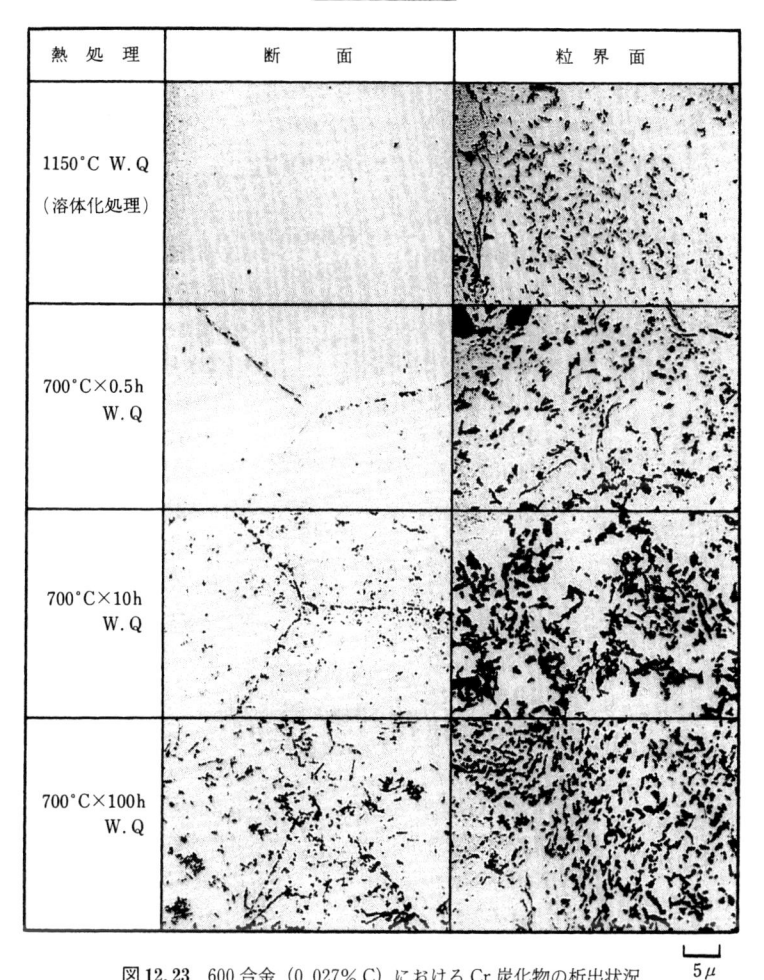

熱処理	断面	粒界面
1150°C W.Q (溶体化処理)		
700°C×0.5h W.Q		
700°C×10h W.Q		
700°C×100h W.Q		

図12.23 600合金 (0.027% C) における Cr 炭化物の析出状況 5μ

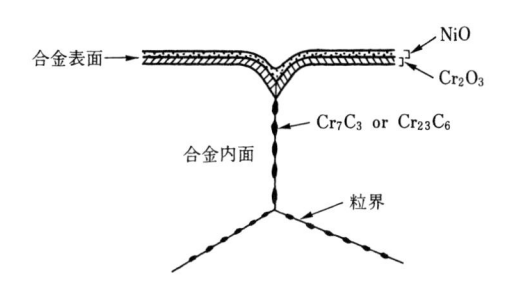

図12.24 高温アルカリ環境中での Ni 基 Cr 含有合金の不働態皮膜

(合金表面 — NiO, Cr_2O_3 / Cr_7C_3 or $Cr_{23}C_6$ / 合金内面 / 粒界)

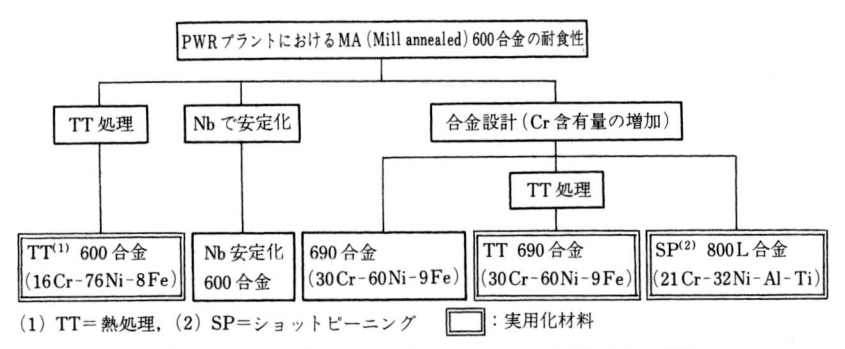

図12.25 PWRプラントSG (steam generator) 管用合金の開発

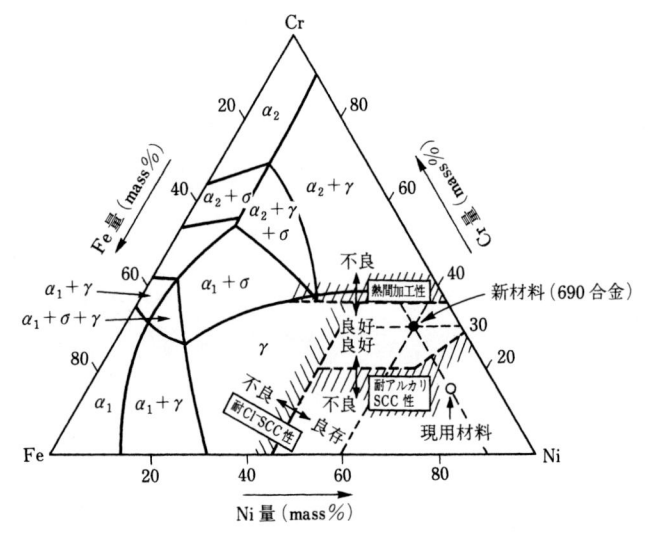

図12.26 Ni-Cr-Fe系3元図と開発した新材料690合金の主要性分[16]

物析出処理をした方が耐IGA性がはるかに優れる．その理由は，図12.24に示すように粒界およびマトリックス表面にCr_2O_3-NiOの2層構造の不働態皮膜が生成し，粒界の腐食が抑制される．

4) 蒸気発生器管用ニッケル基クロム-鉄合金の発展の歴史：PWR伝熱管材料の研究開発の過程を図12.25に示す．PWSCCおよびIGAに対して優れた耐食性を発揮する材料側の条件として

a) Ni基の高Cr合金化
b) TT処理（TT：thermal treatment，700℃，15時間の特殊熱処理）に

より粒界にクロム炭化物を連続的に析出させたミクロ組織を有することが重要なことが明らかになり，図12.26[16]に示す新材料のTT Alloy 690（30% Cr-60% Ni-10% Fe）が開発され，実用化された．この結果，PWR伝熱管の腐食の問題は見事に解決された．

12.3　超臨界環境

12.3.1　超臨界水の性質

通常水は圧力と温度の影響を受けて，固相，液相，および気相のいずれかの形態をとる．しかし，臨界点以上の温度にすると，水は特別の性質をもった物質になることを図12.27[17]に示す．水は，液体の状態では水素結合をして，1分子から4分子のいずれかの結合をしているが，臨界点以上の温度では結合が

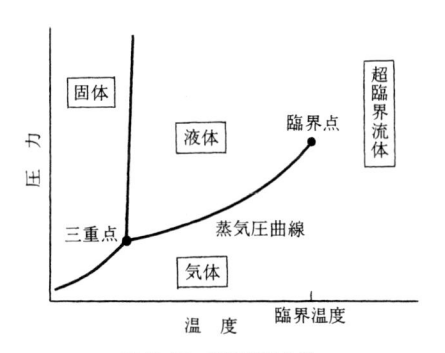

図12.27　超臨界流体[17]

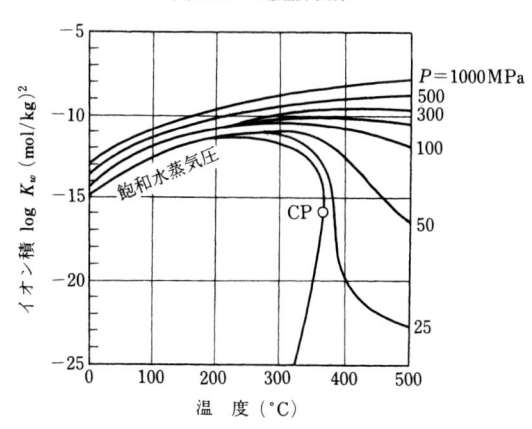

図12.28　水のイオン積（K_w）と温度の関係[18]

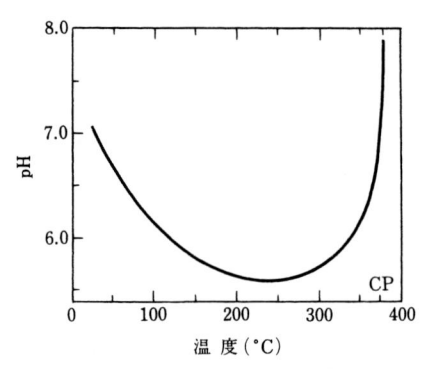

図 12.29 水の pH（中性）の温度依存性[18]

表 12.2 主な物質の臨界定数[19]

物質名	臨界温度 T_c(K)	臨界圧力 P_c(MPa)	臨界密度 V_c(kg/m³)
N_2（窒素）	126.2	3.39	312
C_2H_4（エチレン）	282.4	5.04	215
CO_2（二酸化炭素）	304.2	7.38	468
C_2H_6（エタン）	305.4	4.88	205
C_3H_6（プロピレン）	365.0	4.60	232
C_3H_8（プロパン）	369.8	4.25	217
NH_3（アンモニア）	405.6	11.35	235
C_5H_{12}（ペンタン）	469.6	3.37	237
C_6H_{14}（ヘキサン）	507.4	3.01	233
CH_3OH（メタノール）	512.6	8.09	272
C_2H_5OH（エタノール）	516.2	6.14	276
C_6H_6（ベンゼン）	562.1	4.90	302
$C_6H_5CH_3$（トルエン）	591.7	4.11	292
H_2O（水）	647.3	22.12	315

ない状態である.

　水の解離定数（イオン積）K_w は温度によって変化する. 通常は 25°C では 10^{-14} (mol/kg) であるが, 飽和蒸気圧は, 図 12.28[18] のように変化する. 臨界点（CP：critical point）では, K_w は 1.84×10^{-16} となる. そのために, 図 12.29[18] に示すように水の中性 pH は臨界点ではほぼ 8 となる. 表 12.2[19] に各種物質の臨界定数を示す.

　温度上昇とともに水の密度は低下する. 臨界点では $0.3\,\text{g/cm}^3$ になる. また, 誘電率も下がり, 電離度も小さくなるため電解質の溶解度を下げる. しか

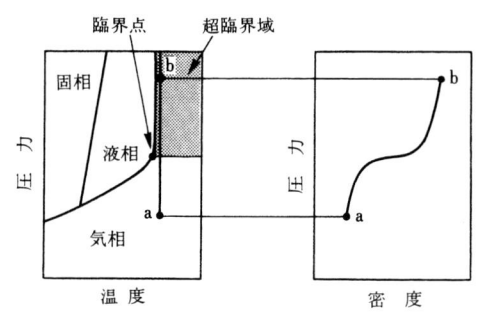

図 12.30　超臨界域における密度の圧力依存性[18]

し，圧力を増すことにより図 12.30[18] に示すように，水の密度は上昇しうる．その結果

a) 反応成分を溶解して均一相での反応を促進
b) 反応成分の溶解度を増加
c) 反応成分の移行，拡散を増大させ，結果的に反応速度を増大

させる．

12.3.2　超臨界水の腐食性

超臨界水の特徴の1つは，難分解性化合物の分解である．実験的に化学兵器や塩化物の分解が比較的容易に進む．しかし，その実用化に対しては，プラント構成材料の腐食が問題である．たとえば，酸性超臨界水環境での反応器材料

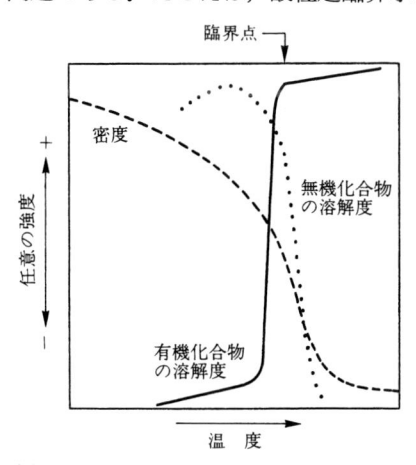

図 12.31　臨界点近傍における有機および無機化合物の溶解度ならびに密度の変化[20]

表 12.3 酸性環境における超臨界水反応容器材料の耐食性[18]

材料	HF + H_3PO_4 サリン			H_2SO_4 + H_3PO_4 毒液			HCl + H_3PO_4 ビラン性毒ガス		
	350°C	450°C	550°C	350°C	450°C	550°C	350°C	450°C	550°C
Pt	○	○	○	○	○	○	◇	△	○
Pt/Ir	○	○	○	○	○	○	◇	△	○
Pt/Rh	○	○	○	○	○	○	◇	△	○
Hf	◇	◇	◇	△	△	△	◇	◇	◇
Ti	△	◇	△	○	◇	△	△	△	△
Timet 21 S	○	◇	◇	○	◇	△	△	△	△
Zr 704	◇	◇	◇	△	△	△	◇	◇	N/A
Mo	◇	◇	◇	◇	◇	◇	◇	N/A	◇
Nb	△	△	◇	△	◇	◇	◇	◇	N/A
Nb/Ti	△	◇	◇	○	◇	△	△	△	△
Ta	○	◇	◇	○	○	◇	○	◇	N/A
Al_2O_3	◇	◇	◇	△	◇	△	◇	◇	△
AlN	◇	◇	◇	○	◇	△	◇	◇	◇
Sapphire	◇	◇	◇	△	△	△	◇	◇	△
Si_3N_4	◇	◇	◇	◇	◇	◇	◇	◇	◇
SiC	◇	◇	◇	○	◇	◇	◇	◇	◇
ZrO_2	△	◇	◇	△	◇	◇	◇	◇	△
C 22	○	◇	◇	△	◇	◇	◇	◇	◇
Hast. C 276	△	◇	◇	△	◇	◇	◇	◇	◇
Hayn. 188	△	◇	◇	△	◇	◇	◇	△	◇
HR-160	△	◇	◇	○	◇	◇	◇	◇	◇
Inc. 825	○	◇	◇	△	◇	◇	◇	◇	◇
Inc. 625	○	◇	◇	△	◇	◇	◇	△	◇

○：良（<0.25 mm/y）， △：中間（0.25-5 mm/y）， ◇：不良（>5 mm/y）， N/A：データなし

の耐食性を表 12.3[18]に示す．Pt 系材料以外耐食的な材料が見出せていない．

図 12.31[20]は，超臨界水中での有機化合物と無機化合物の溶解度を示す．臨界点以上の温度で有機化合物の溶解度が著しく増大することから，超臨界水酸化（SCWO：super critical water oxidation）環境での各種合金の耐食性が検討された．

図 12.32[20]は，SCWO 技術に基づく廃棄物処理のシステムである．図中の⑥の反応器の上部が超臨界水環境で，有機廃棄物が分解される．このシステム中で，表 12.4[20]に示す各種合金の耐食性が検討された．合金は，Ni 基合金，オーステナイト系ステンレス鋼，二相ステンレス鋼，高 Cr-Fe 合金等である．

1) Fe 基合金：超臨界脱イオン水中では 316 L ステンレス鋼でも耐食的で

12.3 超臨界環境

図 12.32 SCWO プロセスの概要[20]

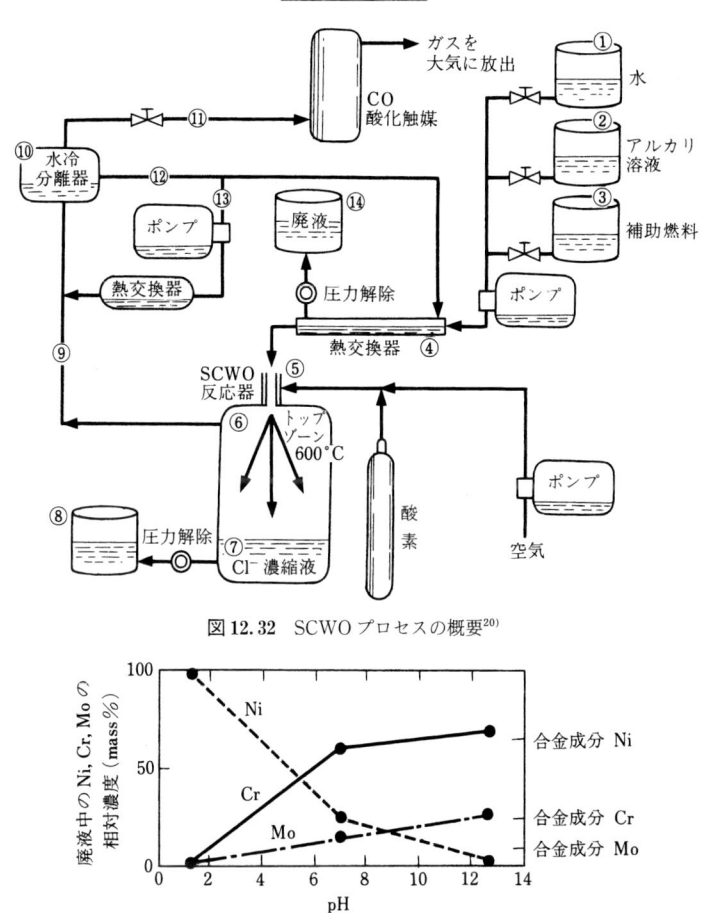

図 12.33 種々の pH を有する処理液と接触することにより 625 合金から廃液中に溶出する主合金元素の相対濃度[20]

あるが，塩素イオンを含有する環境では孔食などを呈する．二相ステンレス鋼，高 Cr-Fe 合金では，316 L ステンレス鋼より耐食的であるが，それらの使用に関しては Cl^- イオン濃度の制限を受ける．

2) Ni 基合金：超臨界水環境において，Ni 基の 625，276 および C-22 合金について，かなりの腐食実験が行われてきた．超臨界脱イオン水中では，腐食速度は低いが，Cl^- イオンの増加とともに腐食速度が増し，孔食，応力腐食割れの感受性が増大する．しかし，Ni 基合金は鉄基合金よりも高い耐食性が

表12.4 合金の化学組成 (mass%)[20]

合金	625	276	C-22	HR-160	G 30	316-L	F 255	1-686	20 CB 3	2205	Ducrolloy
Cr	20.0-23.0	14.5-16.5	22	28	30	16-18	24-27	20.4	19.55	22.5	50.2
Mo	8.0-10.0	15-17	13	1.0 max	5.5	2-3	2-4	16.42	2.13	3.3	
W	—	3.0-4.5	3.0	1.0 max	2.5	—	—	4.06			
Co	1.0 max	2.5 max	2.5 max	30	5 max	—	—	0.04			
N	—	—	—	—	—	—	0.1-0.25			0.18	
C	0.1 max	0.01 max	0.010 max	0.05	0.03 max	0.08	0.04	0.01	0.02	0.02	
Nb	3.15-4.15 (plus Ta)				1.5 max	—	—	0.08	0.58		
Fe	5.0 max	4-7	3.0	3.5 max	15.0	Bal.	Bal.	1.03	Bal.	Bal.	44
Ni	58 min	57(as bal)	56(as bal)	37(as bal)	43(as bal)	10-14	4.5-6.5	57.42	33.55	5.70	
Si	0.50 max	0.08 max	0.08 max	2.75	1.0 max	1.0	1.0	0.02	0.36	0.40	
Mn	0.50 max	1.0 max	0.50 max	0.5	1.5 max	2.0	1.5	0.23	0.62	0.70	
P	0.015 max	0.04 max	—	—	—	0.045	0.04	0.006	0.014	0.025	
S	0.015 max	0.03 max	—	—	—	0.03	0.03	0.001	0.001	0.002	
Cu	—	—	—	—	2 max	—	1.5-2.5	0.01	3.30	0.19	
その他	0.4 Almax 0.4 Timax	0.35 Vmax	0.35 Vmax	0.5 Ti	—	—	—	0.22 Al 0.04 Ti		0.008 Al	5 Al 0.3 Ti 0.5 Y_2O_3

期待できる．図12.33[20]は625合金における超臨界温度（=350℃）における合金成分の選択溶解を示す．いずれにせよ，超臨界水環境での容器材料の耐食性のデータはいまだ不十分である．超臨界温度，Cl-イオン濃度，pH，試験時間の影響を詳細に検討していく必要がある．

[参考文献]

1) 石原只雄監修：金属の腐食事例と各種防食対策，テクノシステム，p.87, 1993
2) M. Poubaix : Atlas of Electrochemical Equilibria in Aqueous Solutions, NACE, p.307, 1974
3) 増子 昇編：防錆・防食技術総覧，産業技術サービスセンター，p.153, 698, 2000
4) A.J. Pansen, G. Economy, C. Lie, T.S. Bulischeck and T. Lindsay, Jr. : J. Electrochem. Soc., **122**, 916, 1975
5) 小若正倫：金属腐食損傷と防食技術，アグネ承風社，p.87, 1995
6) 福井三郎，白川精一，工藤良夫：防食技術，**13**, 4-163, 1964
7) 立花晋也，矢吹彰広，松村昌信，丸亀和雄：材料と環境，**49**, 431, 2000
8) 河合 登，高久 啓，和田邦久，平野秀朗，朝倉祝治：**49**, 612, 2000
9) 田家史郎，伊藤盛康，平野昭英：材料と環境，**41**, 447, 1992
10) 腐食防食協会編：腐食防食データブック，丸善，p.265, 1995
11) 腐食防食協会編：防食技術便覧，日刊工業新聞社発行，1985
12) 小若正倫，長野博夫，吉川州彦，三浦 実，太田邦雄，永田三郎：住友金属，**34**, 1-85, 1982
13) H. Nagano and H. Tsuge : Localized Corrosion (Elsevier Applied Science, London and New York), **4**, 159, 1988
14) 住友金属工業(株)・三菱重工業(株)：原子力プラント用高信頼性伝熱管の開発，1995
15) H. Nagano : Proc. of a conference jointly sponsored by the Electric Power Research Institute and Argonne National Laboratory (Airlie House, Va. U.S.A.), 259, 1995
16) 長野博夫，山中和夫，米澤利夫，日下部隆也：日本金属学会報，**29**, 487, 1990
17) 舛岡弘勝，滝嶌繁樹，左藤善之：広島大学工学部だより，44-9, 2002
18) 水野孝之：材料と環境，**47**, 298, 1998
19) 松原亘，守谷武彦：材料と環境，**47**, 122, 2000
20) D.B. Mitton, J.H. Yoon and R.M. Latanison : Zairyo-to-Kankyo, **49**, 130, 2000

13 現場で役立つ腐食診断技術

腐食現象を実機や実構造物の使用中に正確に捉えることは容易でない．しかし，事故にもつながる腐食劣化を把握することは，保守管理の観点から重要である．ここでは，腐食量，板厚減少量，電位，腐食反応抵抗，イオン透過抵抗などを比較的容易に測定できる方法および各種探傷法について紹介する．

13.1　腐食量の測定

腐食の程度を直接評価するためには，板厚の減少量（Δt_p）を評価する必要がある．その手段として，重量減少から板厚減少量に換算する方法と，直接板厚を評価する方法に分けられる．前者は重量の測定が必須になるので，現場でモニタ用の小型試験片をあらかじめ設置しておく必要がある．得られた板厚減少量およびその経時変化から，腐食度（腐食開始時からの単位時間当たりの平均の腐食減量）および腐食速度（調査時点の板厚減少速度）を評価する．

13.1.1　重量減少の測定

重量減少の測定は，小型試験片を現場より引き上げて，さびなどの付着物を除去した後秤量し，初期の重量と比較することにより行う．測定には電子天秤などを用いて，測定精度を 1 mg 程度以上とすることが望ましい．重量減少量（ΔW），試験片の全表面積（S），試験片の密度（ρ）から，

$$\Delta t_p = \frac{\Delta W}{S \cdot \rho} \tag{13.1}$$

により片面当たりの板厚減少量 Δt_p を求める．

さびなどの除去方法は，まず機械的に除去できる範囲を取り除き，表面に強固に付着したものは化学洗浄により除去する．この場合，酸を用いる場合が多いが，母材金属を溶解させることのないように塩化物の利用は避け，低濃度の

硫酸あるいは硝酸などを用いる．低合金鋼の場合は，10%クエン酸ニアンモニウム水溶液に鋼材の腐食抑制剤を0.3%程度添加し，一昼夜漬浸しておくと付着物を除去できる．

13.1.2 板厚減少量の測定

板厚減少量を直接測定するためには，あらかじめ最初の板厚を測定しておき，腐食が進行した段階で再び板厚を測定し，その差から評価する．したがって，実構造物であっても適用可能である．

板厚の測定には，超音波厚さ計 (ultrasonic thickness gauge) が一般に用いられる．超音波は同一材質中を等速で直進する性質を有しており，プローブから超音波を発振し測定物の表面から裏面で反射して戻るまでの往復伝播時間 (t_s) を測定することができる．この測定時間と材料の固有音速 (V)，厚さ (D_t) から，

$$D_t = (1/2) t_s V \qquad (13.2)$$

により板厚の測定ができる．測定精度は0.1〜0.5mm程度であり，腐食による表面の凹凸も影響するため，5回以上同一箇所を測定し，ばらつきも調べる必要がある．また，表面の塗膜はあらかじめ除去する必要があるため，測定により表面に損傷を与える．したがって，損傷面の補修が必要である．

図 13.1 超音波粗さ計（上田日本無線(株)提供）

13.2 電位測定

なお,超音波が音響特性の違う2つの物質の境界面で反射することを利用し,図13.1に示すような超音波膜厚計(ultrasonic membrane thickness gauge)により塗膜などの表面層の厚さを別に測定することも可能である.

塗膜やさびなどの表面層の厚さを測定するためには,電磁式膜厚計(electromagnetic thickness gauge)および渦流式膜厚計なども一般に用いられる.前者は磁性体母材に対して,後者は非磁性体簿材に対して適用される.

13.2　電位測定

これまでにも述べたように,電気化学反応である腐食を評価する指標として,金属の電位を測定することは重要である.前出の図12.22[1]に示したように,応力腐食割れ発生の有無は電位とよい対応が得られるなど,電位は腐食現象を支配する主要な要因である.

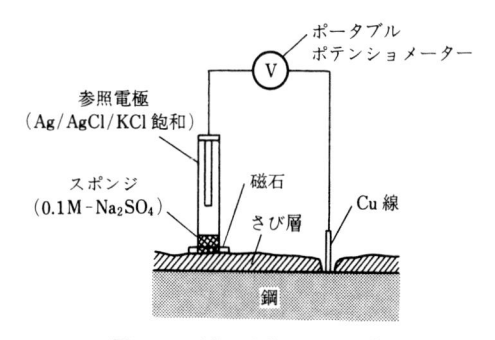

図13.2　電位測定装置の模式図[2]

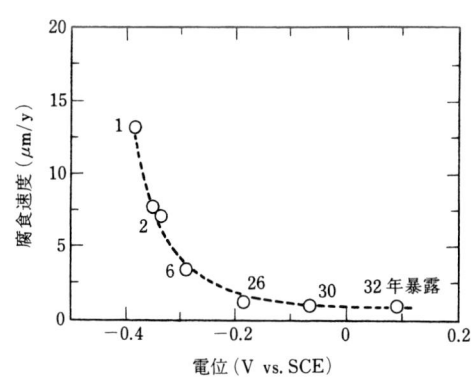

図13.3　耐候性鋼の0.1 M Na_2SO_4 水溶液下の電位と腐食速度の関係[2]

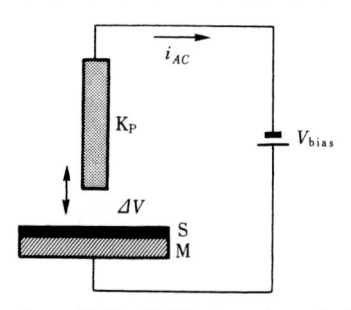

図13.4 ケルビンプローブ装置の模式図. K_P：プローブ，S：液膜，M：鋼，ΔV：接触電位差，V_{bias}：バイアス電圧，i_{AC}：ケルビンシグナル[4]

　現場における電位測定法としては，図13.2[2]に示すような方法がある．これは，耐候性鋼のさび層の保護性を評価するために開発されたもので，図13.3[2]に示すように電位と鋼材の腐食速度によい対応が認められる．

　大気中あるいは室内における金属の腐食挙動は，降雨や結露，水分や腐食性物質の吸着により表面に形成される薄膜水溶液の状態に大きな影響を受ける．極微量の腐食が問題となる電子機器類などにおいては，水分子の吸着でさえも故障の発生原因となりうる．このような吸着・薄膜水溶液下で腐食が進行する際に，腐食電位を測定するのは一般に困難であるが，仕事関数の測定に利用される振動容量法として知られているケルビン法[3]（Kelvin method）は，非接触で表面の電位の測定を可能にする．図13.4[4]にケルビンプローブの模式図を示す．薄膜水溶液Sで覆われた試験片Mとプローブ R を近接させ外部回路で接続した基本構成を有している．両者のフェルミレベルは一致しているため，仕事関数（work function）の差に等しいエネルギー差が生じ ΔV の電位差を生じる．したがって，両者間に電荷 Q が蓄積され容量 C のコンデンサを形成する．RをMに対し振動させると，C が時間 t に対し変動し，回路に交流電流 $i_{AC}(t)$ が発生する．

$$i_{AC}(t) = \frac{dQ(t)}{dt} = \frac{\Delta V \cdot dC(t)}{dt} \tag{13.3}$$

ここで，バイアス電圧 V_{bias} を負荷すると

$$i_{AC}(t) = (\Delta V - V_{bias}) \cdot \frac{dC(t)}{dt} \tag{13.4}$$

13.3 交流インピーダンス法

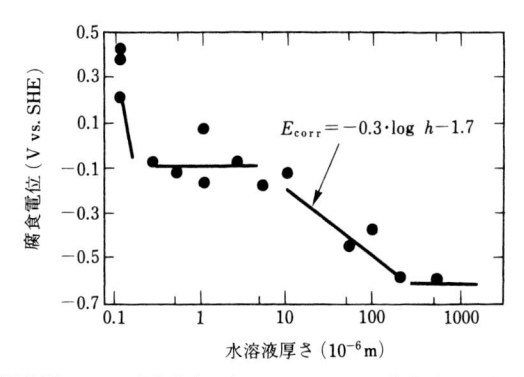

図13.5 耐候性鋼における腐食速度に及ぼす1 M Na₂SO₄液膜厚さhの影響（空気中）[5]

（図中：$E_{corr} = -0.3 \cdot \log h - 1.7$、縦軸：腐食電位（V vs. SHE）、横軸：水溶液厚さ（10^{-6} m））

となる．$V_{bias} = \Delta V$ に調整すると $i_{AC}(t) = 0$ となり，この時の V_{bias} がRを基準とした腐食系の相対的な電位 V_{kp}（ケルビン電位）に相当し，一般的な参照電極を基準とした薄膜水溶液下の腐食電位 E_{corr} に換算することができる．図13.5[5] は鋼の腐食電位の液膜厚さ依存性であり，液膜厚さの増加とともに腐食電位が低下することがケルビン法により測定されている．

現場で使える電位測定装置として，表面反応測定装置が市販されている．これは，特に金属表面に水溶液を付着させ乾燥するまでの電位変動を測定することにより，さびの保護性を評価することができるとされている[6]．すなわち，上述の方法と同様に，金属表面の電位変動を測定することにより金属の表面反応を測定する装置に位置づけられる．

13.3 交流インピーダンス法

種々の周波数を有する交流電圧信号を対象材料に印加し，定常的な電流応答を測定することにより，周波数とインピーダンスの関係から，電極反応における抵抗，容量成分を知ることができる．これを交流インピーダンス法（AC-impedance method）と呼ぶ．

この方法を応用し，現場でさびなどの表面層のイオン透過抵抗を測定する装置として RST (rust stability tester) が開発されている[7]．その使用例を図13.6 に示す．マグネットが装着された2本のセンサには白金電極が内蔵されており，交流信号を発振する．現場に適用することを念頭に開発されているた

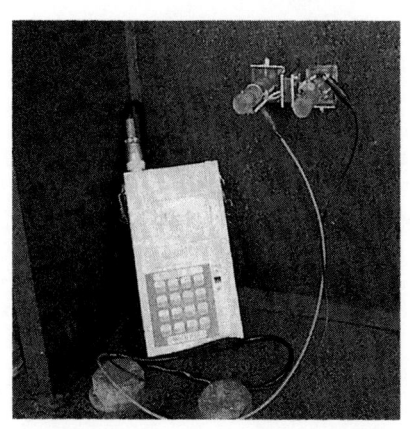

図13.6　RSTの使用例（新日本製鐵(株)紀平寛博士提供）

め，小型で上下斜縦あらゆる角度に対応できる．

また，交流インピーダンス法を利用して，コンクリート内の鉄筋腐食を非破壊的に調査する鉄筋腐食センサも実用化されている．この方法により，鉄筋の腐食速度と腐食範囲を測定し，構造物としての健全性を診断することが可能である．

13.4　超音波探傷法

応力腐食割れや腐食疲労は材料内部へき裂が進み，かつ最終破断直前まで開口が少なく外観観察から検知しにくい．したがって，内部の検査が必要になるが，この場合超音波探傷（ultrasonic flow testing）器がよく用いられる．これは，超音波パルスを検査物質内に発射し，物質内での反響を観測することにより，検査物質内部の傷などを検査する装置である．音響的に鋭い指向性をもたせることができるので，小さな傷まで見分けることができるようになってきている．超音波を使用する利点は，媒質を選ばず，法的規制がなく，電波に比べ伝達速度が5～6桁小さいため，近距離での測定が可能であること等があげられる．

また，超音波を利用したき裂の発生や進展などのモニタ法としてアコースティックエミッション（acoustic emission）の利用があげられる．破壊に伴って発生する超音波領域の弾性波は，音が耳に聞こえるような破壊の発生前に放

出されており，破壊の進展初期過程をモニタリングできる．稼働中の構造物の保守検査や，新しい非破壊検査法として実用化されている．

13.5　磁粉探傷法

　鋼などの強磁性体の表層部欠陥を容易に検出できる方法として磁粉探傷法(magnetic particles testing) がある．この方法は砂鉄が磁石に引き付けられるという現象を応用したもので，検査物を磁化しこれに磁粉を適用することにより，欠陥部からの漏洩磁束に磁粉が吸引され磁粉模様が形成される．磁粉模様は欠陥の数十倍の大きさになるため，肉眼では検出できない欠陥を見つけることも可能である．磁粉探傷剤には，可視光下で使用する普通磁粉と紫外線探傷灯を使用して蛍光発光させる蛍光磁粉がある．また，粉体のまま使用する乾式磁粉と，水または油に分散して使用する湿式磁粉がある．

13.6　浸透探傷法

　検査物の材質を問わず表面欠陥を探し出す方法として浸透探傷法があげられる．この方法は，染色浸透剤や蛍光浸透剤を欠陥に浸透させることで，欠陥部を視覚的に浮き上がらせる方法である．染色浸透探傷法 (liquid penetrantant testing) は浸透液，現像剤，洗浄液の3液を用い，欠陥個所が白地に赤い指示模様として現れる．蛍光浸透探傷法では，種々の感度をもつ蛍光浸透液を欠陥に浸透させ，ブラックライトなどにより欠陥部を蛍光に輝かせる（図13.7）ことで欠陥の検出が可能になる．

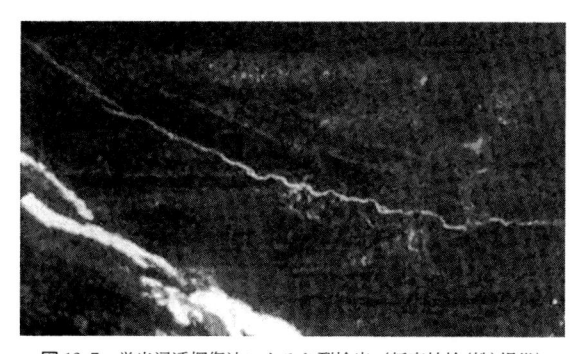

図13.7　蛍光浸透探傷法によるき裂検出（新東技検(株)提供）

13.7　X線透過法

コンクリート内の鉄筋の位置や部材のき裂・空隙・異物などの内部欠陥をX線透過法（X-ray radiography）により知ることができる．X線透過像を調べることで，鉄骨・鉄筋コンクリートをはじめ構造物や機械部品の健全性評価ができ，余寿命推定に関する情報を得ることもできる．

[参 考 文 献]
1) 長野博夫：材料と環境，**50**, 40, 2001
2) 鹿島和幸，原　修一，岸川浩史，幸　英昭：材料と環境，**49**, 15, 2000
3) L. Kelvin：Phil. Mag., **46**, 82, 1898
4) 山下正人，長野博夫：日本金属学会誌，**61**, 721, 1997
5) M. Yamashita, H. Nagano and R.A. Oriani：Corrosion Science, **40**, 1447, 1998
6) 升田博之：材料と環境'99 講演集，p.45, 1999
7) 紀平　寛：材料と環境，**48**, 697, 1999

索　引

〈ア　行〉

アカガネアイト…………………………64
アコースティックエミッション…………230
アノード……………………………………9
アノード酸化処理……………………46, 60
アノード分極曲線………………………92
アルカリ骨材反応………………………152
アルカリ腐食……………………………201
アルマイト処理…………………………46
アルミニウム…………………………46, 88
安全寿命設計……………………………130
安定さび層………………………………64
イオン選択透過性………………………67
イオン濃淡電池…………………………13
異種金属接触腐食……………………17, 140
異常酸化…………………………………175
1段階説……………………………………108
インヒビター……………………………141
インピンジメント・アタック……………19
ウェーラー曲線…………………………131
鋭敏化……………………………………14
エコビジネス……………………………5
エリンガム図……………………………176
エロージョン・コロージョン…………19, 204
塩化第二鉄溶液…………………………91
塩素イオン………………………………46
応力拡大係数変動幅……………………131
応力腐食割れ………………15, 91, 103, 211
大型放射光………………………………68
オキシ水酸化鉄…………………………65
遅れ破壊…………………………………120
オーステナイト系ステンレス鋼………43, 89
オゾン層…………………………………1

〈カ　行〉

加圧水型原子炉…………………………199
海塩粒子…………………………………68
海洋汚染……………………………………1
化学酸化処理……………………………60
各種エネルギー……………………………1
過酸化水素………………………………96
カソード……………………………………9
カチオン・アニオン複合型皮膜………81
活性経路腐食……………………………107
活性態……………………………………32
活性炭……………………………………96
活　量……………………………………25
過電圧……………………………………32
過不働態…………………………………32
かぶり厚…………………………………154
環境関連産業………………………………5
環境材料学…………………………………3
環境脆化…………………………………103
環境マネジメントシステム………………6
還元性ガス腐食…………………………194
甘汞電極…………………………………27
乾　食…………………………………8, 173
犠牲防食効果……………………………140
犠牲陽極………………………………17, 57
期待寿命……………………………………7
キャビテーション・エロージョン………19
局部電池……………………………………9
局部腐食……………………………………4
銀-塩化銀電極…………………………27
金属文化財…………………………………8
クロマイトイオン………………………68
ゲーサイト………………………………64
ケルビン法………………………………228
鋼…………………………………………37
高温酸化…………………………………175
高温腐食…………………………………173
高温硫化…………………………………187
合金鋼……………………………………35
孔　食…………………………12, 87, 136, 203
孔食電位…………………………………91

交流インピーダンス法	229
交流電流密度	32
固執すべり帯	131
骨　材	145
コンクリート	145

〈サ　行〉

再不働態電位	93
さび安定化	68
酸　化	19
酸化限界温度	20
酸化定数	179
参照電極	26
酸性雨	1
酸素の拡散	62
酸素処理	202
酸素濃淡電池	13
時期割れ	118
仕事関数	228
自然電位	31, 95
湿　食	8
磁粉探傷法	231
樹脂塗装鉄筋	158
樹脂被覆	140
ショットピーニング	141
ジルコニウム	55
侵食度	10
浸　炭	188
浸透探傷法	231
水素侵食	120
水素脆化	15, 107
水素脆性割れ	107
水素誘起割れ	120
すき間腐食	13, 87
すき間腐食電位	91
ステンレス鋼	41, 88
ステンレス鉄筋	158
ストライエーション	134
析出硬化型ステンレス鋼	42
セメント	145
セロテープ剥離試験	76
全揮発性物質処理	202
染色浸透探傷法	231
全面腐食	3, 9

〈タ　行〉

耐海水性	54
大気腐食	41, 61
耐久限度	130
耐候性鋼	41, 64
耐食性	7
体心立方格子	43
タイプⅠ腐食	186
タイプⅡ腐食	186
多孔質カチオン選択透過性樹脂	83
炭素鋼	35
地球温暖化	1
チタン	54, 88
窒　化	188
中性化	148
中性水処理	202
鋳　鉄	37
超音波厚さ計	226
超音波探傷	230
超音波膜厚計	227
低温鋭敏化	210
定荷重法	110
低歪速度法	110
定歪法	109
鉄	35
鉄　筋	145
鉄筋コンクリート	145
電位差腐食	17
電磁式膜厚計	227
電　食	163
銅	48, 88
凍結防止剤	68
銅合金	50
銅-硫酸銅電極	28
土壌汚染	1
土壌腐食	163

〈ナ　行〉

ナツラルアナログ	8
二相ステンレス鋼	45, 89
2段階説	109
ニッケル	50
ネルソン図	121

索　引

〈ハ 行〉

破壊力学法 …………………………110
バナジウム侵食 ……………………184
パーライト ……………………………37
ハロゲン化 …………………………189
ハロゲンガス腐食 …………………192
比較電極 ………………………………26
微生物腐食 …………………………163
標準水素電極 …………………………26
標準電極電位 …………………………23
飛来塩分 ………………………………68
疲労 …………………………………129
疲労強度 ……………………………130
疲労限度 ……………………………130
フェイル・セイフ設計 ……………130
フェライト系ステンレス鋼 ……43,89
フェリシアン化カリウム溶液 ………91
フェロキシル試験 ……………………75
複合水処理 …………………………203
腐食損傷 ………………………………3
腐食電位 ………………………………31
腐食電流密度 …………………………29
腐食度 …………………………………10
腐食ピット …………………………136
腐食疲労 ……………………………134
沸騰水型原子炉 ……………………199
不働態 …………………………………32
不働態皮膜 ……………………33,88,216
フリーデル塩 ………………………150
フルーティング ……………………120
プレストレスコンクリート ………156
分極曲線 ………………………………29
変色皮膜 ……………………………118
飽和甘汞電極 …………………………27
保護性さび層 …………………………64

〈マ 行〉

マグネシウム …………………………57
マグネタイト …………………………65
マクロセル腐食 ……………………163
マルテンサイト系 ……………………42
マルテンサイト系ステンレス鋼 ……89
メタルダスティング ………………188
メッキ …………………………………60

面心立方格子 …………………………43
水/セメント比 ………………………147
ミニマムメンテナンス ………………71
モルタル ……………………………145

〈ヤ 行〉

有効応力拡大係数変動幅 …………133
溶射 …………………………………140
溶融塩腐食 ……………………173,193

〈ラ 行〉

ライフサイクルコスト ………………71
粒界応力腐食割れ ……………………15
粒界損傷 ……………………………211
粒界腐食 …………………………14,214
硫酸塩還元菌 ………………………164
硫酸露点腐食 …………………………38
粒内応力腐食割れ ……………………15
臨界孔食温度 …………………………93
レピドクロサイト ……………………65
600 合金 ……………………………211

〈英　名〉

acid rain ………………………………1
active path corrosion ……………107
Ag/AgCl ………………………………27
anode …………………………………9
APC …………………………………107
atmospheric corrosion ……………41
austenitic stainless steel …………45
biological corrosion ………………163
bipolar film …………………………81
break away oxidation ……………175
BWR …………………………………199
carburization ………………………188
cathode ………………………………9
caustic alkali corrosion …………202
cavitation errosion …………………19
chlorination ………………………189
COP 3 …………………………………6
corrosion and protection engineering ……3
corrosion potential …………………30
corrosion rate ………………………10
corrosion resistance ………………7
crevice corrosion ……………………13

索　引

Cu/CuSO₄ …… 28
delay fracture …… 120
dry corrosion …… 8,173
duplex phase stainless steel …… 45
ecological business …… 5
Ellingham diagram …… 176
environmental embrittlement …… 103
errosion corrosion …… 19
FeCl₃ …… 91
ferritic stainless steel …… 43
fluting …… 120
galvanic corrosion …… 17
general corrosion …… 4,9
global warming …… 1
HE …… 107
Hg/Hg₂Cl₂ …… 27
high temperature corrosion …… 173
hot corrosion …… 173
hydrogen attack …… 120
hydrogen cracking …… 107
hydrogen embrittlement …… 15,107
hydrogen-induced cracking …… 120
IGA …… 211
IGC …… 214
IGSCC …… 15
impingement attack …… 19
intergranular attack …… 211
intergranular corrosion …… 14
intergranular stress corrosion cracking …… 15
ion concentration cell …… 13
ISO 1400 D …… 6
KCl …… 27
Kelvin Probe …… 62
K₃Fe(CN) …… 91
life cycle …… 4
life expectancy …… 7
local cell …… 9
localized corrosion …… 4
low temperature sensitization …… 210
LTS …… 210
macro cell corrosion …… 163
metal cultural assets …… 8
metal dusting …… 188
natural analogue …… 8

Nelson diagram …… 121
nitriding …… 188
oxidation …… 19,175
oxygen concentration cell …… 13
Paris law …… 132
penetration rate …… 10
PFZ …… 119
pitting …… 12
polarization curve …… 29
porous cation selective resin …… 83
precipitate free zone …… 119
primary water stress corrosion cracking …… 211
PWR …… 199
PWSCC …… 211
reference electrode …… 26
sacrifical anode …… 57
saturated calomel electrode …… 27
SCC …… 15,103
SCE …… 27
season cracking …… 118
sensitization …… 14
S-N curve …… 131
soil corrosion …… 163
spontaneous potential …… 31
SRB …… 164
standard hydrogen electrode …… 26
stray current corrosion …… 163
stress corrosion cracking …… 15,103
stress intensity factor …… 131
sulfurization …… 187
sulfur reducing bacteria …… 164
tarnish film …… 118
TGSCC …… 15
thermal treatment …… 216
transgranular stress corrosion cracking …… 15
TT (thermal treatment) …… 216
TT Alloy 690 …… 217
vanadium attack …… 184
weathering steel …… 41
wet corrosion …… 8
Wöhler curve …… 131
X線透過法 …… 232

〈著者紹介〉

長野　博夫（ながの　ひろお）
1962年　名古屋大学理学部卒業
専門分野　腐食防食工学
　　　　　住友金属工業(株)総合技術研究所上席研究主幹，
　　　　　広島大学大学院工学研究科教授を経て
現　在　(株)材料・環境研究所代表取締役．工学博士．技術士．腐食防食専門士．

山下　正人（やました　まさと）
1990年　同志社大学大学院工学研究科博士課程修了
専門分野　機械材料学，表面科学
　　　　　住友金属工業(株)総合技術研究所副主任研究員，
　　　　　兵庫県立大学大学院工学研究科准教授を経て
現　在　株式会社 京都マテリアルズ代表取締役．工学博士
　　　　　大阪大学大学院工学研究科招聘教授

内田　仁（うちだ　ひとし）
1972年　室蘭工業大学大学院工学研究科修士課程修了
専門分野　設計工学，安全・信頼性設計
　　　　　兵庫県立大学大学院工学研究科教授
　　　　　兵庫県立但馬技術大学校長を経て
現　在　兵庫県立大学名誉教授．
　　　　　兵庫県立工業技術センター所長．工学博士

環境材料学—地球環境保全に関わる腐食・防食工学—

2004年 5 月10日　初版1刷発行
2017年 9 月25日　初版6刷発行

検印廃止

著　者　長野　博夫
　　　　山下　正人　ⓒ2004
　　　　内田　仁

発行者　南條　光章

発行所　**共立出版株式会社**

〒 112-0006　東京都文京区小日向4丁目6番19号
電話　03-3947-2511
振替　00110-2-57035
URL　http://www.kyoritsu-pub.co.jp/

一般社団法人
自然科学書協会
会　員

印刷：製本　藤原印刷
NDC 501.4 / Printed in Japan

ISBN 978-4-320-08147-5

JCOPY 〈出版者著作権管理機構委託出版物〉
本書の無断複製は著作権法上での例外を除き禁じられています．複製される場合は，そのつど事前に，出版者著作権管理機構（TEL：03-3513-6969，FAX：03-3513-6979，e-mail：info@jcopy.or.jp）の許諾を得てください．

■化学・化学工業関連書

http://www.kyoritsu-pub.co.jp/ 共立出版

化学大辞典 全10巻……………化学大辞典編集委員会編	金属電気学 増補版………………………沖 猛雄著
学生 化学用語辞典 第2版……大学教育化学研究会編	有機化学入門………………………………船山信次著
表面分析辞典………………………日本表面科学会編	有機工業化学……………………………妹尾 学他編著
分析化学辞典…………………分析化学辞典編集委員会編	ライフサイエンス有機化学 新訂版……………飯田 隆他著
ハンディー版 環境用語辞典 第3版………上田豊甫他編	基礎有機合成化学………………………妹尾 学他著
共立 化学公式………………………………妹尾 学編	環境有機化学物質論………………………川本克也著
化学英語演習 増補3版…………………中村兆爾編	資源天然物化学……………………………秋久俊博他著
工業化学英語 第2版………………………中村喜一郎他著	データのとり方とまとめ方 第2版………………宗森 信他訳
注解付 化学英語教本………………………川井清泰編	分析化学の基礎…………………………佐竹正忠他著
バイオセパレーションプロセス便覧 (社)化学工学会「生物分離工学特別研究会」編	実験分析化学 訂正増補版…………………石橋政義著
分離科学ハンドブック…………………妹尾 学他編	核磁気共鳴の基礎と原理…………………北丸竜三著
大学生のための例題で学ぶ化学入門……大野公一他著	NMRハンドブック…………………………坂口 潮他訳
化学入門………………………………大野公一他著	NMRイメージング…………………………巨瀬勝美著
身近に学ぶ化学入門………………………宮澤三雄編著	コンパクトMRI……………………………巨瀬勝美編著
大学化学の基礎……………………………内山敏康著	高分子化学 第5版………………………村橋俊介他編著
化学の世界…………………………………上田豊甫著	基礎 高分子科学…………………………妹尾 学他著
物質と材料の基本化学 [教養の化学 改題]…伊澤康司他著	高分子材料化学……………………………小川俊夫著
理科系 一般化学……………………………相川嘉正他著	化学安全工学概論…………………………前澤正禮著
わかる理工系のための化学…………………今西誠之他著	化学プロセス計算 新訂版…………………浅野康一著
理工系学生のための化学の基礎……………柴田茂雄他著	プロセス速度 反応装置設計基礎論…………菅原拓男他著
理工系の基礎化学……………………………竹内 雍他著	塗料の流動と顔料分散……………………植木憲二監訳
基礎化学実験 第2版……京都大学大学院人間環境学研究科化学部会編	基礎 化学工学……………………………須藤雅夫編著
理工系 基礎化学実験………………………岩岡道夫他著	新編 化学工学……………………………架谷昌信監修
やさしい物理化学 自然を楽しむための12講…小池 透著	環境触媒……………………………………日本表面科学会編
概説 物理化学 第2版………………………阪上信次他著	薄膜化技術 第3版…………………………和佐清孝著
基礎物理化学 第2版………………………妹尾 学他著	ナノシミュレーション技術ハンドブック ナノシミュレーション技術ハンドブック委員会編
物理化学の基礎……………………………柴田茂雄著	ナノテクのための化学・材料入門…………日本表面科学会編
理工系学生のための基礎物理化学…………柴田茂雄他著	現場技術者のための発破工学ハンドブック…(社)火薬学会発破専門部会編
興味が湧き出る化学結合論………………久保田真理著	エネルギー物質ハンドブック 第3版………(社)火薬学会編
現代量子化学の基礎………………………中島 威他著	
入門 熱力学………………………………上田豊甫著	
現代の熱力学………………………………白井光雲著	